高等职业教育"互联网+"创新型系列教材

可编程控制器技术

主　编　宁平华
副主编　刘　娟　罗家毅　缸明义
　　　　刘英会
参　编　邓　成　童　鑫　孙晓丹
　　　　张　奇　袁海嵘

机械工业出版社

本书以西门子 S7-1200 PLC 为基础，以可编程控制器系统应用编程职业技能等级（初级、中级）要求为依据，结合企业生产实际，以 8 个典型项目为载体编写而成，其中前 4 个项目为基础项目，对应可编程控制器系统应用编程职业技能初级要求；后 4 个项目为进阶项目，对应可编程控制器系统应用编程职业技能中级要求。通过以上项目，学生可以由浅入深地掌握西门子 S7-1200 PLC 编程与调试的方法与技巧。

本书可作为中等和高等职业院校装备制造大类相关专业的教材，也可以作为相关工程技术人员培训和自学的参考书。

为方便教学，本书配套电子课件、任务拓展答案、模拟试卷及答案、微课视频（以二维码形式嵌入）等教学资源，凡选用本书作为授课教材的教师，均可通过 QQ（2314073523）进行咨询。

图书在版编目（CIP）数据

可编程控制器技术 / 宁平华主编 . -- 北京：机械工业出版社，2024.11. --（高等职业教育"互联网+"创新型系列教材）. -- ISBN 978-7-111-77369-6

Ⅰ . TM571.61

中国国家版本馆 CIP 数据核字第 2025B5P449 号

机械工业出版社（北京市百万庄大街 22 号　邮政编码 100037）
策划编辑：曲世海　　　　　　责任编辑：曲世海　王　宁
责任校对：郑　雪　薄萌钰　　封面设计：马若濛
责任印制：常天培
北京机工印刷厂有限公司印刷
2025 年 2 月第 1 版第 1 次印刷
184mm×260mm・18 印张・457 千字
标准书号：ISBN 978-7-111-77369-6
定价：59.80 元

电话服务　　　　　　　　　网络服务
客服电话：010-88361066　　机 工 官 网：www.cmpbook.com
　　　　　010-88379833　　机 工 官 博：weibo.com/cmp1952
　　　　　010-68326294　　金　书　网：www.golden-book.com
封底无防伪标均为盗版　　　机工教育服务网：www.cmpedu.com

前 言

本书是安徽省质量工程高水平教材建设项目（项目编号：2022gspjc071）成果之一。

本书以西门子S7-1200 PLC为基础，以可编程控制器系统应用编程职业技能等级（初级、中级）要求为依据，结合企业生产实际，以8个典型项目为载体编写而成，其中初识S7-1200、三相异步电动机的PLC控制、竞赛抢答器系统应用编程、顺序逻辑控制程序设计4个基础项目对应可编程控制器系统应用编程职业技能初级要求；立体仓库控制、视觉分拣控制、液位和温度控制、伺服输送控制4个进阶项目对应可编程控制器系统应用编程职业技能中级要求。通过以上项目，学生可以学习到可编程控制器编程思路、组合逻辑控制、顺序逻辑控制、运动控制、过程控制、网络通信、智能视觉与PID控制等内容。

本书是校企合作开发教材，由马鞍山职业技术学院、安徽粮食工程职业学院、厦门城市职业学院、安徽科达机电股份有限公司、无锡信捷电气股份有限公司和亚龙智能装备集团股份有限公司共同开发而成，选用的部分项目、任务源于企业实际。本书由宁平华任主编，刘娟、罗家毅、缸明义、刘英会任副主编，邓成、童鑫、孙晓丹、张奇、袁海嵘参与编写。

由于编者水平有限，书中难免存在疏漏之处，恳请读者批评指正。

编 者

课程介绍

二维码索引

名称	二维码	页码	名称	二维码	页码
课程介绍		Ⅲ	电动机起保停控制任务描述		25
课程内容概述		Ⅷ	位逻辑指令		27
初识实训设备		Ⅷ	电动机的起保停控制任务实施		30
初识 PLC		2	电动机的起保停控制实操演示		33
初识 S7-1200 PLC		9	电动机的正反转控制任务描述		35
博途软件的安装		21	电动机的正反转控制任务实施		39
博途软件的硬件组态过程		22	电动机的正反转控制实操演示		41
项目 2 概述		24	小车自动往返控制任务描述		46

二维码索引

（续）

名称	二维码	页码	名称	二维码	页码
小车自动往返控制任务实施		46	信捷触摸屏软件安装及基本操作		97
小车自动往返控制实操演示		46	信捷触摸屏软件介绍1		101
项目3概述		60	信捷触摸屏软件介绍2		104
基本指令（上）		61	交通灯控制任务实施		108
基本指令（下）		73	交通灯控制系统调试		116
项目4概述		84	花样喷泉控制任务概述		117
液体混合罐控制任务准备		85	花样喷泉控制任务分析		118
时间累加器		88	函数（FC）和函数块（FB）		119
液体混合罐控制任务实施		89	花样喷泉控制任务实施		121
交通灯控制任务导入		96	轴的组态与调试		136
交通灯控制任务分析		96	立体仓库的手动控制模式		140

V

(续)

名称	二维码	页码	名称	二维码	页码
立体仓库的自动控制模式		151	视觉分拣系统的设计与调试任务实施		212
变频器的多段速控制		163	温度控制系统设计		234
变频器的模拟量控制		171	温度控制系统调试		238
变频器的通信控制		177	远程 I/O 模块的控制		248
视觉颜色识别系统设计		189	伺服电动机与伺服控制器		256
视觉分拣系统的设计与调试		207	伺服轴的控制		269

目录

前言

二维码索引

项目 1 初识 S7-1200 ········· 1
   任务 1.1 认识 PLC ········· 2
   任务 1.2 搭建一个简单的 S7-1200 系统 ········· 9

项目 2 三相异步电动机的 PLC 控制 ········· 24
   任务 2.1 电动机的起保停控制 ········· 25
   任务 2.2 电动机的正反转运行控制 ········· 35
   任务 2.3 电动机的丫-△减压起动控制 ········· 47

项目 3 竞赛抢答器系统应用编程 ········· 60
   任务 3.1 设计竞赛抢答器 ········· 61
   任务 3.2 竞赛抢答器的进阶 ········· 71

项目 4 顺序逻辑控制程序设计 ········· 84
   任务 4.1 液体混合罐控制 ········· 85
   任务 4.2 交通灯控制 ········· 96
   任务 4.3 花样喷泉控制 ········· 117

项目 5 立体仓库控制 ········· 133
   任务 5.1 单工位步进轴取放料控制 ········· 134
   任务 5.2 多工位步进轴取放料控制 ········· 147

项目 6 视觉分拣控制 ········· 161
   任务 6.1 变频器的多段速控制 ········· 162
   任务 6.2 变频器的模拟量控制 ········· 171
   任务 6.3 变频器的通信控制 ········· 176

| 任务 6.4 | 视觉颜色识别系统的设计与调试 | 188 |
| 任务 6.5 | 视觉分拣系统的设计与调试 | 207 |

项目 7　液位和温度控制·····219

任务 7.1　水箱的液位控制·····220

任务 7.2　温度的精确控制·····233

项目 8　伺服输送控制·····246

任务 8.1　远程 I/O 模块的控制·····247

任务 8.2　伺服轴的控制·····255

参考文献·····280

课程内容概述

初识实训设备

项目 1　初识 S7-1200

项目导入

没有强大的制造业，就没有国家和民族的强盛。目前，制造业正由自动化、数字化向网络化、智能化阶段发展。可编程控制器（PLC）是应用场合较多的工业控制装置，它与机器人、CAD/CAM 并称现代工业自动化的三大支柱。

项目目标

知识目标	了解 PLC 定义、分类、基本结构、编程语言 熟悉 PLC 系统等效电路和工作原理 了解 S7-1200 PLC 的硬件组成 掌握 PLC 的安装和拆卸方法 掌握博途软件的安装方法
能力目标	能进行 PLC 器件选型、布局及安装 能进行 PLC I/O 地址分配、电气接线 能安装博途软件 能熟练使用博途软件 能通过互联网获取所需要信息
素质目标	培养学生的职业素养、职业道德 培养学生按 6S（整理、整顿、清扫、清洁、素养、安全）标准工作的习惯

实施条件

	名称	型号或版本	数量或备注
硬件准备	计算机	可上网、符合博途软件最低安装要求	1 台
	PLC	CPU 1214C DC/DC/RLY 或 CPU 1214C AC/DC/RLY	1 台
	物料传感器	GRTE18S-N1317 或 GTB6-N1211	1 个
	起动按钮	正泰 LAY39B（LA38）-11BN 绿色	1 个
	停止按钮	正泰 LAY39B（LA38）-11BN 红色	1 个
	选择旋钮	正泰 NP2-BD 25	1 个
	交流接触器	正泰 CJX2-1210	1 个
	辅助触点	正泰 F4-11	1 个
	三极断路器	正泰 NXB-63-3P-C32	1 个
	单极断路器	正泰 NXB-63-1P-C10	1 个
	过载保护	正泰 NXR-25 7-10A	1 个
	指示灯	正泰 ND16-22DS/2 红色、绿色	各 1 个
软件准备	博途软件	15.1 或以上	—

任务 1.1　认识 PLC

一、任务要求及分析

1. 任务要求

通过网络熟悉 PLC 的相关概念，了解 PLC 有哪些品牌和相应的型号；通过网络收集 PLC 的应用案例；讨论 PLC 的特点及应用场合；完成 PLC 应用调研报告，撰写学习计划。

2. 任务分析

本任务要求学生利用互联网查询 PLC 的相关信息，建立初步的认识；了解 PLC 的产生、定义、分类、基本结构、工作原理等。

二、任务准备

1. PLC 的产生

20 世纪 60 年代，美国汽车制造业竞争异常激烈，单一型号大批量生产已经不能满足市场需要，急需扩充产品种类以满足用户的个性化需要，当时的汽车生产线都是采用继电器控制系统，该类控制系统存在故障率高、功能单一、不易维护等缺点。为减少升级生产线的时间，降低经济成本，美国通用汽车公司（General Motors Company，GM）将新生产线的控制系统需求归纳为以下 10 条，并于 1968 年进行了公开招标。

① 编程方便，现场可修改程序。
② 维修方便，采用插件式结构。
③ 可靠性高于继电器控制系统。
④ 体积小于继电器控制系统。
⑤ 数据可直接送入管理计算机。
⑥ 成本可与继电器控制装置竞争。
⑦ 输入为交流 115V。
⑧ 输出为交流 115V、2A 以上，能直接驱动电磁阀、接触器等器件。
⑨ 在扩展时，原系统只要很小变更。
⑩ 用户程序存储器容量至少能扩展到 4KB。

1969 年，美国数字设备公司研制出世界上第一台 PLC，型号为 PDP-14，在美国通用汽车公司自动装配线上试用成功，取得了显著的经济效益。

2. PLC 的定义

国际电工委员会对 PLC 进行了如下定义：PLC 是一种专为工业环境下应用而设计的数字运算操作电子系统。它采用可编程序的存储器，用来在其内部存储执行逻辑运算、顺序控制、定时、计数及算术等操作的指令，并通过数字式或模拟式的输入/输出来控制各种类型的机械设备或生产过程。PLC 及其有关外围设备，都应按易于与工业控制系统连成一个整体，易于扩充其功能的原则设计。

PLC 是可编程逻辑控制器的英文缩写，随着 PLC 技术的不断发展，它现在的应用范围已远超逻辑控制器，是名副其实的可编程控制器（PC），为了与个人计算机（Personal Computer，PC）区别，这里仍然采用 PLC 作为其英文缩写。

3. PLC 的分类

1）根据 I/O 点数和存储器容量，PLC 分为小型机、中型机和大型机。

小型机的 I/O 点数在 256 点以下，用户程序存储器容量为 2KB 以下，如西门子 S7-200 和 S7-1200 系列、三菱 FX 系列、汇川 H 系列、信捷 XC 和 XD 系列。

中型机的 I/O 点数在 256～2048 点之间，用户程序存储器容量为 2～8KB，如西门子的 S7-300 和 S7-1500 系列、三菱的 Q 系列、汇川 AM 系列、信捷的 XS 和 XG 系列。

大型机的 I/O 点数在 2048 点以上，用户程序存储器容量为 8KB 以上，如西门子的 S7-400 系列、三菱的 QnA 系列。

2）根据结构形状，PLC 可分为整体式和模块式两类。

整体式 PLC 将电源、CPU、存储器、I/O 等部件集中在一个壳体内，可以单独实现控制功能。小型机一般采用这种结构，如西门子 S7-200 和 S7-1200 系列、三菱 FX 系列、汇川 H 系列、信捷 XC 和 XD 系列。

模块式 PLC 将不同功能部件按模块化进行制造，各模块可以通过总线连接起来，用户可根据任务需求选择不同模块进行拼装，组成一个完整的控制系统。模块式结构一般用于中型或大型的 PLC，如西门子的 S7-300 和 S7-400 系列、三菱的 Q 系列。

4. PLC 的基本结构

PLC 一般都由中央处理器（CPU）、存储器、输入/输出（I/O）单元、电源及通信接口等组成。PLC 的结构框图如图 1-1 所示。

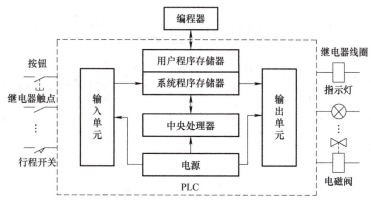

图 1-1　PLC 的结构框图

（1）中央处理器（CPU）　CPU 是 PLC 的大脑，能实现包括逻辑运算、算术运算在内的各种运算，是 PLC 工作的指令来源。

（2）存储器　PLC 内部的存储器分为系统程序存储器和用户程序存储器。系统程序存储器用于存储系统管理程序和监控程序，一般在出厂前已固化在只读存储器（ROM）中，用户只能读取不能写入。用户程序存储器用于存储用户编写的 PLC 程序、变量及注释等信息，它一般位于 PLC 的随机存储器（RAM），用户可根据需要进行读写。

（3）输入单元 输入单元由输入端子和输入继电器组成。输入端子是外部开关及传感器向 PLC 输入信号的硬件接口。为防止外部输入连接不当对 CPU 造成干扰或损坏，输入继电器与外部输入电路间采用了光电隔离，它的状态不受用户程序控制，只能由接到输入端的外部信号来驱动。为方便编程，输入继电器提供无数虚拟的常开触点和常闭触点供用户编写程序时使用。开关量输入接口电路一般为直流输入，如图 1-2 所示。

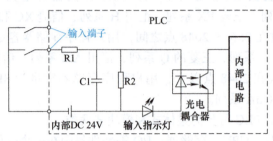

图 1-2　开关量输入接口电路

（4）输出单元 输出单元将经过 CPU 处理过的输出数字信号传送给输出端，以控制其接通和断开，从而驱动继电器、接触器、电磁阀、指示灯等输出设备，使之按照程序要求工作。输出单元内同样包括了光电隔离电路，防止输出端信号对 CPU 的干扰。根据负载的不同，PLC 的输出有三种类型：继电器输出可用于控制低速、大功率交流或直流负载，采用有触点机械开关，开关寿命较短；晶体管输出只可控制高速、小功率直流负载，采用无触点开关，开关寿命长，可用于需要输出高速脉冲的场合；晶闸管输出可用于控制高速、大功率交直流负载，同样采用无触点开关，开关寿命较长。三种输出类型的原理图如图 1-3 所示。

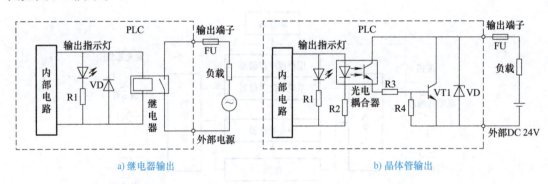

a) 继电器输出　　　　　　　　　　b) 晶体管输出

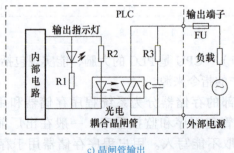

c) 晶闸管输出

图 1-3　三种输出类型的原理图

（5）电源　PLC采用开关式稳压电源，将输入的电压较高的交流或直流电转变成CPU和存储电路所需的低压直流电，大部分PLC还能够向外部提供一定功率的24V直流电源，供外部输入/输出负载使用。此外，还包含一块电池，供外部电源停电时维持部分保持型存储器及实时时钟正常工作。

5. PLC系统等效电路

从前面所学的内容我们知道，PLC是从继电控制发展而来的。继电控制是一种并行控制，只要条件满足，多条支路可以同时动作。但PLC是一种专用的工业控制计算机，通过执行用户程序来完成控制任务，CPU执行用户程序时只能按顺序依次执行每一条指令，因此PLC采用的是串行工作方式。

PLC控制系统的等效电路可以分为三个部分，即输入部分、内部控制电路部分和输出部分。输入部分就是采集输入信号的部件，输出部分就是系统的执行部件，这两部分与继电控制电路相同。内部控制电路就是用户所编写的程序，可以实现控制逻辑，用软件代替继电器电路的功能。PLC控制系统等效电路如图1-4所示。图中的梯形图是为控制输出侧负载编写的用户程序。

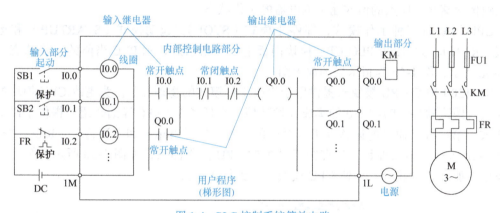

图1-4　PLC控制系统等效电路

（1）输入部分　该部分由外部输入电路、PLC输入接线端子和输入继电器组成。外部输入信号经PLC输入接线端子去驱动输入继电器线圈。每个输入端子与其相同编号的输入继电器有着唯一确定的对应关系。当外部的输入元件处于接通状态时，对应的输入继电器线圈得电。这个输入继电器是PLC内部的"软继电器"，是为了方便用户理解而虚拟出来的，实际电路中并不存在这种输入继电器，但是在内存中存在一个与其对应的存储位，它能表征输入继电器线圈的状态，输入继电器得电时，这个存储位的值会变为1，否则为0。为方便编程，这种虚拟出来的输入继电器可以提供无数常开和常闭触点，触点通断状态与线圈得电与否的关系与传统继电器规则完全一样。

（2）内部控制电路部分　该部分由用户程序形成的软继电器的控制逻辑组成。它的作用是按照用户编写的程序所规定的逻辑关系，处理输入信号和输出信号。一般用户程序用梯形图编制，它看上去很像继电控制电路图，但是即使梯形图与继电控制电路图完全一样，最后的输出结果也不一定相同，这是因为它们处理信号的过程不同，继电控制是并行控制，只要条件满足，多条支路可以同时动作，而PLC采用串行工作方式，一次只能执行一条指令，因此两者最后的控制结果可能存在差异。

（3）输出部分　该部分由在PLC内部且与内部控制电路隔离的输出继电器的外部常

开触点、输出接线端子和外部驱动电路组成,用来驱动外部负载。每个输出继电器除了有为内部控制电路提供的用于编程的任意多个常开、常闭触点,还为外部输出电路提供了一个实际的常开触点,输出继电器是 PLC 中唯一真实存在的继电器。

6. PLC 的工作原理

PLC 的工作方式有两个显著的特点:一是指令的循环扫描执行;二是输入/输出的集中批量处理。理解以上两个特点对分析和理解 PLC 控制系统的工作过程有着重要的意义。

PLC 采用循环扫描工作方式,程序从第一条指令开始,按照自上而下、从左到右顺序执行,直至程序结束符,然后返回到第一条指令,如此循环往复进行。每次循环扫描所耗费的时间称为扫描周期或工作周期。

由于 PLC 的 I/O 点数较多,采用集中批量处理的方法可以简化操作过程,避免继电控制中存在的"竞争与冒险"和一个扫描周期内因不断切换导致的输出信号"抖动"问题,提高了系统的可靠性。在运行状态下,PLC 在一个工作周期内,只在固定的阶段采集输入和刷新输出,其余阶段即使输入发生变化或程序运算结果导致输出切换,均不改变输入映像存储区对应点的值或输出继电器的工作状态。

CPU 模块有三种工作模式,即停止模式(STOP)、起动模式(STARTUP)和运行模式(RUN)。S7-1200 PLC CPU 模块面板上 3 个指示灯显示 PLC 当前的工作状态,如图 1-5a 所示,图 1-5b 为指示灯的放大图。

S7-1200 PLC CPU 模块未提供用于更改工作模式的物理开关。为更改 CPU 模块的工作模式,博途软件(S7-1200 的集成开发环境,在任务 1.2 中有详细介绍)提供了以下三种方式:第一种是通过博途软件工具栏中的"停止"(Stop)和"运行"(Run)按钮,如图 1-5c 所示;第二种是通过在线工具中的 CPU 操作面板,如图 1-5d 所示;第三种是在程序中加入 STP 指令,以使 CPU 模块切换到停止模式。

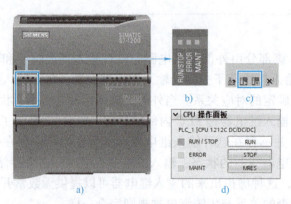

图 1-5 PLC CPU 模块工作模式

在停止模式下,CPU 不执行任何程序,而用户可以下载项目,此时 RUN/STOP 指示灯为黄色常亮。

起动模式是停止模式向运行模式转换的一种过渡模式,仅运行一次后,便由停止模式切换到运行模式。在起动模式下,CPU 会按图 1-6 所示顺序执行字母 A、B、C、D、F 所代表的事件。如果存在用户定义的启动组织块,则在字母 C 代表的流程中一起执行。在起动模式下,CPU 不会处理中断事件,但是会将中断事件写入队列,为后续中断响应做准备，图中用 E 来表示。起动模式中 RUN/STOP 指示灯为绿色和黄色交替闪烁。

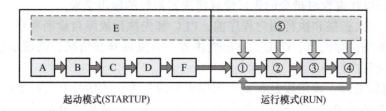

A：清除输入映像存储区 I
B：初始化输出映像存储区 Q，并将 PROFIBUS、PROFINET 和 AS-i 输出归零
C：将非保持性位存储区 M 和数据块初始化，并启用组态的循环中断和时间事件，执行用户定义的启动组织块（如有）
D：将物理输入的状态复制到输入映像存储区 I
E：将所有中断事件存储到要在进入运行模式后处理的队列中
F：将输出映像存储区 Q 写入物理输出

①：将输出映像存储区 Q 内容写入物理输出
②：将物理输入的状态复制到输入映像存储区
③：执行程序循环 OB
④：执行自诊断
⑤：在扫描周期的任何阶段处理中断和通信

图 1-6　PLC 工作流程图

在运行模式下，每个扫描周期会重复执行图中数字①～④所代表的事件，在程序循环阶段的任何时刻都可能发生中断事件，图中用数字⑤表示，CPU 也可以随时处理这些中断事件。用户可以在运行模式下下载项目的某些部分，运行模式下 RUN/STOP 指示灯为绿色常亮。

运行模式下，PLC 完整的工作过程可以分为五个阶段：①输出刷新；②输入采样；③程序执行；④自诊断；⑤中断和通信处理，其工作流程如图 1-6 所示。

1）输出刷新。在此阶段，PLC 将按照输出映像存储区内的数据刷新所有输出锁存电路，再经过输出电路驱动外部负载，此时，外部负载的实际驱动状态才会更新。用户程序中某一输出线圈得电，则该输出位对应的输出映像存储区的数据为"1"。信号经输出模块隔离和功率放大后，控制输出继电器线圈"得电"，使常开触点闭合或晶体管导通，以此驱动外部负载电路通电工作。

2）输入采样。PLC 以扫描方式依次读取所有输入端的状态，并将它们存入输入映像存储区。输入采样阶段结束后，该存储区与外部输入隔离，即使输入信号状态发生变化，输入映像存储区相应位置的数据也不发生变化，必须等到下一周期执行到输入采样阶段该数据才能改变。在当前扫描周期内，用户程序依据的输入信号的状态均从输入映像存储区读取，而不管此时外部输入信号的状态是否变化（程序中立即指令：P 除外）。因此，输入信号的有效宽度要大于一个扫描周期，否则可能造成信号丢失。

3）程序执行。除遇到跳转指令外，PLC 一般按从上到下、从左到右的顺序依次扫描和执行用户程序。对由触点构成的控制电路进行逻辑运算，然后根据逻辑运算的结果，刷新该逻辑线圈在系统 RAM 存储区或输出映像存储区中对应位的状态，或确定某一功能指令是否需要被执行。程序中若遇到某一输入端的触点，PLC 将从输入映像存储区读取该触点对应存储位的状态数据，用其进行后续逻辑运算，而不会直接采集当前输入端的状态。在程序执行过程中，输出映像存储区的数据会随着程序的执行发生一次或多次改变，但输出端的状态不会立即发生变化（程序中立即指令：P 除外），直到程序执行阶段结束，到下一扫描周期的输出刷新阶段才能得到刷新。除输出端的状态外，每执行一条指令，结果都将立即写入对应元件的数据存储区，这样该元件的状态马上就可以被后面将要扫描到的指令所使用，所以在编程时指令的先后位置将决定最后的输出结果。

4）自诊断。每次扫描和执行用户程序前，PLC 都先执行故障自诊断程序。自诊断内容包括 I/O 接口模块、存储器、CPU、通信模块等，若发现异常情况，则显示报警信息；若正常，则继续向后执行。

5）中断和通信处理。该阶段是在整个扫描周期内与①～④阶段并行检测串行处理的过程。并行检测指的是 PLC 检查是否有中断事件发生或与计算机、外部设备等通信伙伴的通信请求，这个检测过程与①～④同步进行。串行处理指的是如有需要处理的中断事件，则立即停止当前工作流程，根据组态中确定的中断优先级和中断设置调用相应的中断程序，待中断程序执行完后再返回程序调用前的位置继续向下执行。可见，中断的处理会影响正常程序的执行，因此可以将之理解为一种"插队"后串行执行。

三、任务实施

1. 收集 PLC 相关信息

搜索关键词"PLC 定义""PLC 历史""PLC 品牌""PLC 用途""PLC 应用案例""PLC 特点""S7-1200 PLC 的硬件组成"等。

2. 撰写 PLC 相关课题的调研报告

查找 PLC 相关资料，任选"PLC 的发展现状""常用 PLC 品牌""PLC 的应用场合""S7-1200 的硬件组成""PLC 的发展方向"中一课题完成调研报告。

四、任务评价

	评分点	得分
调研报告（60 分）	摘要准确、精练（10 分）	
	引言简明扼要（10 分）	
	调研方法得当（10 分）	
	调研结果及其分析合理（30 分）	
6S 素养（20 分）	桌面物品和工具摆放整齐、整洁（10 分）	
	地面清理干净（10 分）	
发展素养（20 分）	表达沟通能力（10 分）	
	团队协作能力（10 分）	

五、任务拓展

调查学校实训室中用到了哪些品牌的 PLC？具体型号是什么？这些 PLC 有哪些硬件资源可以使用？

项目 1 初识 S7-1200

任务 1.2 搭建一个简单的 S7-1200 系统

一、任务要求及分析

某公司准备新建一条自动化生产线，拟采用西门子 S7-1200 PLC 实现对传送带电动机的控制，当前阶段需要先完成硬件选型、安装定位、接线及必要软件的安装，为后期编程调试做准备。

1. 任务要求

近期要求：能通过按钮站实现 1 台传送带电动机的手动起停和传送方向控制；能通过物料检测传感器检测圆柱形物料是否到位，到位后自动停止传送带的运行，待操作工取走物料后，自动起动传送带；需要有运行指示功能，传送带运转时绿色指示灯亮，停止时红色指示灯亮。

远期要求：后续扩大产能，需要增加 1 条相同功能的生产线，传送带的控制信号接入现有 PLC，由现有 PLC 进行控制。

PLC 选型时需要考虑远期要求，安装和接线只需满足近期要求。

2. 任务分析

根据任务要求，PLC 选型时需要考虑近期和远期的 I/O 点数要求，并留有一定的余量。从近期要求可知，1 条生产线需要接入 4 个输入点，即起动按钮、停止按钮、方向选择开关和传感器各 1 个；需要控制 4 个输出点，实现正反转接触器和红绿色指示灯的控制。因此选型时，PLC 至少需要 8 个输入点、8 个输出点。设计接线图和安装配线时只要考虑近期要求。

二、任务准备

1. S7-1200 PLC 的硬件组成

如图 1-7 所示，S7-1200 PLC 的硬件主要由 CPU 模块、信号模块、通信模块、信号板、通信板等组成。各组成部分可以根据需要像积木一样进行组合。

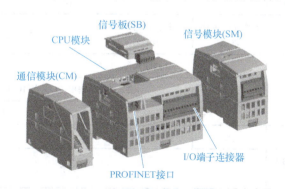

初识 S7-1200 PLC

图 1-7 S7-1200 PLC 的主要硬件种类

（1）CPU 模块　S7-1200 PLC 的 CPU 模块将中央处理器、电源、输入/输出电路、

PROFINET 接口、高速计数器、运动控制、PID 控制等所需硬件电路组合到一个紧凑的外壳中。每个 CPU 模块上可以安装一块信号板，安装以后不会改变 CPU 的外形和体积。CPU 模块是 PLC 控制系统中最重要的部分，每个 PLC 控制系统中至少应包含一个 CPU 模块，有了 CPU 模块后才能扩展信号模块、通信模块等部件。CPU 模块的外观如图 1-8a 所示。

目前 S7-1200 PLC 的 CPU 模块有 5 种类型可供选择，分别是 CPU 1211C、CPU 1212C、CPU 1214C、CPU 1215C 和 CPU 1217C。除 CPU 1217C 外（只有 DC/DC/DC 类型），每种 CPU 模块又细分为三种规格，分别是 DC/DC/DC、AC/DC/RLY 和 DC/DC/RLY。型号参数含义如图 1-8b 所示。S7-1200 PLC 的 CPU 模块性能参数表见表 1-1。

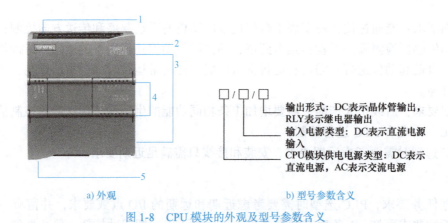

a) 外观   b) 型号参数含义

图 1-8 CPU 模块的外观及型号参数含义

1—电源接口 2—存储卡插槽（上部保护盖下面） 3—可拆卸用户接线连接器（保护盖下面）
4—板载 I/O 的状态 LED 5—PROFINET 连接器（CPU 的底部）

表 1-1 S7-1200 PLC 的 CPU 模块性能参数表

特征		1211C	1212C	1214C	1215C	1217C
物理尺寸/（mm×mm×mm）		90×100×75	90×100×75	110×100×75	130×100×75	150×100×75
用户存储器	工作/KB	50	75	100	125	150
	装载/MB	1	1	4	4	4
	保持/KB	10	10	10	10	10
本地板载 I/O 点数	数字	6 路输入/4 路输出	8 路输入/6 路输出	14 路输入/10 路输出	14 路输入/10 路输出	14 路输入/10 路输出
	模拟	2 路输入	2 路输入	2 路输入	2 路输入/2 路输出	2 路输入/2 路输出
过程映像区大小		输入（I）/输出（O）各 1024B				
位存储器（M）		4096B	4096B	8192B	8192B	8192B
信号模块（SM）扩展		无	2 个	8 个	8 个	8 个
信号板（SB）、电池板（BB）或通信板（CB）		1 个				
通信模块（CM）扩展		3 个				
高速计数器（HSC）		最多可组态 6 个使用任意内置或信号板输入的高速计数器				

（续）

特征	1211C	1212C	1214C	1215C	1217C
脉冲输出	最多可组态 4 个使用任意内置或信号板输出的脉冲输出				
实时时钟保持时间	通常为 20 天，40℃时最少为 12 天（免维护超级电容）				
PROFINET 以太网通信接口	1			2	
实数数学运算执行速度	2.3μs/ 指令				
逻辑运算执行速度	0.08μs/ 指令				

S7-1200 PLC 的 CPU 模块集成了高速计数器、高速脉冲输出、运动控制和 PID 控制等。

1）高速计数器。S7-1200 PLC 的 CPU 模块最多可组态 6 个 CPU 模块内置或信号板输入的高速计数器。CPU 1217C 有 4 个最高频率为 1MHz 的高速计数器；其他 CPU 模块可组态最高频率为 100kHz（单相）/80kHz（正交相位）或者最高频率为 30kHz（单相）/20kHz（正交相位）的高速计数器。如果使用信号板，最高计数频率为 200kHz（单相）/160kHz（正交相位）。

2）高速脉冲输出。各种型号的 CPU 模块最多有 4 个高速脉冲输出（含信号板）。CPU 1217C 的高速脉冲输出频率最高可到 1MHz，其他型号 CPU 模块可到 100kHz，信号板可到 200kHz。

3）运动控制。S7-1200 PLC 的高速输出可以用于步进电动机或伺服电动机的速度和位置控制，通过一个轴工艺对象和 PLC 运动控制指令，输出脉冲信号来控制步进电动机速度、阀位置或加热元件的占空比。除返回原点和点动功能外，S7-1200 PLC 还支持绝对位置控制、相对位置控制和速度控制。轴工艺对象有专用的组态窗口、调试窗口和诊断窗口。

4）PID 控制。PID 功能用于对闭环过程进行控制，因 PLC 资源所限，PID 控制回路不要超过 16 个。博途软件中有专用于 PLC PID 的调试窗口，提供用于参数调节的形象直观的曲线图，还支持 PID 参数自整定功能，可以自动计算 PID 参数的最佳取值。

（2）信号模块和信号板　信号模块（Signal Module，SM）用于感知外界输入或环境变化及控制外部执行器工作。它包含输入（Input）模块和输出（Output）模块，两者合在一起也称 I/O 模块。根据信号是数字量还是模拟量，信号模块可以细分为数字量信号模块和模拟量信号模块，即数字量输入（Digital Input，DI）和数字量输出（Digital Output，DO，但西门子 PLC 中更多地写成 DQ）模块，模拟量输入（Analog Input，AI）和模拟量输出（Analog Output，AO，但西门子 PLC 中更多地写成 AQ）模块。信号模块安装在 CPU 模块的右边，不同型号的 CPU 模块可扩展信号模块的能力不一样，最多的能扩展 8 个信号模块。

输入模块用来接收和采集输入信号，其中，数字量输入模块用于接收主令电器、限位开关、继电器和接触器触点以及各种传感器输入的数字量信号；模拟量输入模块用来接收电位器、测速发电机和各种变送器提供的连续变化的模拟量信号或者直接接收热电阻、热电偶提供的温度信号。

输出模块用于控制外部执行设备工作，其中，数字量输出模块用来控制继电器、接触器、电磁阀、指示灯等输出装置。模拟量输出模块用于控制电动调节阀、变频器等需要模拟量控制的执行器。S7-1200 PLC 常用的信号模块类型及主要参数见表 1-2。

表 1-2 S7-1200 PLC 常用的信号模块类型及主要参数

模块类型	型号	接口类型	基本情况
数字量信号模块	SM 1221	8/16×DC 24V 输入	8/16个输入、DC 24V、4mA/每点、IEC 类型 1 漏型、SM 总线电流消耗 105/130mA
	SM 1222	8/16×DC 24V 输出	8/16个晶体管输出、DC 24V、最大电流 0.5A、灯负载 5W、SM 总线电流消耗 120/140mA
		8/16×继电器输出	8/16个继电器输出、DC 5～30V/AC 5～250V、最大电流 2A、灯负载 DC 30W/AC 200W、SM 总线电流消耗 120/140mA
	SM 1223	8/16×DC 24V 输入+8/16×继电器输出	1) 8/16个输入、DC 24V、漏型/源型（IEC 类型 1 漏型）、8/16个继电器输出、DC 5～30V/AC 5～250V、最大电流 2A、灯负载 DC 30W/AC 200W 2) SM 总线电流消耗 145/180mA
		8/16×DC 24V 输入+8/16×DC 24V 输出	1) 8/16个输入、DC 24V、漏型/源型 2) 8/16个晶体管输出、DC 24V、最大电流 0.5A、灯负载 5W 3) SM 总线电流消耗 145/180mA
模拟量信号模块	SM 1231	4×模拟量输入	1) 4个模拟量输入：±10V、±5V、±2.5V、0～20mA、13 位 2) 电压或电流（差动）：可两个选为一组
		4×热电偶输入 AI4×TC×16	1) 4个热电偶输入，温度：J、K、T、E、R&S、N、C、TXK/XK（L） 2) 电压：±80mV（27648）、15 位加符号位
		4×热电阻输入 AI4×RTD×16	1) 4个热电阻输入，温度：J、K、T、E、R&S、N、C、TXK/XK（L） 2) 电阻：0～27648Ω、15 位加符号位
	SM 1232	2×模拟量输出	2个模拟量输出，±10V、14 位或 0～20mA、13 位
	SM 1234	4×模拟量输入+2×模拟量输出	1) 4个模拟量输入：±1.0V、±5V、±2.5V、0～20mA、13 位 2) 2个模拟量输出：±10V 或 0～20mA、14 位 3) 电压或电流（差动）：可两个选为一组

S7-1200 PLC 可根据具体需要选用带有 8 个、16 个或 32 个 I/O 点数的信号模块。信号模块安装在 DIN 标准导轨上，通过总线连接器与相邻的 CPU 模块或其他模块连接。在只需要少量 I/O 接口的情况下，可以使用信号板（Signal Board，SB）。通过信号板可以对 S7-1200 PLC 进行扩展，而不需要增加安装空间。信号板的外形及安装示意图如图 1-9 所示。S7-1200 PLC 常用信号板的型号及参数见表 1-3。

图 1-9 信号板的外形及安装示意图

表1-3　S7-1200 PLC常用信号板的型号及参数

模块类型	型号	接口类型	基本情况
数字量信号板	SB 1221	4×DC 24V输入	4个输入、DC 24V、源型
	SB 1222	4×DC 24V输出	1）4个晶体管输出、DC 24V、0.1A、0.5W（MOSFET） 2）可用作最大200kHz的脉冲输出
	SB 1223	2×DC 24V输入+2×DC 24V输出	1）2个输入、DC 24V、漏型/源型（IEC类型1漏型） 2）2个晶体管输出、DC 24V、0.5A、5W（继电器干触点或MOSFET） 3）可用作最大30kHz的附加HSC
模拟量信号板	SB 1231	AI1×16位热电阻	1）1个热电偶输入，温度：J、K、T、E、R&S、N、C、TXK/XK（L） 2）电压：±80mV（27648），15位加符号位
		AI1×16位热电偶	1）1个热电阻输入，温度：J、K、T、E、R&S、N、C、TXK/XK（L） 2）电阻：0～27648Ω，15位加符号位
		AI1×12位	1个模拟量输入：±10V、±5V、±2.5V、0～20mA，11位+符号位
	SB 1232	AQ1×12位	1个模拟量输出，12位±10V或11位0～20mA

（3）通信模块　通信模块（Communication Module，CM）用于与外部设备或PLC进行通信，它安装在CPU模块的左边，最多可以扩展3块通信模块，可以使用点对点通信模块、PROFIBUS模块、工业远程通信模块、AS-i接口模块和IO-Link模块。通信模块的组态和编程采用了扩展指令或库功能、USS驱动协议、Modbus RTU主站和从站协议，它们都包含在博途工程组态软件中。图1-10所示为通信模块的外观，S7-1200 PLC常用的通信模块及参数见表1-4。

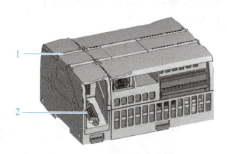

图1-10　通信模块的外观

1—通信模块的状态LED　2—通信连接器

表1-4　S7-1200 PLC常用的通信模块及参数

型号	通信方式	基本情况
CM1241	RS-485/422	用于RS-485点对点通信模块，电缆最长1000m
CM1241	RS-232	用于RS-232点对点通信模块，电缆最长10m
CSM1277	紧凑型交换机模块	用于总线型、树形或星形拓扑结构，将S7-1200 PLC连接到工业以太网

(续)

型号	通信方式	基本情况
CM1243-5	PROFIBUS DP 主站模块	通过使用 PROFIBUS DP 主站通信模块 CM1243-5,可以与其他 CPU 编程设备、人机界面、PROFIBUS DP 从站设备进行通信
	PROFIBUS DP 从站模块	可以作为一个智能 DP 从站设备与任何 PROFIBUS DP 主站设备通信
CP1242-7	GPRS 模块	通过使用 GPRS 通信处理器 CP1242-7,可以与中央控制站、其他的远程站、移动设备(SMS 短消息)、编程设备(远程服务)、使用开放用户通信(UDP)的其他通信设备进行通信

（4）其他附件 除 CPU 模块、通信模块、信号模块、信号板以外,S7-1200 PLC 还有其他附件。这些附件包括输入模拟器、电源模块、存储卡、SIMATICHMI 精简系统面板等。

2. PLC 的安装和拆卸

（1）安装准则 一般可将 S7-1200 PLC 水平或垂直安装在面板或标准导轨上。由于 S7-1200 系统为开放式设备,因此必须将其安装在外壳、控制柜或电控室内,并为其提供干燥的工作环境。安装时应按照适用的电气和建筑规范,为其提供必要的机械强度、可燃性保护以及稳定性防护。由于灰尘、潮湿和大气污染引起的导电性污染物会导致 PLC 发生操作和电气故障,如果将 PLC 放在可能存在导电性污染的区域,必须采用具有 IP54 或以上等级的外壳对 PLC 实施保护。

（2）安装间隙 S7-1200 系统被设计成通过自然对流冷却。为保证适当冷却,在设备上方和下方必须留出至少 25mm 的空隙。此外,模块前端与机柜内壁间至少应留出 25mm 的深度。规划 S7-1200 系统的布局时,应留出足够的空隙以方便接线和通信电缆连接。PLC 安装空间要求如图 1-11 所示。

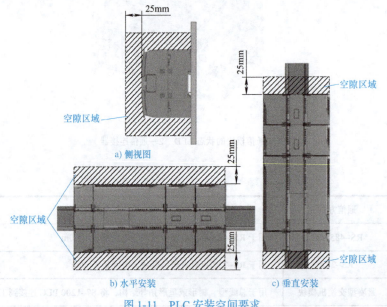

图 1-11 PLC 安装空间要求

（3）设备的安装尺寸　在预留空间或安装定位时，可参照图 1-12 所示的尺寸示意图，PLC 安装尺寸数据表见表 1-5。

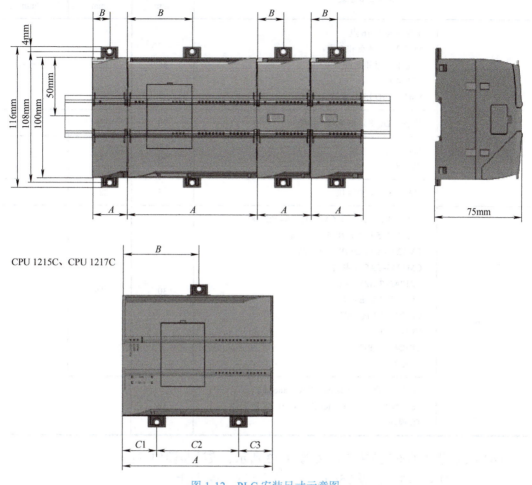

图 1-12　PLC 安装尺寸示意图

表 1-5　PLC 安装尺寸数据表

	S7-1200 系统	宽度 A /mm	宽度 B /mm	宽度 C /mm
CPU	CPU 1211C 和 CPU 1212C	90	45	—
	CPU 1214C	110	55	—
	CPU 1215C	130	65（顶部）	底部： C1：32.5 C2：65 C3：32.5
	CPU 1217C	150	75	底部： C1：37.5 C2：75 C3：37.5

(续)

S7-1200 系统		宽度 A /mm	宽度 B /mm	宽度 C /mm
信号模块	数字 8 点和 16 点 模拟 2 点、4 点和 8 点 热电偶 4 点和 8 点 RTD 4 点 SM1278 IO Link 主站	45	22.5	—
	数字量 DQ 8× 继电器（切换）	70	35	—
	模拟 16 点 RTD 8 点	70	35	—
	SM1238 电能表模块	45	22.5	—
通信模块	CM1241 RS-232 和 CM1241 RS-422/485 CM1243-5 PROFIBUS DP 主站和 CM1243-5 PROFIBUS DP 从站 CM1243-2AS-i 主站 CP1242-7 GPRSV2 CP1243-7 LTE-US CP1243-7 LTE-EU CP1243-1 CP1243-8 IRC RF120C	30	15	—
	TS（远程服务）Adapter IE Advanced 1 TS（远程服务）Adapter IE Basic1 TS 适配器 TS 模块	30	15	—

（4）CPU 模块的安装与拆卸　如图 1-13 所示，安装步骤如下：

1）安装 DIN 导轨。每隔 75mm 将导轨固定到安装板上。

2）将 CPU 和所有 S7-1200 设备都与电源断开。

3）将 CPU 挂到 DIN 导轨上方。

4）按箭头①所示方向，拉出 CPU 下方的 DIN 导轨卡夹以便能将 CPU 安装到导轨上。

5）按箭头②所示方向，向下转动 CPU 使其在导轨上就位。

6）按箭头③所示方向，推入卡夹将 CPU 锁定到导轨上。

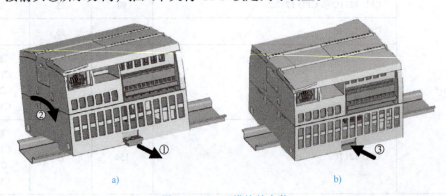

图 1-13　CPU 模块的安装

拆卸步骤如下：

1）确保 CPU 和所有 S7-1200 设备都与电源断开。

2）从 CPU 断开 I/O 连接器、接线和电缆。

3）将 CPU 和所有相连的通信模块作为一个完整单元拆卸。所有信号模块应保持安装状态。

4）如果信号模块已连接到 CPU，则需要缩回总线连接器。图 1-14a 所示为 CPU 模块与右侧信号模块接插件位置，图 1-14b 所示为使用工具拔出接插件时的局部放大图。先将螺钉旋具放到信号模块上方的小接头旁；再按图中箭头①所示方向向下按，使连接器与 CPU 分离；然后按箭头②方向将小接头完全滑到右侧。

5）卸下 CPU：如图 1-14c 所示，先按箭头③所示方向拉出 DIN 导轨卡夹，从导轨上松开 CPU；再按箭头④所示方向，向上转动 CPU 使其脱离导轨，然后从系统中卸下 CPU。

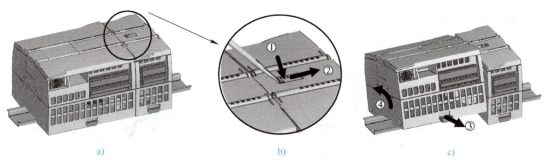

图 1-14　CPU 模块的拆卸

（5）安装和拆卸信号板、通信板或电池板　安装步骤如下：

1）确保 CPU 和所有 S7-1200 设备都与电源断开。

2）卸下 CPU 上部和下部的端子板盖板。

3）如图 1-15 所示，将螺钉旋具插入 CPU 上部接线盒盖背面的槽中。

4）按箭头①所示方向，轻轻将盖直接撬起并从 CPU 上卸下。

5）将模块直接向下放入 CPU 上部的安装位置中。

6）按箭头②所示方向，用力将模块压入该位置直到卡入就位。

7）重新装上端子板盖子。

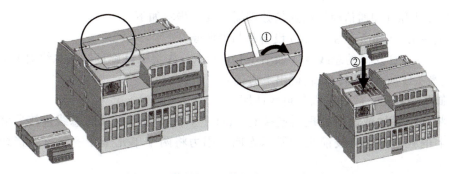

图 1-15　信号板、通信板或电池板的安装

拆卸步骤和安装步骤相反，这里就不再赘述。

（6）安装和拆卸信号模块　安装步骤如下：

1）按照前面的步骤安装好 CPU 模块，确保 CPU 和所有 S7-1200 设备都与电源断开。

2）按照图 1-16a、b 所示方法，卸下 CPU 右侧的连接器盖，先将螺钉旋具插入盖上方的插槽中，再按箭头①所示方向，将其上方的盖轻轻撬出并卸下盖。

3）收好盖子以备再次使用。

4）将信号模块连接到 CPU 的右侧。先将信号模块挂到 DIN 导轨上方，再拉出下方的 DIN 导轨卡夹以便将信号模块安装到导轨上。

5）按箭头②所示方向，向下转动 CPU 旁的信号模块使其就位并推入下方的卡夹，将信号模块锁定到导轨上。

6）伸出总线连接器即为信号模块建立机械和电气连接。先将螺钉旋具放到信号模块上方的小接头旁，再按箭头③所示方向，将小接头滑到最左侧，使总线连接器伸到 CPU 中。

如果要再安装信号模块，请按照相同的步骤操作。若要拆卸信号模块，可按相反的顺序，这里也不再赘述。

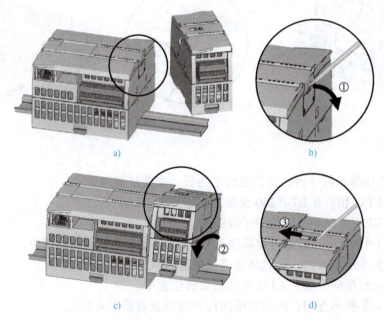

图 1-16　信号模块的安装

（7）安装和拆卸通信模块或通信处理器　安装步骤如下：

1）确保 CPU 和所有 S7-1200 设备都与电源断开。

2）卸下 CPU 左侧的总线盖。如图 1-17b 所示，先将螺钉旋具插入总线盖上方的插槽中，再按箭头①所示方向，轻轻撬出上方的盖。

3）卸下总线盖。收好盖以备再次使用。

4）将通信模块或通信处理器连接到 CPU 上。先使通信模块的总线连接器和接线柱与 CPU 上的孔对齐。再按箭头②所示方向，用力将两个单元压在一起直到接线柱卡入到位。

5）将 CPU 和通信处理器安装到 DIN 导轨或面板上。

拆卸可按相反的步骤进行，在此也不再赘述。

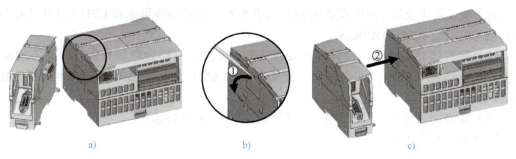

图 1-17 通信模块或通信处理器的安装

（8）拆卸和重新安装 S7-1200 端子板连接器　端子板连接器的拆卸如图 1-18 所示。
1) 卸下 CPU 的电源并打开连接器上的盖子，准备从系统中拆卸端子板连接器。
2) 确保 CPU 和所有 S7-1200 设备都与电源断开。
3) 查看连接器的顶部并找到可插入螺钉旋具的槽。
4) 将螺钉旋具插入槽中。
5) 轻轻撬起连接器顶部，使其与 CPU 分离，连接器从夹紧位置脱离。
6) 抓住连接器并将其从 CPU 上卸下。
安装端子板连接器与拆卸步骤相反，不再赘述。

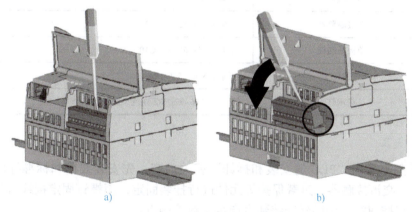

图 1-18 端子板连接器的拆卸

三、任务实施

1. 硬件选型

（1）PLC 选型　由任务分析可知：PLC 至少需要 8 个输入点、8 个输出点。再结合表 1-1 中 S7-1200 PLC 的 CPU 模块性能参数可知，若不使用扩展模块，则 1211C 和 1212C 两款 CPU 输入和输出点数不够，1214C、1215C 和 1217C 三款 CPU 模块均能满足要求，再考虑到价格，1214C 为最优选择。

考虑到系统中需要控制交流接触器线圈，可选继电器输出或晶体管输出，但晶体管并不能直接控制交流接触器线圈，还需要外接继电器作为控制桥梁，因此最优选择为继电器输出型 PLC。

电源输入采用交流 220V 或直流 24V 供电均可，因此最终可选择 CPU 1214C DC/DC/RLY 或 CPU 1214C AC/DC/RLY。

（2）物料传感器选型　根据任务要求可知：待检测物料为塑料材质，因此不能使用电感式或电容式传感器，可选用光电传感器，如 SICK 公司产品 GRTE18S–N1317 型或 GTB6–N1211 型。

（3）其他物品选型　可根据电压等级和功率等因素进行选择。

硬件选型见表 1-6。

表 1-6　硬件选型

序号	名称	型号
1	PLC	CPU 1214C DC/DC/RLY 或 CPU 1214C AC/DC/RLY
2	物料传感器	GRTE18S–N1317 或 GTB6–N1211
3	起动按钮	正泰 LAY39B（LA38）–11BN 绿色
4	停止按钮	正泰 LAY39B（LA38）–11BN 红色
5	选择旋钮	正泰 NP2–BD 25
6	交流接触器	正泰 CJX2–1210
7	辅助触点	正泰 F4–11
8	三极断路器	正泰 NXB–63–3P–C32
9	单极断路器	正泰 NXB–63–1P–C10
10	过载保护	正泰 NXR–25 7–10A
11	指示灯	正泰 ND16–22DS/2 红色、绿色各 1 个

2. 元件安装

根据任务准备中"PLC 的安装和拆卸"相关内容，先安装线槽和标准导轨，再将断路器、PLC、交流接触器、过载保护等元件进行挂装固定，用螺钉固定接线端子。按钮和指示灯安装在按钮站，传感器安装到生产线物料检测点。

3. I/O 地址分配

根据任务要求分配 I/O 地址，见表 1-7。

表 1-7　I/O 地址分配表

输入		输出	
物料传感器 SQ1	I0.0	正转交流接触器 KM1	Q0.0
起动按钮 SB1	I0.1	正转交流接触器 KM2	Q0.1
停止按钮 SB2	I0.2	运行指示灯 L1	Q0.2
方向选择旋钮 SA	I0.3	停止指示灯 L2	Q0.3

4. 电气接线

I/O 地址分配完成后，按照任务要求画出 I/O 接线图（主电路省略），如图 1-19 所示，并根据 I/O 地址分配及 I/O 接线图进行接线。

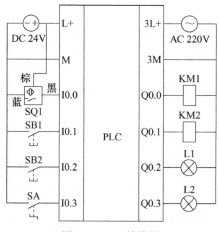

图 1-19　I/O 接线图

5. 安装博途软件

（1）博途（TIA Portal）软件简介　TIA 是 Totally Integrated Automation 的简称，即全集成自动化；Portal 指入口或门户。TIA Portal 被称为"博途"，寓意全集成自动化的入口。博途软件是西门子重新定义自动化的概念、平台及标准的软件工具。它分为两个部分：STEP7 和 WinCC。STEP7 用于 PLC 的组态和编程，WinCC 用于 HMI（Human Machine Interface，人机界面）设备的组态和界面设计。在博途软件中，所有数据都存储在一个项目中，STEP7 和 WinCC 不是孤立的程序，它们的数据库是可以共享的，修改后的应用程序数据会在整个项目内自动更新。

博途软件是一款注重用户体验的工业工程工具，可在一个平台上完成从过程控制到离散控制、从驱动到自动化，包括 HMI、SCADA（Supervisory Control And Data Acquisition，监控和数据采集）等在内的工业控制相关软件的工具集合，应用前途非常广阔。

（2）博途软件的安装　安装前应关闭杀毒软件和防火墙等非系统自带的软件。然后右击安装文件夹中的 Start.exe 文件，选择"用管理员操作权限打开"选项，出现欢迎界面，单击"下一步（N）"按钮。

博途软件的安装

进入安装语言选择界面，选择安装语言为"简体中文（H）"，单击"下一步（N）"按钮。

进入解压缩路径界面，选择解压缩路径，安装程序会自动解压到一个默认路径，等安装全部完成后可删除该解压后的安装文件夹，释放存储空间。解压路径选择好后单击"下一步（N）"按钮。

随后进入解压进度显示界面，直到解压完成。

解压完成后进入重启界面，单击"是（Y）"按钮。系统重启后会自动进行软件安装，进入初始化界面。若不能在重启后继续完成后续安装，并要求反复重启，则需要编辑注册表。可先按 Windows 视窗键 +R 键，打开运行窗口，输入 regedit，打开"注册表编辑器"窗口，如图 1-20 所示。查找到路径"计算机\HKEY_LOCAL_MACHINE\SYSTEM\CurrentControlSet\Control\Session Manager"后，删除以上目录中的键值 PendingFileRenameOperations，不用重新启动就可连续安装程序。

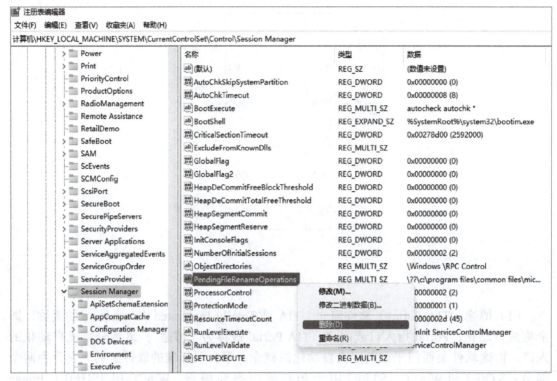

图 1-20　"注册表编辑器"窗口

安装初始化完成后会进入安装语言选择界面，选择"安装语言：中文（H）"选项，单击"下一步（N）"按钮。进入产品语言界面，勾选"中文（H）"复选框，单击"下一步（N）"按钮。后序步骤可按要求进行配置，完成后会进行重启。

重启后将自动进入安装界面，等待安装完成后，提示"安装已成功完成"。单击"重新启动（R）"按钮，重新启动操作系统。至此，软件安装全部完成。

博途软件的硬件组态过程

四、任务评价

	评分点	得分
硬件选型与安装（40 分）	元件选型（10 分）	
	I/O 接线图绘制（10 分）	
	元件安装（10 分）	
	硬件接线（10 分）	

（续）

评分点		得分
软件安装（10分）	博途软件安装（10分）	
安全素养（10分）	存在危险用电等情况（每次扣5分，上不封顶）	
	存在带电插拔工作站的电缆、电线等情况（每次扣3分，上不封顶）	
	穿着不符合生产要求（每次扣5分）	
6S素养（20分）	桌面物品和工具摆放整齐、整洁（10分）	
	地面清理干净（10分）	
发展素养（20分）	表达沟通能力（10分）	
	团队协作能力（10分）	

五、任务拓展

1. 调查学校实训室中用到了 S7-1200 PLC 的哪些模块，各模块有哪些功能？
2. 给自己的计算机安装博途软件，并熟悉该软件。

项目 2 三相异步电动机的 PLC 控制

■ 项目导入

电机是利用电磁感应原理实现机械能和电能之间相互转换的设备。其中，把电能转换为机械能的设备称为电动机。在生产上主要用的是交流电动机，特别是三相异步电动机由于其结构简单、运行可靠、重量轻、价格便宜，得到了广泛的应用。

项目 2 概述

■ 项目目标

知识目标	了解 PLC 的编程语言 了解 PLC 的基本数据类型 掌握基本位逻辑指令的使用 掌握 PLC 的基本编程方法 掌握定时器、计数器的用法
能力目标	会进行 I/O 地址的分配 会正确创建项目和进行变量表的编辑 能根据控制要求编写梯形图程序 会正确下载、调试及运行程序
素质目标	培养学生学习 PLC 的兴趣 培养学生的职业素养、职业道德 培养学生按 6S（整理、整顿、清扫、清洁、素养、安全）标准工作的习惯 培养学生团队合作、刻苦钻研的精神

■ 实施条件

	名称	型号或版本	数量或备注
硬件准备	计算机	可上网、符合博途软件最低安装要求	1 台
	PLC	CPU 1215C DC/DC/DC	1 台
	传感器	GRTE18S-N1317 或 GTB6-N1211	2 个
	起动按钮	正泰 LAY39B（LA38）-11BN 绿色	2 个
	停止按钮	正泰 LAY39B（LA38）-11BN 红色	2 个
	行程开关	正泰 YBLX-k1/111	2 个
	交流接触器	正泰 CJX2-1210	3 个
	辅助触点	正泰 F4-11	2 个
	三极断路器	正泰 NXB-63-3P-C32	1 个
	单极断路器	正泰 NXB-63-1P-C10	1 个
	过载保护	正泰 NXR-25 7-10A	1 个
	指示灯	正泰 ND16-22DS/2 红色、绿色	各 1 个
	三相异步电动机	正泰 Y132S1-2/2.2kW	2 个
软件准备	博途软件	15.1 或以上	—

项目 2　三相异步电动机的 PLC 控制

任务 2.1　电动机的起保停控制

电动机起保停控制任务描述

一、任务要求及分析

1. 任务要求

用 PLC 实现三相异步电动机的连续运行控制，即按下起动按钮，电动机起动并单向持续运转；按下停止按钮，电动机停止运转。请根据上述任务要求完成 PLC 程序的编写与调试。

2. 任务分析

根据任务要求可知，本任务是实现电动机的单向连续运转。发出命令的元器件分别是起动按钮、停止按钮的触点，它们作为 PLC 的输入量；按下起动按钮，交流接触器线圈得电，松开起动按钮后，交流接触器线圈仍得电，这就像继电控制系统一样，需要在软件中增加自锁环节。当按下停止按钮时，电动机会停止运行，这也像继电控制系统一样，需要在软件中输出线圈指令前串联停止按钮触点，即按下停止按钮时相应触点断开，使输出线圈失电，电动机停止运行。

电动机连续运行控制电路如图 2-1 所示，其控制过程是：闭合隔离开关 QS，当按下起动按钮 SB1 时，KM 线圈得电→KM 主触点闭合→电动机转动。起动瞬间，由于 KM 线圈得电，其常开辅助触点也闭合（形成自锁），此时即使松开起动按钮 SB1，电动机也能保持运行状态。当按下停止按钮 SB2 时，KM 线圈失电→KM 主触点断开→电动机停转；与此同时，其常开辅助触点复位（自锁解除）。

二、任务准备

1. S7-1200 PLC 编程语言简介

S7-1200 PLC 可使用梯形图（LAD）、功能块图（FBD）和结构化控制语言（SCL）进行程序设计。输入程序时在地址前自动添加 %，梯形图中一个程序段可以放多个独立电路。

（1）梯形图　梯形图（LAD）是使用得最多的 PLC 图形化编程语言，由触点、线圈和用方框表示的指令框组成。触点和线圈组成的电路称为程序段（network，网络）。编程软件 STEP7 Basic 自动为程序段编号。利用能流这一概念，可以借用继电器电路的术语和分析方法，帮助大家更好地理解和分析梯形图。**注意**：能流只能从左往右流动。

插入分支可以创建并行电路的逻辑。梯形图提供多种功能（如数学、定时器、计数器和移动）的"功能框"指令。

博途软件不限制梯形图程序段中的指令（行和列）数。每个梯形图程序段都必须使用线圈或功能框图指令来终止，如图 2-2 所示。

梯形图与继电器图形符号对照表见表 2-1。梯形图与继电控制原理图对照示例如图 2-3 所示。

可编程控制器技术

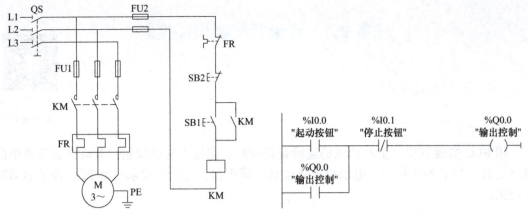

图 2-1 电动机连续运行控制电路　　　　图 2-2 梯形图示例

表 2-1 梯形图与继电器图形符号对照表

	常开触点	常闭触点	线圈
继电器图形符号	／	／	□
梯形图图形符号	─┤├─	─┤/├─	─○─ 或 ─( )─

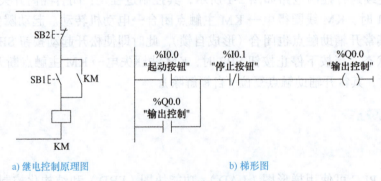

a) 继电控制原理图　　　　　　b) 梯形图

图 2-3 梯形图与继电控制原理图对照示例

　　(2) 功能块图　功能块图 (FBD) 使用以布尔代数中使用的图形逻辑符号为基础的图形符号来表示控制逻辑。如图 2-4 所示，功能块图和梯形图一样，也是一种图形化编程语言。

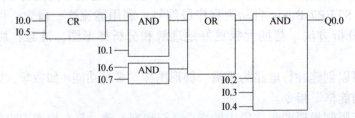

图 2-4 功能块图示例

　　(3) 结构化控制语言　结构化控制语言 (SCL) 是一种基于 PASCAL 的高级编程语言。结构化控制语言特别适用于数据管理、过程优化、配方管理和数学计算、统计任务，支持 STEP7 编程软件的块结构。

结构化控制语言指令使用标准编程运算符，例如，用"：="表示赋值，用"+"表示相加，用"−"表示相减，用"*"表示相乘，用"/"表示相除；也使用标准的 PASCAL 程序控制操作，如 IF-THEN-ELSE、CASE、REPEAT-UNTIL、GOTO 和 RETURN。

2. 位元件（I/Q/M）及编程

CPU 的数据存储器主要用来处理和存储系统运行过程中的相关数据，主要包括以下几种：

（1）输入过程映像寄存器（I） 在每个扫描过程的开始，CPU 对物理输入点进行采样，并将采样值存储于输入过程映像寄存器（又称输入继电器）中。

输入过程映像寄存器是 PLC 接收外部输入的数字量信号的窗口。PLC 通过光电耦合器，将外部信号的状态读入并存储在输入过程映像寄存器中。外部输入电路接通时，对应的输入映像寄存器为 ON（1 状态）；反之，为 OFF（0 状态）。输入端可以外接常开触点或常闭触点，也可以接由多个触点组成的串并联电路。在梯形图中，可以多次使用输入端的常开触点和常闭触点。

（2）输出过程映像寄存器（Q） 在扫描周期的末尾，CPU 将输出过程映像寄存器（又称输出继电器）的数据传送给输出模块，再由后者驱动外部负载。如果梯形图中 Q0.0 的线圈"通电"，则继电器型输出模块中对应的硬件继电器的常开触点闭合，使接在标号为 Q0.0 的端子的外部负载通电；反之，则外部负载断电。输出模块中的每一个硬件继电器仅有一对常开触点，但是在梯形图中，每一个输出位的常开触点和常闭触点都可以多次使用。

（3）位存储器（M） 位存储器（M0.0～M31.7）类似于继电控制系统中的中间继电器，用来存储中间操作状态或其他控制信息。虽然名为"位存储器区"，但是也可以按字节、字或双字来存取。

在梯形图或功能块图中指定绝对地址时，博途软件会为此地址加上"%"字符前缀，以指示其为绝对地址。编程时，可以输入带或不带"%"字符的绝对地址（例如 %I0.0 或 I0.0）。如果忽略，则博途软件将加上"%"字符。

在结构化控制语言中，必须在地址前输入"%"来表示此地址为绝对地址。如果没有"%"，博途软件将在编译时生成未定义的变量错误。

3. 位逻辑指令

位逻辑指令是编程中最基本、使用最频繁的指令，西门子 S7-1200 PLC 位逻辑指令主要包括触点和线圈指令、位操作指令及位检测指令，见表 2-2。

位逻辑指令

表 2-2　基本位逻辑指令

图形符号	功能	图形符号	功能
─┤├─	常开触点（地址）	─( )─	输出线圈
─┤/├─	常闭触点（地址）	─(/)─	取反线圈
─┤NOT├─	取反触点	─(SET_BF)─	置位位域
─(S)─	置位线圈	─(RESET_BF)─	复位位域
─(R)─	复位线圈	─┤P├─	P 触点，上升沿检测

（续）

图形符号	功能	图形符号	功能
RS —R Q— —S1	置位优先型 RS 触发器	—│N│—	N 触点，下降沿检测
		—(P)—	P 线圈，上升沿
		—(N)—	N 线圈，下降沿
SR —S Q— —R1	复位优先型 SR 触发器	P_TRIG —CLK Q—	在信号上升沿置位输出
		N_TRIG —CLK Q—	在信号下降沿置位输出

（1）常开触点与常闭触点　打开"位逻辑指令应用"，常开触点在指定的位为 0 状态时表示断开，为 1 状态时表示闭合，常闭触点反之。两个触点串联将进行"与"逻辑运算，两个触点并联将进行"或"逻辑运算。

（2）输出线圈　输出线圈将输入的逻辑运算结果（RLO）的信号状态写入指定的地址，线圈通电时写入 1，断电时写入 0。可以用 Q0.4：P 的线圈将位数据值写入 Q0.4，同时写给对应的物理输出点。常开触点、常闭触点和输出线圈位逻辑指令编程示例如图 2-5 所示。

（3）取反触点　RLO 是逻辑运算结果的简称。中间有"NOT"的触点为取反 RLO 触点，简称取反触点。如果没有能流流入取反触点，则有能流流出；如果有能流流入取反触点，则没有能流流出。取反触点指令编程示例如图 2-6 所示。

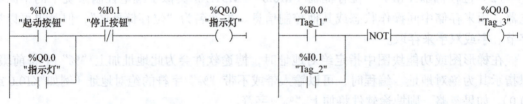

图 2-5　常开触点、常闭触点和输出
线圈位逻辑指令编程示例

图 2-6　取反触点指令编程示例

4. PLC 与继电控制的区别

PLC 控制系统与继电控制系统相比，既有许多相似之处，也有许多不同。传统的继电控制系统被 PLC 控制系统取代已是必然趋势，从适应性、可靠性、方便性及设计、安装、调试、维护等各方面比较，PLC 都有显著的优势。

（1）适应性方面　继电控制系统采用硬件接线方式，针对固定的生产工艺设计，系统只能完成固定的功能。系统构成后，若想改变或增加功能较为困难，一旦工艺过程改变，系统则需要重新设计。PLC 采用计算机技术，其控制逻辑通过软件实现，要改变控制逻辑只需改变程序，因而很容易改变或增加系统功能。PLC 系统的灵活性和可扩展性较好。

（2）可靠性和可维护性方面　继电控制系统使用了大量的机械触点，连线较多。触点开闭时会产生电弧，并有机械磨损，寿命短，因此可靠性和可维护性差。而 PLC 控制系统采用微电子技术，大量的开关动作由无触点的半导体电路完成，它体积小、寿命长、可靠性高。PLC 还配有自检和监视功能，能检查出自身的故障，并随时显示给操作人员，还能动态地监视控制程序的执行情况，为现场调试和维护提供了方便。

（3）设计和施工方面　使用继电控制系统完成一项控制工程，其设计、施工、调试必须依次进行，周期长，而且维护困难。工程越大，这一问题就越突出。而 PLC 控制系统完成一项控制工程，在系统设计完成以后，现场施工和控制逻辑的设计（包括梯形图设计）可以同时进行，周期短，且调试和维护都比较方便。

5. PLC 的电气接线

不同型号 PLC 的电气接线也不相同，可以通过 PLC 的用户手册进行查询。下面以 S7-1200 CPU 1215C DC/DC/DC 型 PLC 为例来说明 PLC 的输入/输出电气接线。如图 2-7 所示，DC24V 传感器电源输出要获得更好的抗噪声效果，即使未使用传感器电源，也可将"M"连接到机壳以接地。对于漏型输入，将"-"连接到"M"；对于源型输入，将"+"连接到"M"。

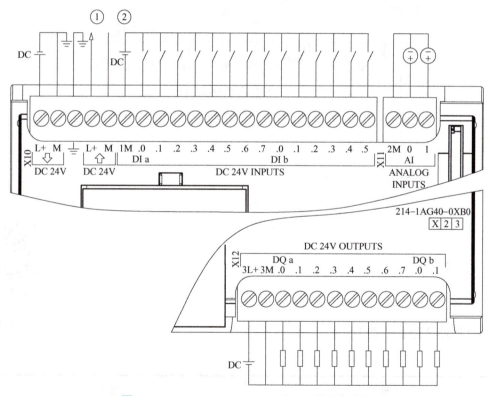

图 2-7　CPU 1215C DC/DC/DC 型 PLC 的电气接线

NPN 型和 PNP 型传感器接线示意图如图 2-8 所示，其电气接线有以下几个特点：
1）PLC 的输入和输出电源可以采用同一个直流电源，也可以采用不同的直流电源。
2）开关输入的一端接 PLC 的输入端子（如 I0.0），另一端接电源。
3）输出元件一端接 PLC 的输出端子（如 Q0.0），另一端接电源。
4）外部传感器可以借用 PLC 的输入电源 DC 24V。电感式三线传感器接线：棕色线接 24V 电源正极，蓝色线接 24V 电源负极，黑色信号线接 PLC 的输入端。NPN 型传感器采用 1M 共"+"接法，如图 2-8a 所示。PNP 型传感器采用 1M 共"-"接法，如图 2-8b 所示。

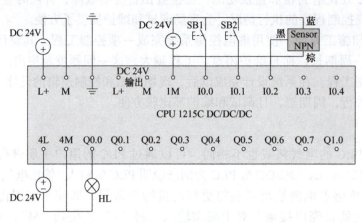

a) NPN 型传感器接线示意图

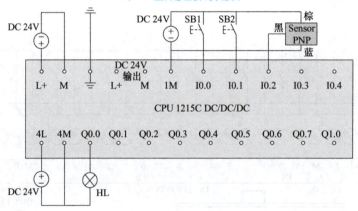

b) PNP 型传感器接线示意图

图 2-8　NPN 型和 PNP 型传感器接线示意图

电动机的起保停控制任务实施

三、任务实施

1. I/O 地址分配表

I/O 地址分配表见表 2-3。

表 2-3　I/O 地址分配表

输入			输出		
功能	变量名	PLC 地址	功能	变量名	PLC 地址
起动按钮	SB1	I0.0	输出控制	KM	Q0.0
停止按钮	SB2	I0.1			

2. I/O 接线图

根据控制要求及表 2-3 所示的 I/O 地址分配表，绘制电动机连续运行控制 I/O 接线图，如图 2-9 所示。

项目 2　三相异步电动机的 PLC 控制

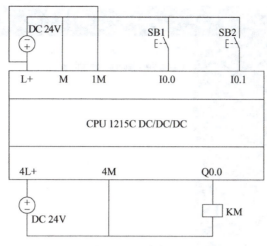

图 2-9　电动机连续运行控制 I/O 接线图

3. 硬件组态与变量设置

1）在博途软件中新建一个项目，命名为"起保停"。

2）在项目硬件组态中根据具体情况添加与现场一致的 PLC 控制器，此处以 CPU 1215C DC/DC/DC 为例，订货号也应与现场保持一致。

3）编辑变量表：可在默认变量表中新建一个变量表，将需要用到的变量进行定义，变量名应尽量简洁易懂，以增加程序的易读性，如图 2-10 所示。

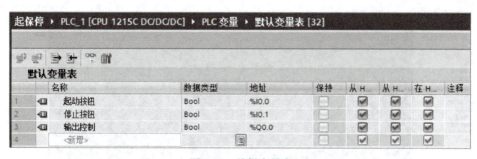

图 2-10　编辑变量表

4. 程序设计

（1）打开 Main[OB1] 窗口　如图 2-11 所示，单击"启动"→"新手上路"→"创建 PLC 程序"，进入 PLC 编程窗口，再双击"Main"，便可进入组织块 Main 的编程。也可以在图 2-12 所示项目视图中选择"项目树"→"PLC_1"→"程序块"，找到"Main[OB1]"并双击，打开编程窗口，如图 2-13 所示，即可在该编程窗口中进行编程。

（2）编写程序　在 Main[OB1] 编程窗口中，可以通过将右侧指令窗口中的指令或者直接将编辑区上方的指令符号拖曳至编辑区的梯形图中，来对程序进行编写。电动机起保停控制梯形图如图 2-14 所示。

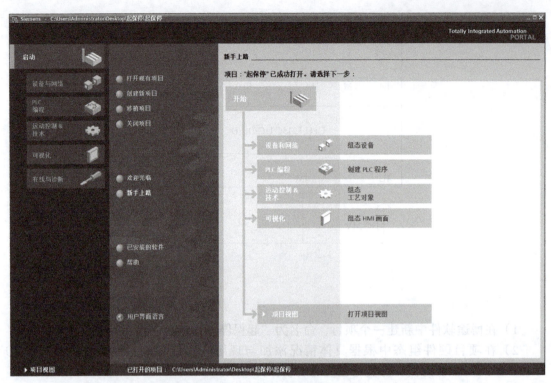

图 2-11　博途软件视图窗口

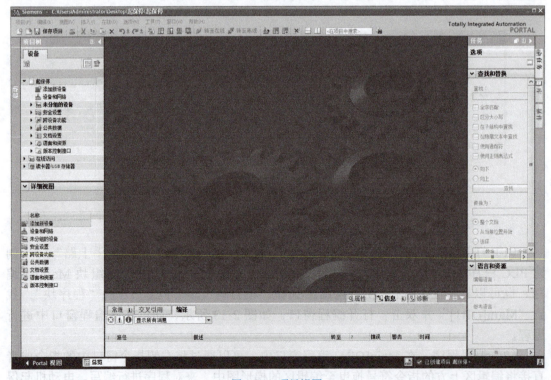

图 2-12　项目视图

项目 2　三相异步电动机的 PLC 控制

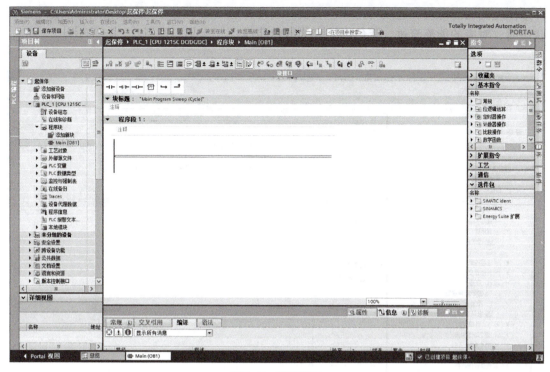

图 2-13　编程窗口

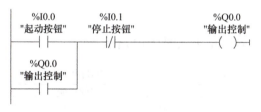

图 2-14　电动机起保停控制梯形图

电动机的起保停控制实操演示

5. 项目调试

项目调试的目的是通过调试发现软硬件中存在的问题，并加以解决。通常可分为三步：软件调试、硬件调试和软硬件联调。方法有两种：程序状态监控法与监控表法。本任务采用程序状态监控法来监控程序运行，显示程序中操作数的值和逻辑运算结果，从而发现并修改逻辑运算错误。

将硬件组态和程序下载到 PLC 中，确保下载无错误后，将 PLC 设置为 RUN 模式，运行指示灯（绿灯）亮。打开"Main[OB1]"窗口，单击工具栏中的"启用/禁用监视"按钮，即可进入程序状态监控界面，程序编辑器标题栏为橘红色。如果在线（PLC 中的）和离线（计算机中的）硬件组态或程序不一致，则会出现警告对话框，需要保存和重新下载站点，使在线、离线硬件组态或程序一致。再次进入在线状态，当左边项目树中出现绿色小圆圈或绿色方框内打钩时，即可开始进行程序调试，如图 2-15 所示。

如图 2-16 所示，在梯形图中，绿色实线表示有能流流过，蓝色虚线表示没有能流流过，灰色实线表示未知或程序没有执行，黑色实线表示没有连接。

启动程序状态监控前，梯形图中的元件和连线全部为黑色的；启动程序状态监控后，

33

梯形图左侧的能源线和连线均为绿色实线。当常开触点处于闭合状态或常闭触点处于断开状态时，对应的能流流过，蓝色虚线变为绿色实线。

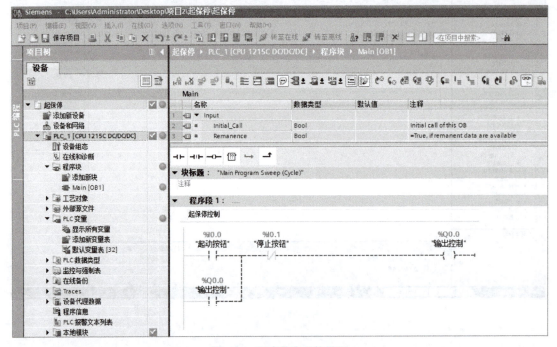

图 2-15 程序状态监控界面

按下起动按钮时程序运行结果如图 2-17 所示。

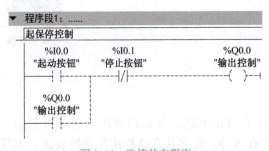

图 2-16 监控状态程序

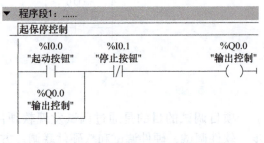

图 2-17 按下起动按钮时程序运行结果

松开起动按钮时程序运行结果如图 2-18 所示。
按下停止按钮时程序运行结果如图 2-19 所示。

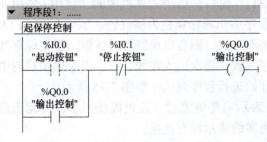

图 2-18 松开起动按钮时程序运行结果

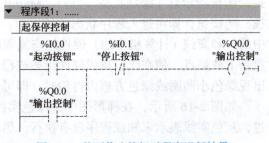

图 2-19 按下停止按钮时程序运行结果

项目2　三相异步电动机的PLC控制

四、任务评价

	评分点	得分
硬件安装与接线（30分）	I/O接线图绘制（10分）	
	元件安装（10分）	
	硬件接线（10分）	
编程与调试（40分）	能正确进行硬件组态和程序下载（10分）	
	程序能实现自锁（10分）	
	程序能实现停止（10分）	
	会使用程序状态监控法监控程序运行（10分）	
安全素养（10分）	存在危险用电等情况（每次扣5分，上不封顶）	
	存在带电插拔工作站的电缆、电线等情况（每次扣3分，上不封顶）	
	穿着不符合生产要求（每次扣5分）	
6S素养（10分）	桌面物品和工具摆放整齐、整洁（5分）	
	地面清理干净（5分）	
发展素养（10分）	表达沟通能力（5分）	
	团队协作能力（5分）	

五、任务拓展

请以组为单位完成以下拓展任务。

1. 本任务用PLC实现的电动机连续运转控制没有涉及过载保护，请在上述起保停控制的基础上，设计一个具有过载保护功能的起保停控制。

2. 请用PLC实现一台电动机的异地起停控制。具体要求：在甲地或乙地按下起动按钮时，电动机连续运转；在甲地或乙地按下停止按钮时，电动机停止运转。

任务2.2　电动机的正反转运行控制

一、任务要求及分析

电动机的正反转运行在生活及生产中应用非常广泛，例如洗衣机的正反转，起重行车的电动葫芦，木工用的电刨床，以及电梯升降，卷扬机、车床、钻床、铣床主轴正反转等。

1. 任务要求

用PLC实现三相异步电动机的正反转运行控制，即按下正向起动按钮，电动机起动并正向运转；按下反向起动按钮，电动机起动并反向运转；若按下停止按钮，电动机停止运行。

电动机的正反转控制任务描述

2. 任务分析

根据任务要求可知，发出命令的元器件分别为正向起动按钮、反向起动按钮和停止按钮,其作为 PLC 的输入量;执行命令的元器件是正反向接触器,通过它们的主触点切换三相交流电源相序,从而实现电动机的正向或反向运行控制,它们的线圈作为 PLC 的输出控制对象。

按下正向起动按钮后,若再按下反向起动按钮,电动机立即停止运行并马上切换到反向运行;同样,若先按下反向起动按钮后,再按下正向起动按钮,电动机停止运行并切换到正向运行,这是怎样实现的呢?其实,在控制程序编写时设置软元件的互锁就可以实现,就像继电控制系统设置有机械互锁环节一样。在编程时可采用典型的起保停控制方式,也可以使用置位和复位指令进行编程实现。

二、任务准备

1. 置位和复位指令

置位(Set,S)指令将指定的位操作数 OUT 置位(变为 1 状态并保持),复位(Reset,R)指令将指定的位操作数 OUT 复位(变为 0 状态并保持)。如图 2-20a 所示,位操作数 OUT 可为 I、Q、M、D、L 存储区的数据。

置位指令与复位指令最主要的特点是有记忆和保持功能。如果同一操作数的 S 线圈和 R 线圈同时断电,则指定操作数的信号状态保持不变。当图 2-20b 中 I0.0 的常开触点闭合时,Q0.0 变为 1 状态并保持该状态。即使 I0.0 的常开触点断开,Q0.0 仍然保持 1 状态(见图 2-20c)。当 I0.1 的常开触点闭合时,Q0.0 变为 0 状态并保持该状态,即使 I0.1 的常开触点断开,Q0.0 也仍然保持 0 状态。注意,当 I0.0 和 I0.1 都为 1 时,即图 2-20c 中阴影部分处,由于程序采用顺序扫描执行方式,图 2-20b 中的复位指令在后,所以 Q0.0 为 0 状态。根据以上分析,使用置位和复位指令编程时,哪条指令在后,则该指令的优先级高,编程中应考虑到这种隐性规则。

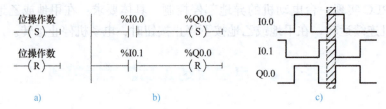

图 2-20 置位和复位指令

2. S7-1200 PLC 支持的数据类型

数据类型用于指定数据元素的大小以及如何解释数据。每个指令参数至少支持一种数据类型。在编程软件中,将光标停在指令的参数域上方,便可看到给定参数所支持的数据类型。S7-1200 PLC 支持的数据类型见表 2-4。

表 2-4 S7-1200 PLC 支持的数据类型

变量类型	数据类型	位数	数据范围	实例
位	Bool	1	0, 1	FALSE, TRUE, 0, 1
字节	Byte	8	16#00 ~ 16#FF	16#12, 16#AB
字	Word	16	16#0000 ~ 16#FFFF	16#ABCD, 16#0001

（续）

变量类型	数据类型	位数	数据范围	实例
双字	DWord	32	16#00000000 ～ 16#FFFFFFFF	16#02468ACE
字符	Char	8	16#00 ～ 16#FF	A，h，@
有符号字节	SInt	8	−128 ～ 127	123，−123
整数	Int	16	−32768 ～ 32767	123，−123
双整数	DInt	32	−2147483648 ～ 2147483647	123，−123
无符号字节	USInt	8	0 ～ 255	128
无符号整数	UInt	16	0 ～ 65535	128
无符号双整数	UDInt	32	0 ～ 4294967295	128
浮点数（实数）	Real	32	$\pm 1.18 \times 10^{-38} \sim \pm 3.40 \times 10^{38}$	123.456，−3.4，1.2×10^{12}，3.4×10^{-37}
双精度浮点数	LReal	64	$\pm 2.23 \times 10^{308} \sim \pm 1.79 \times 10^{308}$	12345.123456789 −1.2 × 10^{40}
时间	Time	32	T#−24d_20h_31m_23s_648ms ～ T#24d_20h_31m_23s_647ms 存储为 −2147483648 ～ 2147483647ms	T#5m_30s T#1d_2h_15m_30s_45ms
字符串	String	Variable	0 ～ 254 个字符的可变长度字符串	ABC
数组	Array	—	数组包含同一数据类型的多个元素	ARRAY[1..20]of REAL 一维，20 个元素
结构	Struct	—	Struct 定义由其他数据类型组成的数据结构。Struct 数据类型可作为单个数据单元处理一组相关过程数据 在数据块编辑器或块接口编辑器中声明 Struct 数据类型的名称和内部数据结构	—
…	…	—	其他数据类型可参考相关手册资料	—

（1）布尔型　布尔型是"位"，可被赋予"TRUE"（真 /1）或"FALSE"（假 /0），占用 1 位存储空间。

（2）整型　整型可以是 Byte、Word、DWord、SInt、USInt、Int、UInt、DInt 及 UDInt 等。**注意**：当较长的数据类型转换为较短的数据类型时，会丢失高位信息。

（3）实型　实型主要包括 32 位或 64 位浮点数。Real 和 LReal 是浮点数，用于显示有理数，可以显示十进制数据，包括小数部分，也可以被描述成指数形式。其中，Real 是 32 位浮点数，LReal 是 64 位浮点数。

（4）时间型　时间型主要是 Time，用于输入时间数据。

（5）字符型　字符型主要是 Char，占用 8 位，用于输入 16#00 ～ 16#FF 的字符。

3. PLC 程序经验设计法

（1）PLC 程序的经验设计法介绍　PLC 发展初期，沿用了继电器电路图的设计方法来设计梯形图程序，即在已有的一些典型梯形图的基础上，根据被控对象的控制要求，不断地修改和完善梯形图。有时需要反复地调试和修改，不断地增加中间编程元件和触点，最后才能得到一个较为满意的结果。这种方法没有普遍的规律可以遵循，设计所用的时间和质量与编程者的经验有很大的关系，这种设计方法通常称为经验设计法。它可以用于逻辑关系较简单的梯形图程序设计。

用经验设计法设计 PLC 程序时，大致可以按分析控制要求选择控制原则；设计主令元件和检测元件，确定输入/输出设备；设计执行元件的控制程序；检查、修改和完善程序几步来进行。

（2）经验设计法的特点　经验设计法对于一些简单的程序设计是比较有效的，可以达到快速、简单的效果。但这种方法主要依靠设计人员的经验进行设计，所以对设计人员的要求也就比较高，要求设计者有一定的实践经验，熟悉工业控制系统和工业上常用的各种典型环节。经验设计法没有规律可遵循，具有很大的试探性和随意性。

（3）实例解析　下面以电动机的正反转运行控制为例介绍 PLC 程序经验设计法。根据控制要求，对输入/输出进行分配，见表 2-5。

表 2-5　电动机正反转运行控制 I/O 地址分配表

输入			输出		
功能	变量名	PLC 地址	功能	变量名	PLC 地址
正转起动按钮	SB1	I0.0	正转接触器	KM1	Q0.0
反转起动按钮	SB2	I0.1	反转接触器	KM2	Q0.1
停止按钮（常闭触点）	SB3	I0.2			

根据该任务的控制要求，电动机的正反转控制可以用起保停电路实现自锁控制，然后再根据控制要求分别在正转和反转电路添加互锁控制。电动机正反转控制的 PLC 参考程序如图 2-21 所示。

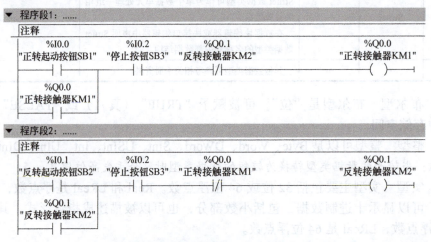

图 2-21　电动机正反转控制的 PLC 参考程序

程序段 1：正转起动和停止。利用正转接触器 KM1 的常开触点与起动按钮 SB1 并联形成自锁；利用正转回路串联反转接触器 KM2 的常闭触点实现正反转的互锁。

程序段 2：反转起动和停止。利用反转接触器 KM2 的常开触点与起动按钮 SB2 并联形成自锁；利用反转回路串联正转接触器 KM1 的常闭触点实现正反转的互锁。

项目 2　三相异步电动机的 PLC 控制

4. 双线圈输出的处理

同一编号的线圈在一个程序中使用两次及以上，则为双线圈输出，如图 2-22a 所示。双线圈输出容易引起误操作，应避免线圈的重复使用（前面的线圈输出无效，只有最后一个线圈输出有效）。为避免双线圈输出，可参考图 2-22b、c 所示解决方法，即将控制线圈输出的点并联或者利用中间继电器进行过渡。

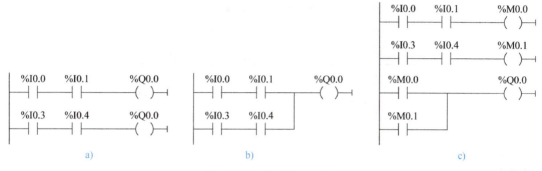

图 2-22　双线圈输出的处理

三、任务实施

1. I/O 地址分配表

I/O 地址分配表见表 2-6。

电动机的正反转控制任务实施

表 2-6　I/O 地址分配表

输入			输出		
功能	变量名	PLC 地址	功能	变量名	PLC 地址
正转起动按钮	SB1	I0.0	正转接触器	KM1	Q0.0
反转起动按钮	SB2	I0.1	反转接触器	KM2	Q0.1
停止按钮（常开触点）	SB3	I0.2			

2. I/O 接线图

电动机正反转运行控制 I/O 接线图如图 2-23 所示。

3. 硬件组态与变量设置

1）在博途软件中新建一个项目，命名为"电动机的正反转控制"。

2）在项目硬件组态中根据具体情况添加与现场一致的 PLC 控制器，此处以 CPU 1215C DC/DC/DC 为例，订货号也应与现场保持一致。

3）编辑变量表：可在默认变量表中新建一个变量表，将需要用到的变量进行定义，变量名应尽量简洁易懂，增加程序的易读性，如图 2-24 所示。

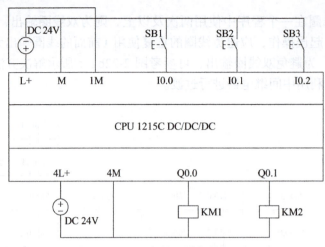

图 2-23　电动机正反转运行控制 I/O 接线图

电动机的正反转控制 ▸ PLC_1 [CPU 1215C DC/DC/DC] ▸ PLC 变量 ▸ 变量表_1 [5]

变量表_1

	名称	数据类型	地址	保持	从 H...	从 H...	在 H...	注释
1	正转起动按钮SB1	Bool	%I0.0	☐	☑	☑	☑	
2	反转起动按钮SB2	Bool	%I0.1	☐	☑	☑	☑	
3	停止按钮SB3	Bool	%I0.2	☐	☑	☑	☑	
4	正转接触器	Bool	%Q0.0	☐	☑	☑	☑	
5	反转接触器	Bool	%Q0.1	☐	☑	☑	☑	
6	<新增>			☐	☑	☑	☑	

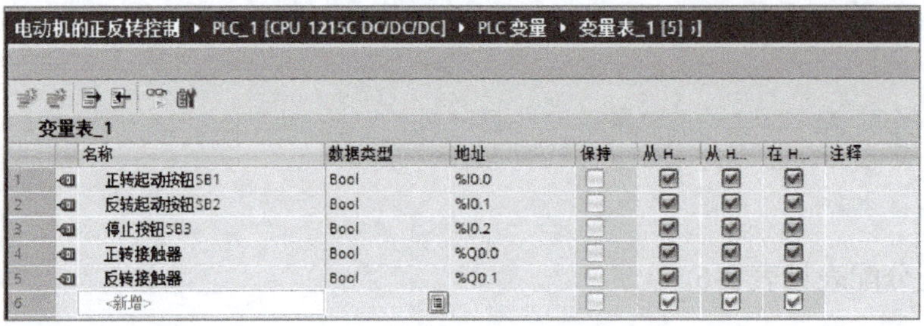

图 2-24　编辑变量表

4. 程序设计

在项目视图中，选择“项目树”→“PLC_1”→“程序块”，找到Main[OB1]并双击，打开编程窗口，在编程窗口中进行编程。利用置位 / 复位指令进行电动机的正反转控制程序设计，如图 2-25 所示。

1）程序段 1：主要实现电动机正转控制。

当按下正转起动按钮 SB1 时，I0.0 的常开触点闭合，Q0.0 变为 1 状态并保持该状态，Q0.1 变为 0 状态并保持该状态。即使 I0.0 的常开触点断开，Q0.0 也仍然保持 1 状态，Q0.1 也仍然保持 0 状态。此时，电动机正转并保持。

2）程序段 2：主要实现电动机反转控制。

当按下反转起动按钮 SB2 时，I0.1 的常开触点闭合，Q0.1 变为 1 状态并保持该状态，Q0.0 变为 0 状态并保持该状态。即使 I0.1 的常开触点断开，Q0.1 也仍然保持 1 状态，Q0.0 也仍然保持 0 状态。此时，电动机反转并保持。

3）程序段 3：主要实现电动机停止控制。

当按下停止按钮 SB3 时，I0.2 的常开触点闭合，Q0.0 变为 0 状态并保持该状态，Q0.1 变为 0 状态并保持该状态。即使 I0.2 的常开触点断开，Q0.0 也仍然保持 0 状态，Q0.1 也仍然保持 0 状态。此时，电动机停止运行。

项目2 三相异步电动机的 PLC 控制

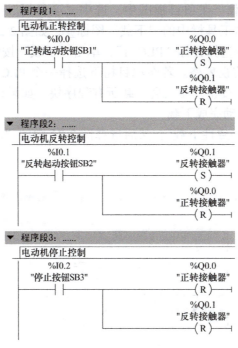

图 2-25 电动机正反转运行控制梯形图

5. 项目调试

（1）启动仿真软件 若没有PLC硬件设备，也可将硬件配置加载到 PLC 仿真器（S7–PLCSIM）中进行仿真调试。具体操作如下：单击图 2-26 中的"启动仿真"按钮即可启动 PLC 仿真器。若启动 PLC 仿真器时出现"启动仿真将禁用所有其他的在线接口"的提示对话框，单击"确定"按钮，如图 2-27 所示。PLC 仿真器如图 2-28 所示。

电动机的正反转控制实操演示

图 2-26 启动 PLC 仿真器

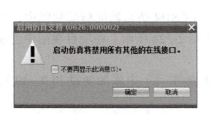

图 2-27 提示对话框

图 2-28 PLC 仿真器

（2）用户程序的下载　在项目视图中，选中"项目树"下的"PLC-1[CPU 1215C DC/DC/DC]"设备，单击工具栏中的"下载"图标■，如图2-29所示。打开"扩展的下载到设备"界面，在其中选择目标"PLC-1"，单击"下载"按钮，便可下载所有设备组态、程序、PLC变量和监视表格。若在项目树下选择一个PLC站下的某一个具体对象，如程序块，单击"下载"按钮，便只会下载所有程序块。如果设备同步安装了PLC仿真器，在启动仿真器后会自动完成下载。

选中图2-30中的"一致性下载"，然后选择图2-31中的"启动模块"，单击"完成"按钮。

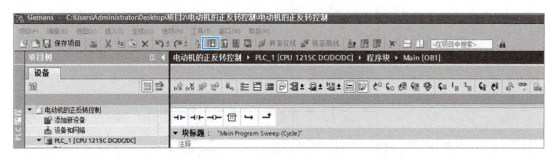

图2-29　单击"下载"图标

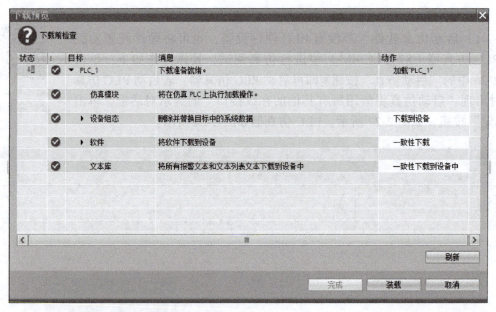

图2-30　"下载预览"界面

（3）程序仿真调试　如图2-32a所示，在S7-PLCSIM仿真器的精简视图中，单击右上角的按钮■，即可切换到仿真器的项目视图，如图2-32b所示。在项目视图中创建新项目，如图2-33所示。

双击"项目树"中"SIM表格_1"，在"SIM表格_1"中添加变量I0.0、I0.1、I0.2和Q0.0、Q0.1进行测试，如图2-34所示。

项目 2 三相异步电动机的 PLC 控制

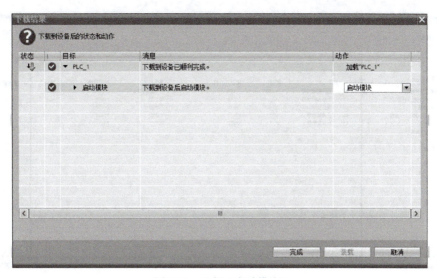

图 2-31 选择"启动模块"

a) 精简视图　　　　　　　　　　　　　　　b) 项目视图

图 2-32 PLC 仿真器

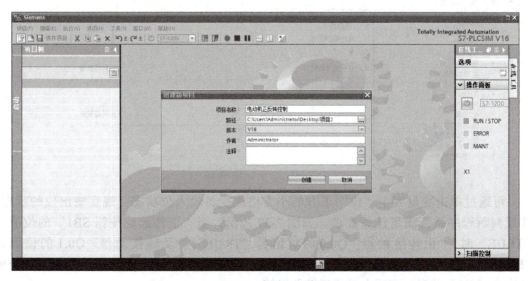

图 2-33 创建新项目

43

图 2-34　添加变量

在图 2-35 所示的项目视图中，单击"在线"下拉菜单中的"转至在线"，或单击工具栏中的"转至在线"按钮，当左侧项目树中出现绿色圆点或绿色方框内打钩时，即可进行程序调试。单击"启用/禁用监视"按钮即可在线监视 PLC 程序的运行，程序编辑器标题栏为橘红色显示。此时项目右侧出现"CPU 操作员面板"，显示了 PLC 运行状态。在监控状态下，默认用绿色表示能流流过，蓝色虚线表示能流断开。如图 2-36 所示，当"正转起动按钮""反转起动按钮"和"停止按钮"位都没动作时，各点的初始状态均为"FALSE"。

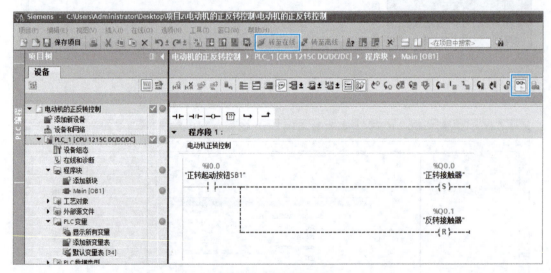

图 2-35　PLC 项目视图

可通过单击变量表中"位"下方的小方格改变各输入位状态，观察输出位的状态，从而判断程序是否满足任务要求。如图 2-37 所示，当"正转起动按钮 SB1"的位值为"TRUE"时，"正转接触器"Q0.0 的位值是"TRUE"，"反转接触器"Q0.1 的位值是"FALSE"。当"正转起动按钮 SB1"的位值为"FALSE"时，"正转接触器"Q0.0 的位值保持"TRUE"状态，实现电动机正转并保持。

项目2 三相异步电动机的 PLC 控制

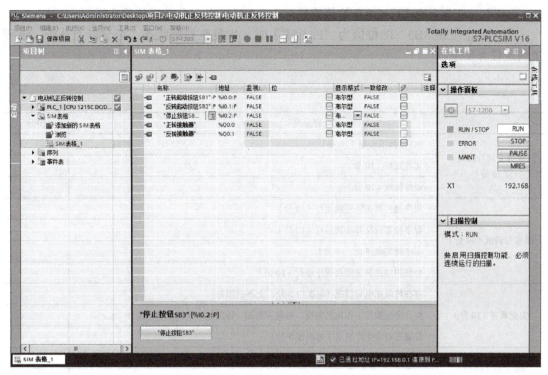

图 2-36 初始状态

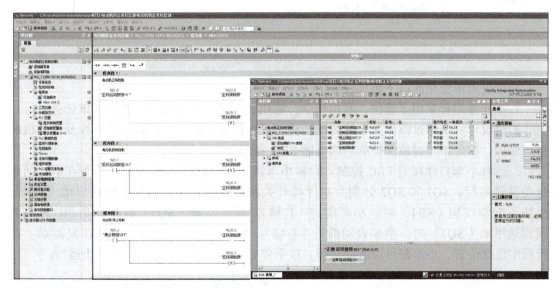

图 2-37 正转起动时的状态

当"反转起动按钮 SB2"的位值为"TRUE"时，此时"反转接触器"Q0.1 的位值是"TRUE"，"正转接触器"Q0.0 的位值是"FALSE"。当"反转起动按钮 SB2"的位值为"FALSE"时，"反转接触器"Q0.1 的位值保持"TRUE"状态，可实现电动机反转并保持。

当"停止按钮 SB3"的位值为"TRUE"时,此时"反转接触器"Q0.1 的位值是"FALSE","正转接触器"Q0.0 的位值是"FALSE",实现电动机的停止运行。

当"停止按钮 SB3"的位值为"FALSE"时,恢复至初始状态。综合以上分析,该程序满足任务要求。

四、任务评价

评分点		得分
硬件安装与接线（30 分）	I/O 接线图绘制（10 分）	
	元件安装（10 分）	
	硬件接线（10 分）	
编程与调试（40 分）	程序能实现正转连续运行（10 分）	
	程序能实现反转连续运行（10 分）	
	程序能实现停止（10 分）	
	会使用监控表法监控程序运行（10 分）	
安全素养（10 分）	存在危险用电等情况（每次扣 5 分,上不封顶）	
	存在带电插拔工作站的电缆、电线等情况（每次扣 3 分,上不封顶）	
	穿着不符合生产要求（每次扣 5 分）	
6S 素养（10 分）	桌面物品和工具摆放整齐、整洁（5 分）	
	地面清理干净（5 分）	
发展素养（10 分）	表达沟通能力（5 分）	
	团队协作能力（5 分）	

五、任务拓展

请以组为单位完成以下拓展任务。

1. 本任务编程采用了置位、复位指令,请用"起保停"的编程方式实现该任务。

2. 请设计一个带过载保护功能的电动机正反转控制系统。本任务中没有涉及电动机的过载保护,如果增加过载保护的热继电器 FR,该任务应如何设计?

3. 运料小车自动往返 PLC 控制。运料小车运行过程如图 2-38 所示,小车在甲乙两地自动往返运行。SQ1 和 SQ2 分别为左行程开关和右行程开关。小车原位在甲地（SQ1）,当按下起动按钮（SB1）时,小车前进（右移）,到达乙地（SQ2）时自动后退（左移）,当到达甲地（SQ1）时,小车自动前进（右移）。如此循环,小车自动连续往复运动。在行程中任意位置,小车都可以起动运行,按下停止按钮（SB2）时,小车停止运行。

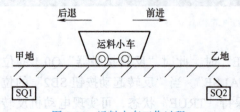

小车自动往返控制任务描述

小车自动往返控制任务实施

小车自动往返控制实操演示

图 2-38 运料小车工作过程

项目 2　三相异步电动机的 PLC 控制

任务 2.3　电动机的 丫 – △ 减压起动控制

一、任务要求及分析

电动机减压起动是为了避免高起动转矩和起动电流峰值，减小电动机起动过程的加速转矩和冲击电流对工作机械、供电系统的影响。最常见的减压起动方式有电阻减压或电抗减压起动、自耦补偿起动、延边三角形起动和丫 – △减压起动。其中，丫 – △减压起动应用较广。起动时用星形（丫）联结，起动完成后切换成三角形（△）联结。这样，起动时接成星形的定子绕组电压只有三角形（△）联结时的 $1/\sqrt{3}$，从而实现减压起动的目的。本任务将学习电动机丫 – △减压起动控制。

1. 任务要求

用 PLC 实现电动机的丫 – △减压起动控制，即按下起动按钮，电动机星形（丫）起动；起动结束后（起动时间为 5s），电动机切换成三角形（△）运行；若按下停止按钮，电动机停止运转。系统要求起动和运行时有相应指示显示，同时电路还必须具有必要的短路保护、过载保护等功能。

2. 任务分析

根据任务要求可知，发出命令的元器件分别为起动按钮、停止按钮和热继电器的触点，它们作为 PLC 的输入量；执行命令的元器件是 3 个接触器，通过电源与星形联结接触器及三角形联结接触器的不同组合，实现电动机的星形起动和三角形运行。继电控制系统中采用时间继电器实现起动时间的延时，用 PLC 实现电动机的减压起动控制，是否还需要时间继电器呢？在各种型号的 PLC 中都有类似时间继电器功能的软元件——定时器，它能实现不同时间分辨率的定时，而且定时时间范围较大，能满足不同场合下定时需要。

二、任务准备

1. 定时器

（1）定时器的种类　使用定时器指令可创建可编程的延迟时间，西门子 S7-1200 PLC 有 4 种常用的定时器。

1）TP：脉冲定时器，可生成具有预设宽度时间的脉冲。
2）TON：接通延时定时器，输出 Q 在预设的延时后设置为 ON。
3）TOF：关断延时定时器，输出 Q 在预设的延时后重置为 OFF。
4）TONR：时间累加器，输出 Q 在预设的延时时间后设置为 ON，在使用 R 复位之前，会一直累加多个定时时段。

（2）接通延时定时器（TON）　如图 2-39 所示，在指令窗口中选择"定时器操作"中的 TON 指令，并将其拖入程序段中（见图 2-40），这时就会跳出一个"调用选项"对话框，编号选择"自动"后，会直接生成 DB 数据块，也可以选择"手动"，根据用户需要生成 DB 数据块。

图 2-39 定时器指令

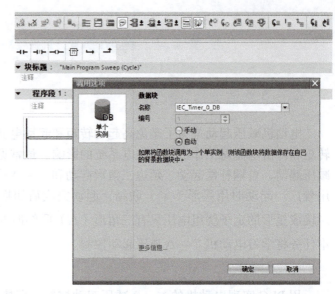

图 2-40 TON 指令调用数据块

在项目树的"程序块"中可以看到自动生成的 IEC_Timer_0_DB[DB1] 数据块（见图 2-41），双击进入，即可读取 IEC_Timer_0_DB[DB1] 定时器的各个数据，变量的数据类型为 Timer，如图 2-42 所示。

图 2-41 DB1 数据块的位置

	名称	数据类型	起始值	保持	从 HMI/OPC...	从 H...	在 HMI...	设定值	注释
	IEC_Timer_0_DB								
	▼ Static								
1	PT	Time	T#0ms	☐	☑	☑	☑	☐	
2	ET	Time	T#0ms	☐	☑	☑	☑	☐	
3	IN	Bool	false	☐	☑	☑	☑	☐	
4	Q	Bool	false	☐	☑	☑	☑	☐	

图 2-42 IEC_Timer_0_DB 的内容

接通延时定时器（TON）指令的功能是使输出 Q 在预设的延时后设置为 ON。TON 指令形式如图 2-43 所示。TON 指令的参数及数据类型见表 2-7，R 参数一般用于 TONR 等指令，参数 IN 从 0 跳变为 1 时将启动定时器 TON。

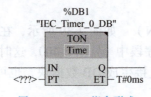

图 2-43 TON 指令形式

表 2-7　TON 指令的参数及数据类型

参数	数据类型	说明
IN	Bool	启动定时器输入
PT	Bool	预设的时间值输入
Q	Bool	定时器输出
ET	Time	累积的时间值输出

在定时器中，PT（预设的时间）和 ET（累积的时间）的数据大小为以有符号、双精度的 32 位整数形式表示的毫秒时间，见表 2-8。Time 数据使用 T# 标志符，以简单时间单元"T#200ms"或复合时间单元"T#2s_200ms"的形式输入。

表 2-8　Time 数据类型

参数	数据类型	说明
Time	32 位存储形式	T#−24d_20h_31m_23s_648ms ～ T#24d_20h_31m_23s_647ms −2147483648 ～ 2147483647ms

TON 指令的应用与时序图如图 2-44 和图 2-45 所示。在时序图中，PT=5s。

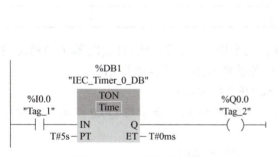

图 2-44　TON 指令的应用

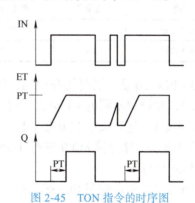

图 2-45　TON 指令的时序图

（3）脉冲定时器（TP）　脉冲定时器（TP）指令的应用如图 2-46 所示，时序图如图 2-47 所示。在时序图中，PT=5s。

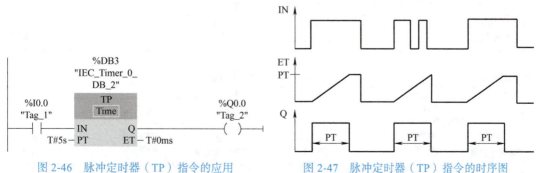

图 2-46　脉冲定时器（TP）指令的应用　　　图 2-47　脉冲定时器（TP）指令的时序图

（4）关断延时定时器（TOF）　关断延时定时器（TOF）指令与 TON 指令类似。图 2-48 和图 2-49 为 TOF 指令的应用和时序图。在时序图中，PT=5s。

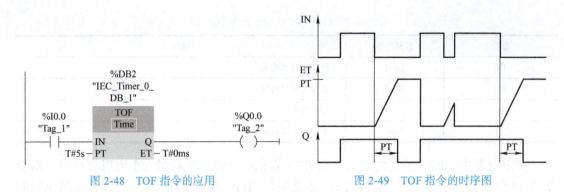

图 2-48　TOF 指令的应用　　　　　　　图 2-49　TOF 指令的时序图

【**实例 1**】设计延时开/延时关的指示灯的 PLC 控制。

（1）PLC 控制任务说明　按下起动按钮 SB1，5s 后指示灯 HL 亮，按下停止按钮 SB2，10s 后指示灯 HL 熄灭。

（2）I/O 地址分配表　I/O 地址分配表见表 2-9。

表 2-9　I/O 地址分配表

输入			输出		
功能	变量名	PLC 地址	功能	变量名	PLC 地址
起动按钮	SB1	I0.0	指示灯	HL	Q0.0
停止按钮	SB2	I0.1			

（3）PLC 编程　根据任务说明，需要设置两个定时器，即延时开定时器 1 和延时关定时器 2，并设置不同的 PT 值。延时开/延时关的梯形图如图 2-50 所示。

程序段 1：起动按钮 I0.0 按下后，置位延时开变量 M0.0。

程序段 2：对变量 M0.0 进行 TON 定时 5s，延时 5s 后，指示灯 Q0.0 点亮，同时将变量 M0.0 复位。

程序段 3：停止按钮 I0.1 按下后，置位延时关变量 M0.1。

程序段 4：对变量 M0.1 进行 TON 定时 10s，延时 10s 后，指示灯 Q0.0 熄灭，同时将变量 M0.1 复位。

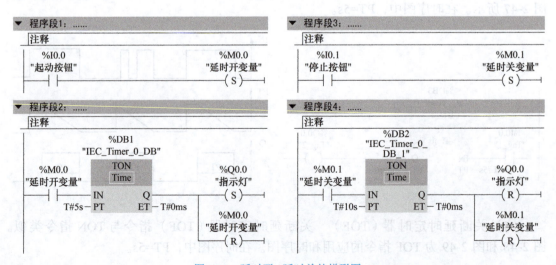

图 2-50　延时开/延时关的梯形图

【实例 2】设计按一定频率闪烁的指示灯的 PLC 控制。

（1）PLC 控制任务说明　按下起动按钮 SB1，指示灯以亮 3s、灭 2s 的频率闪烁；按下停止按钮 SB2，指示灯停止闪烁后熄灭。

（2）I/O 地址分配表　I/O 地址分配表见表 2-10。

表 2-10　I/O 地址分配表

输入			输出		
功能	变量名	PLC 地址	功能	变量名	PLC 地址
起动按钮	SB1	I0.0	指示灯	HL	Q0.0
停止按钮	SB2	I0.1			

（3）PLC 编程　根据任务说明，需要设置两个定时器，按一定频率闪烁指示灯的梯形图如图 2-51 所示。闪烁指示灯的高、低电平时间分别由两个定时器的 PT 值确定，其时序图如图 2-52 所示。

程序段 1：当起动按钮 I0.0 为 ON 时，置位指示灯 Q0.0 和中间变量 M0.0。

程序段 2：当指示灯 Q0.0 变为 ON 时，进行 TON 定时（此为定时器 1），时长为 3s，3s 后关闭指示灯。

程序段 3：当中间变量 M0.0 继续为 ON 而指示灯 Q0.0 为 OFF 时，进行 TON 定时（此为定时器 2），时长为 2s，时间到后，点亮指示灯。如果在程序段 2 和程序段 3 之间循环执行，则指示灯 Q0.0 就会按任务要求进行闪烁。

程序段 4：按下停止按钮后，指示灯 Q0.0 和中间变量 M0.0 均复位。

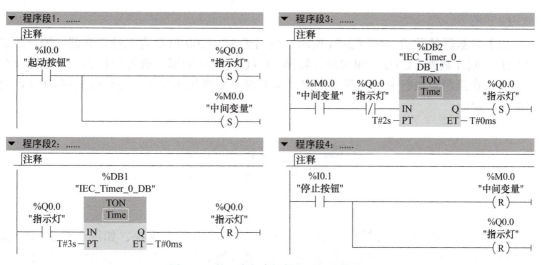

图 2-51　按一定频率闪烁指示灯的梯形图

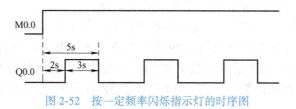

图 2-52　按一定频率闪烁指示灯的时序图

上述实例也可以采用 TP 定时器进行编程。这里需要引入两个定时器作为中间变量，如图 2-53 所示。这两个定时器在程序段 2 和程序段 3 之间循环执行，形成脉冲。程序段 5 就是应用定时器 1 中间变量的脉冲。

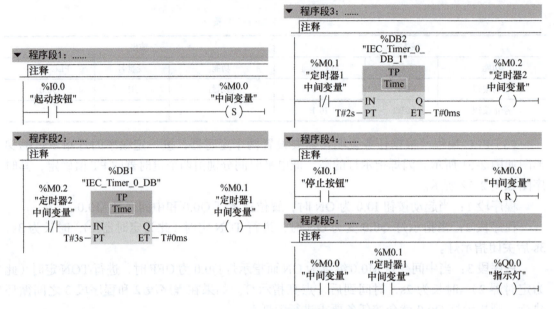

图 2-53　采用 TP 定时器的梯形图

2. 计数器

（1）计数器的种类　如图 2-54 所示，西门子 S7-1200 PLC 有三种计数器：加计数器（CTU）、减计数器（CTD）和加减计数器（CTUD）。它们属于软件计数器，其最高计数速率受所在组织块执行速率的限制。如果需要速率更高的计数器，则可以使用 CPU 内置的高速计数器。

图 2-54　计数器的种类

调用计数器指令时，需要生成保存计数器数据的背景数据块，如图 2-55 所示。如图 2-56 所示，CU 和 CD 分别是加计数的输入和减计数的输入，当 CU 或 CD 由 0 变为 1 时，实际计数值 CV 加 1 或减 1；当复位输入 R 为 1 时，计数器被复位，CV 被清 0，计数器的输出 Q 变为 0。三种计数器的指令参数说明见表 2-11。

（2）CTU 计数器　当 CTU 计数器参数 CU 的值从 0 变为 1 时，CTU 计数器使计数值加 1。如果参数 CV（当前计数值）的值大于或等于参数 PV（预设计数值）的值，则计数器输出参数 Q=1。如果复位参数 R 的值从 0 变为 1，则当前计数值复位为 0。所以，CTU 计数器又被称为加计数器。图 2-57 和图 2-58 分别为 CTU 计数器指令的应用及时序图。

项目 2　三相异步电动机的 PLC 控制

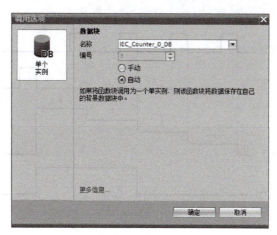

图 2-55　"调用选项"对话框

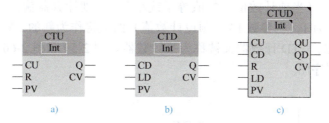

图 2-56　三种计数器的指令参数

表 2-11　三种计数器的指令参数说明

参数	数据类型	说明
CU、CD	Bool	加计数或减计数，按加或减 1 计数
R（CTU、CTUD）	Bool	将计数值重置为零
LD（CTD、CTUD）	Bool	预设值的装载控制
PV	SInt、Int、DInt、USInt、UInt、UDInt	预设计数值
Q、QU	Bool	CV≥PV 时为真
QD	Bool	CV≤0 时为真
CV	SInt、Int、DInt、USInt、UInt、UDInt	当前计数值

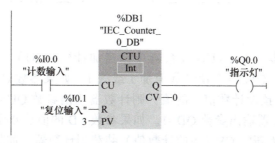

图 2-57　CTU 计数器指令的应用

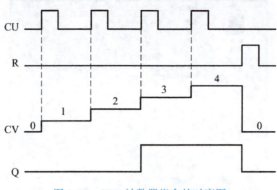

图 2-58 CTU 计数器指令的时序图

（3）CTD 计数器　当 CTD 计数器参数 CD 的值从 0 变为 1 时，CTD 计数器使计数值减 1。如果参数 CV（当前计数值）的值等于或小于 0，则计数器输出参数 Q=1。如果参数 LD 的值从 0 变为 1，则参数 PV（预设计数值）的值将作为新的 CV（当前计数值）装载到计数器。所以，CTD 计数器又被称为减计数器。图 2-59 和图 2-60 分别为 CTD 计数器指令的应用及时序图。

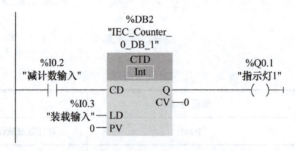

图 2-59 CTD 计数器指令的应用

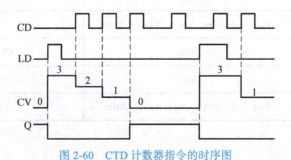

图 2-60 CTD 计数器指令的时序图

（4）CTUD 计数器　在 CTUD 计数器中，当加计数（CU）或减计数（CD），输入的值从 0 跳变为 1 时，CTUD 会使计数值加 1 或减 1。如果参数 CV（当前计数值）的值大于或等于参数 PV（预设计数值）的值，则计数器输出参数 QU=1。如果参数 CV 的值小于或等于 0，则计数器输出参数 QD=1。如果参数 LD 的值从 0 变为 1，则参数 PV（预设计数值）的值将作为新的 CV（当前计数值）装载到计数器。如果复位参数 R 的值从 0

变为1，则当前计数值复位为0。图2-61和图2-62分别为CTUD计数器指令的应用及时序图。

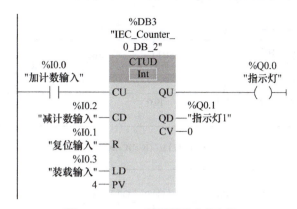

图2-61　CTUD计数器指令的应用

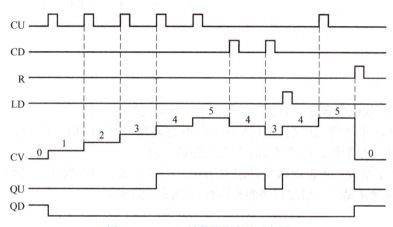

图2-62　CTUD计数器指令的时序图

三、任务实施

1. I/O地址分配表

I/O地址分配表见表2-12。

表2-12　I/O地址分配表

输入			输出		
功能	变量名	PLC地址	功能	变量名	PLC地址
起动按钮	SB1	I0.0	电源接触器	KM1	Q0.0
停止按钮	SB2	I0.1	三角形联结接触器	KM2	Q0.1
热继电器	FR	I0.2	星形联结接触器	KM3	Q0.2
			星形联结起动指示灯	HL1	Q0.3
			三角形联结运行指示灯	HL2	Q0.4

2. I/O 接线图

电动机 Y – △ 减压起动控制 I/O 接线图如图 2-63 所示。

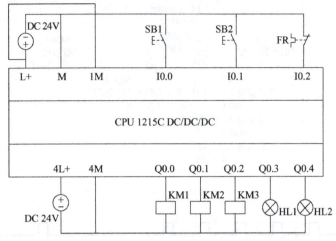

图 2-63　电动机 Y – △ 减压起动控制 I/O 接线图

3. 硬件组态与变量设置

1）在博途软件中新建一个项目，命名为"电动机的 Y – △ 控制"。

2）在项目硬件组态中根据具体情况添加与现场一致的 PLC 控制器，此处以 CPU 1215C DC/DC/DC 为例，订货号也应与现场保持一致。

3）编辑变量表：可在默认变量表中新建一个变量表，将需要用到的变量进行定义，变量名应尽量简洁易懂，增加程序的易读性，如图 2-64 所示。

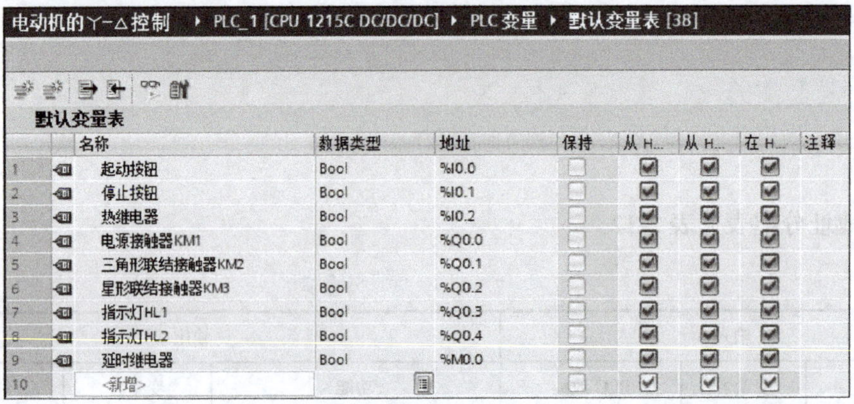

图 2-64　编辑变量表

4. 程序设计

在项目视图中，选择"项目树"→"PLC_1"→"程序块"，找到 Main[OB1] 并双击，打开编程窗口，在编程窗口中进行编程。利用起保停方法进行电动机 Y – △ 减压起动的 PLC 程序设计，如图 2-65 所示。

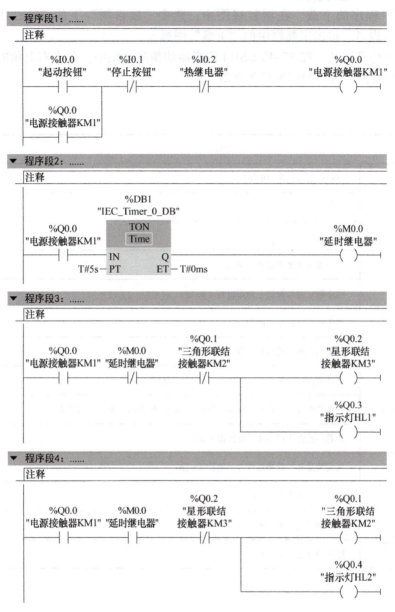

图 2-65　电动机 Y – △减压起动的 PLC 梯形图

5. 程序分析

程序段 1：主要实现电源接触器 KM1 的起动和停止。

程序段 2：主要实现三角形联结延时起动。

程序段 3：主要实现星形联结起动接触器起动，同时星形联结起动指示灯 HL1 亮。

程序段 4：主要实现星形联结起动延时 5s 后，三角形联结运行，运行指示灯 HL2 亮。同时星形联结起动接触器断开，确保两者之间有电气互锁。

6. 项目调试

（1）启动仿真软件　若没有 PLC 硬件设备，也可将硬件配置加载到 PLC 仿真器

（S7-PLC SIM）中进行仿真调试。

（2）用户程序的下载　在项目视图中，选中"项目树"下的"PLC-1[CPU 1215C DC/DC/DC]"设备，单击工具栏中的"下载"图标 。

（3）程序仿真调试　在S7-PLCSIM仿真器的精简视图中，单击右上角的按钮 ，切换到仿真项目视图，具体操作见任务2.2。

四、任务评价

	评分点	得分
硬件安装与接线（30分）	I/O接线图绘制（10分）	
	元件安装（10分）	
	硬件接线（10分）	
编程与调试（40分）	程序能实现星形起动（10分）	
	程序能正常切换到三角形运行（10分）	
	程序能实现停止（10分）	
	会使用仿真器进行程序调试（10分）	
安全素养（10分）	存在危险用电等情况（每次扣5分，上不封顶）	
	存在带电插拔工作站的电缆、电线等情况（每次扣3分，上不封顶）	
	穿着不符合生产要求（每次扣5分）	
6S素养（10分）	桌面物品和工具摆放整齐、整洁（5分）	
	地面清理干净（5分）	
发展素养（10分）	表达沟通能力（5分）	
	团队协作能力（5分）	

五、任务拓展

请以组为单位完成以下拓展任务。

1.本任务主要利用起保停方法进行电动机丫-△减压起动的PLC编程，请用置位、复位指令完成本任务的PLC编程设计。

2.请设计程序实现电动机正、反转10次并循环。具体要求：按下起动按钮时，电动机连续运转10次后自动反转，连续反转10次后自动正转，然后自动正转10次，如此循环。在任意时刻按下停止按钮时，电动机停止运行。

3.运料小车自动往返5次控制。控制要求：如图2-66所示，小车初始位在甲地，按下起动按钮，延时10s，小车完成装料后自动向右行驶，右行到右行程开关（乙地）时自动延时5s，进行卸料；5s后小车自动左行，到达左行程开关（甲地）时，完成一个循环，计数 1 次。然后按这样的规律进行循环，循环 5 次后小车自动停止在左侧（甲地）。

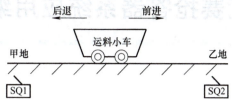

图 2-66　运料小车工作示意图

项目 3 竞赛抢答器系统应用编程

项目导入

随着科技的飞速发展，知识竞赛的答题形式也层出不穷。若采用举手答题的方式，既效率低下又存在公平性问题。抢答器是一种应用十分普遍的电子设备，在各种抢答比赛中，能够精准、快速、公正地确定出抢答者，可以满足快速、直观、高效的要求。

项目 3 概述

项目目标

知识目标	了解 S7-1200 PLC 的编程语言 掌握 S7-1200 PLC 位逻辑指令的应用 掌握 S7-1200 PLC 常用功能指令的应用 掌握 SIMATIC HMI 精简系列面板组态方法 掌握数据显示、开关、指示灯等面板元素组态方法
能力目标	能进行 PLC I/O 地址分配、电气接线 能熟练使用博途软件 能进行一般 PLC 控制系统的程序设计和调试 能使用触摸屏组态控制系统人机界面
素质目标	培养学生的职业素养、职业道德 培养学生按 6S（整理、整顿、清扫、清洁、素养、安全）标准工作的习惯 培养学生的环保意识、安全意识、信息素养、工匠精神

实施条件

	名称	型号或版本	数量或备注
硬件准备	计算机	可上网、符合博途软件最低安装要求	1 台
	PLC	CPU 1214C DC/DC/DC 或以上	1 台
	起动按钮	正泰 LAY39B（LA38）-11BN 绿色	1 个
	停止按钮	正泰 LAY39B（LA38）-11BN 红色	1 个
	指示灯	正泰 ND16-22DS/2 红色、绿色	各 1 个
软件准备	博途软件	15.1 或以上	—

任务 3.1　设计竞赛抢答器

一、任务要求及分析

1. 任务要求

现有一个 4 路抢答器，配有 4 个选手抢答按钮 SB1～SB4、1 个由主持人控制的抢答开始按钮 SB5、复位按钮 SB6、抢答指示灯 HL1～HL4、抢答开始指示灯 HL5 等。在主持人按下 SB5 之后，HL5 点亮，最先按下抢答按钮的选手，其对应的指示灯被点亮，之后其他选手再按抢答按钮，系统不再响应；若选手在主持人按下 SB5 前按下抢答按钮，则被判为违规，违规选手的抢答指示灯将以 1Hz 频率闪亮，该轮抢答无效，SB5 再按下后无响应；主持人按下复位按钮 SB6，系统进行复位，重新开始抢答，抢答器系统效果图如图 3-1 所示。请根据上述任务要求完成 PLC 程序的编写与调试，以及硬件的接线与调试。

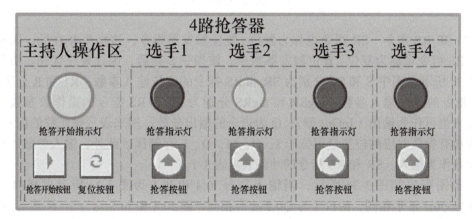

图 3-1　抢答器系统效果图

2. 任务分析

在主持人按下抢答开始按钮 SB5 后，抢答开始指示灯 HL5 被点亮，同时激活抢答功能，对 4 组参赛选手按下抢答器的先后顺序进行判断，最先按下的抢答按钮 SBi（$i=1～4$）所对应的指示灯 HLi（$i=1～4$）将被点亮并自锁，此时，可通过互锁原理冻结其他抢答按钮的输入响应。答题结束后，主持人通过按下复位按钮 SB6，使抢答器进入复位状态，为新一轮抢答做好准备。

基本指令（上）

二、任务准备

1. 位逻辑指令

（1）置位/复位位域指令　置位位域指令 SET_BF 将从操作数 OUT 开始的连续 n 个位地址置位（变为 1 状态并保持）。复位位域指令 RESET_BF 将从操作数 OUT 开始的连

续 n 个位地址复位（变为 0 状态并保持），n 为 UInt 类型常数。OUT 为位操作数，可位于 I、Q、M、DB 或 IDB、Bool 类型的数组元素存储区，指令格式如图 3-2a 所示。

根据 S7-1200 中数据类型 UInt 的范围为 $0 \sim 65535$，理论上 n 最大可取 65535，但执行置位或复位位域指令后，实际影响的位数应视情况而定。若 n 大于 OUT 开始的数据的最大位数 m，则实际被置位或复位的位数为 m；若 n 小于 OUT 开始的数据的最大位数 m，则实际被置位或复位的位数为 n。

梯形图程序如图 3-2b 所示，当 I0.2 出现上升沿时，从 M10.0 开始的 8 个连续的位被置为 1 状态并保持该状态；当 I0.3 出现上升沿时，从 M10.0 开始的 8 个连续的位被复位为 0 状态并保持该状态不变。时序图如图 3-2c 所示。

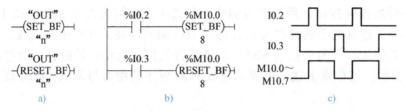

图 3-2　置位 / 复位位域指令

（2）SR/RS 指令　SR 指令也称为置位 / 复位触发器指令，该指令 R 在后，因此复位优先；RS 指令也称为复位 / 置位触发器指令，该指令 S 在后，因此置位优先。指令格式如图 3-3a 所示，图中 S 和 S1 分别为 SR 和 RS 指令的置位输入参数；R1 和 R 分别为 SR 和 RS 指令的复位输入参数；tagSR 和 tagRS 分别为 SR 和 RS 指令的操作数参数，既可作为输入也可作为输出（InOut 型）；Q 为指令的输出参数，用来表示操作数的信号状态。该指令所有参数对应的位变量可位于 I、Q、M、D、L 存储区，此外，输入参数还要直接使用常数作为输入。SR 和 RS 指令的功能表见表 3-1。

梯形图程序如图 3-3b 所示，当输入信号 I0.4 和 I0.5 为图 3-3c 所示那样时，输出 M11.0 与 Q0.1 波形相同，M11.1 与 Q0.2 波形相同，除 I0.4 和 I0.5 均为 1（阴影部分）时，SR 和 RS 触发器输出状态不同，其余时间输出均相同。输入均为 1 时，Q0.1 为 SR 指令的输出，复位优先，因此 Q0.1 为低电平；而 Q0.2 为 RS 指令的输出，置位优先，故 Q0.2 为高电平。

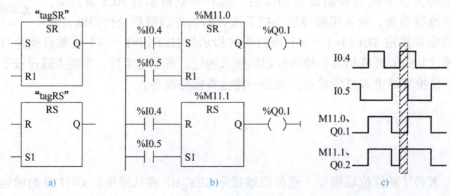

图 3-3　SR/RS 指令

表 3-1 SR 和 RS 指令的功能表

SR 指令			RS 指令		
S	R1	输出位	R	S1	输出位
0	0	先前状态	0	0	先前状态
0	1	0	0	1	1
1	0	1	1	0	0
1	1	0	1	1	1

（3）边沿检测触点指令 边沿检测触点指令的符号如图 3-4a 所示。上升沿检测触点指令：当输入信号"IN"由 0 状态变为 1 状态，（输入信号"IN"的上升沿）时，该触点接通一个扫描周期。P 触点可以放置在程序段中除分支、结尾以外的任何位置。P 触点下面的"M_BIT"为边沿存储位，用来存储上一个扫描周期中输入信号"IN"的状态。通过比较输入信号的当前状态和上一个扫描周期中的状态来检测信号的边沿。边沿存储位的地址只能在程序中使用一次，它的状态不能在其他地方被改写，只能使用 M、全局数据块和静态变量作为边沿存储位，不能使用局部数据或 I/O 数据作为边沿存储位。下降沿检测触点指令：当输入信号"IN"由 1 状态变为 0 状态（输入信号"IN"的下降沿）时，该触点接通一个扫描周期。N 触点可以放置在程序段中除分支、结尾以外的任何位置。

梯形图程序如图 3-4b 所示，Q0.0 仅在 I0.2 输入为 1，且 I0.0 有上升沿或 I0.1 有下降沿的下一个扫描周期内输出为 1，即该指令只检测指令中"IN"信号的对应跳变沿，输出随输入的变化如图 3-4c 所示。

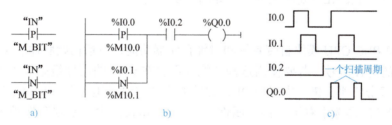

图 3-4 边沿检测触点指令

（4）边沿检测线圈指令 边沿检测线圈指令的符号如图 3-5a 所示。上升沿检测线圈指令，当在进入线圈的能流中检测到上升沿时，分配的位"OUT"为 TRUE 且维持一个扫描周期，能流输入状态总是通过线圈后变为能流输出状态。下降沿检测线圈指令：当在进入线圈的能流中检测到下降沿时，分配的位"OUT"为 TRUE 且维持一个扫描周期，能流输入状态总是通过线圈后变为能流输出状态。

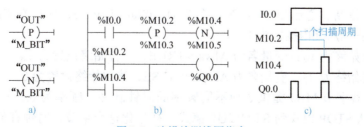

图 3-5 边沿检测线圈指令

边沿检测线圈指令可以放置在程序段中的任何位置，不会影响逻辑运算结果 RLO，它对能流是无阻碍作用的，其输入的逻辑运算结果被立即送给线圈的输出端。梯形图程序如图 3-5b 所示，Q0.0 仅在 I0.0 有上升沿或下降沿的下一个扫描周期内输出为 1，输出及标志位随输入的变化如图 3-5c 所示。

（5）逻辑运算边沿检测指令 P_TRIG 指令和 N_TRIG 指令的符号如图 3-6 所示。P_TRIG 指令：当在 CLK 输入能流中检测到正跳变（断到通）时，Q 输出能流或逻辑状态为 TRUE。N_TRIG 指令：当在 CLK 输入能流中检测到负跳变（通到断）时，Q 输出能流或逻辑状态为 TRUE。"M_BIT"为脉冲存储位，P_TRIG 指令和 N_TRIG 指令不能放置在程序段的开头或结尾处。

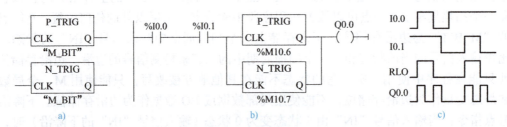

图 3-6 逻辑运算边沿检测指令

梯形图程序如图 3-6b 所示，I0.0 的常开触点与 I0.1 的常开触点为串联关系，这里使用一个 RLO 表示该逻辑运算中间值，Q0.0 在 RLO 有上升沿或下降沿的下一个扫描周期内输出为 1，输出及 RLO 随输入的变化如图 3-6c 所示。

2. 系统和时钟存储器功能设置

S7-1200 PLC CPU 模块自带系统和时钟存储器功能，包括初始脉冲、常 1、常 0 及 8 种不同频率的时钟信号，若要使用这些功能，需要在 CPU 的硬件组态中先进行设置。设置方法为：双击"项目树"中对应 PLC 文件夹中的"设备组态"，打开该 PLC 的设备视图，选中 CPU 后再选中右下角的"属性"，在巡视窗口选中"常规"选项卡，选择"系统和时钟存储器"，系统和时钟存储器界面如图 3-7 所示。勾选"启用系统存储器字节"（默认地址为 MB1）和"启用时钟存储器字节"（默认地址为 MB0）复选框，此处可采用默认设置。勾选以后会在 PLC 默认变量表中自动增加对应字节和位变量的定义，如图 3-8 所示。

系统存储器字节 MB1 提供 4 位已定义功能供用户编程使用，具体功能如下：

1) M1.0（首次循环）：变量名为 FirstScan，仅在进入 RUN 模式的首个扫描周期为 1，其余时间均为 0。

2) M1.1（诊断状态已更改）：变量名为 DiagStatusUpdate，该位在 CPU 记录了诊断事件后的一个扫描周期内被置为 1。

3) M1.2（始终为 1）：变量名为 AlwaysTRUE，该位始终设置为 1。

4) M1.3（始终为 0）：变量名为 AlwaysFALSE，该位始终设置为 0。

时钟存储器字节 MB0 提供 8 种不同频率的时钟脉冲，频率为 0.5～10Hz，占空比为 0.5。CPU 从 STOP 模式到 STARTUP 模式时初始化这个字节，时钟存储器字节各位在 STARTUP 和 RUN 模式时会随着 CPU 时钟同步变化。使用者可根据要求使用某些位来处理周期性的事务，如本任务中违规抢答时报警灯以 1Hz 闪亮，就可以将 M0.5 的触点与报警线圈串联来实现。该字节各位对应的频率见表 3-2。

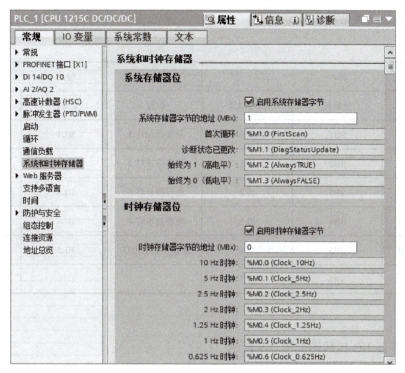

图 3-7 系统和时钟存储器界面

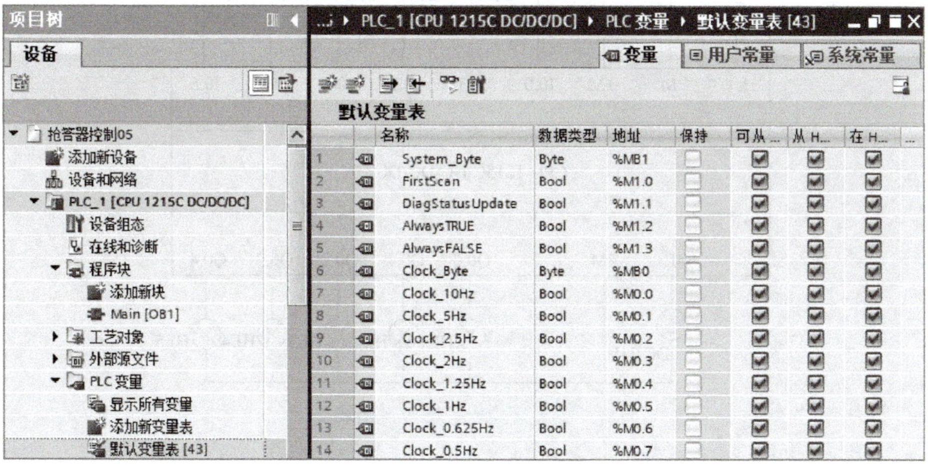

图 3-8 系统和时钟存储器设置结果

表 3-2 时钟存储器字节各位对应的频率

位	7	6	5	4	3	2	1	0
频率/Hz	0.5	0.625	1	1.25	2	2.5	5	10
周期/s	2	1.6	1	0.8	0.5	0.4	0.2	0.1

三、任务实施

1. I/O 地址分配表

I/O 地址分配表见表 3-3。

表 3-3　I/O 地址分配表

输入			输出		
功能	变量名	PLC 地址	功能	变量名	PLC 地址
抢答按钮 1	SB1	I0.0	抢答指示灯 1	HL1	Q0.0
抢答按钮 2	SB2	I0.1	抢答指示灯 2	HL2	Q0.1
抢答按钮 3	SB3	I0.2	抢答指示灯 3	HL3	Q0.2
抢答按钮 4	SB4	I0.3	抢答指示灯 4	HL4	Q0.3
抢答开始按钮	SB5	I0.4	抢答开始指示灯	HL5	Q0.4
复位按钮	SB6	I0.5			

2. I/O 接线图

竞赛抢答器 I/O 接线图如图 3-9 所示。

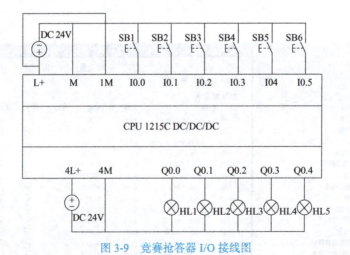

图 3-9　竞赛抢答器 I/O 接线图

3. 硬件组态与变量设置

1) 在博途软件中新建一个项目, 命名为"4 路抢答器"。

2) 在项目硬件组态中根据具体情况添加与现场一致的 PLC 控制器, 此处以 CPU 1215C DC/DC/DC 为例, 订货号也应与现场保持一致。

3) 编辑变量表: 可在默认变量表中新建一个变量表, 定义需要用到的变量, 变量名应尽量简洁易懂, 增加程序的易读性, 如图 3-10 所示。

项目3 竞赛抢答器系统应用编程

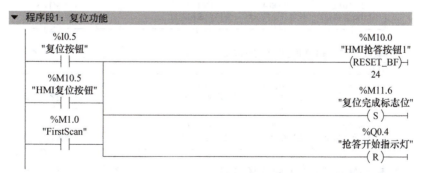

图 3-10 编辑变量表

4. 程序设计

在项目视图中,选择"项目树"→"PLC_1"→"程序块",找到 Main[OB1] 并双击,打开编程窗口,在编程窗口中进行编程。参考程序如下:

程序段 1 主要实现复位功能,在初始脉冲或复位按钮(主持人操作区和触摸屏上)按下后进行复位操作,包括复位位域指令,复位从 M10.0 开始的 3 个字节,即 24 位(根据变量表至少应包含 M12.0,即 17 位),并将抢答开始指示灯控制输出 Q0.4 清零,同时复位完成标志位,置位为高电平,为后续抢答做好准备。

```
程序段1: 复位功能

  %I0.5                                    %M10.0
"复位按钮"                              "HMI抢答按钮1"
    ┤├─────────────────────────────────(RESET_BF)─
                                              24
  %M10.5
"HMI复位按钮"                              %M11.6
    ┤├                                  "复位完成标志位"
                                            ─( S )─
  %M1.0
"FirstScan"                                %Q0.4
    ┤├                                  "抢答开始指示灯"
                                            ─( R )─
```

程序段 2 实现抢答开始功能,在复位已完成且没有人违规抢答(用程序段 8 中定义的"已违规抢答"标志位触点表示)的情况下,按下抢答开始按钮后,立即置位抢答开始指示灯控制信号 Q0.4,同时将复位完成标志位 M11.6 清零,否则抢答开始按钮按下无响应。此处为清除按钮抖动的影响,采用边沿检测触点指令捕捉抢答开始按钮的信号,同时采用置位和复位指令分别对 Q0.4 和 M11.6 两输出信号进行锁定。

67

可编程控制器技术

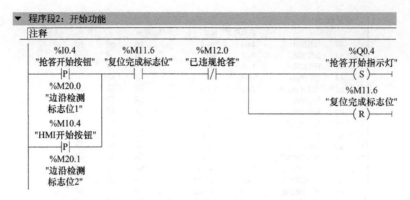

程序段 3～6 实现各路抢答操作信号的登记，包括正常抢答和违规抢答，根据项目要求分析可知，在抢答开始指示灯亮起后的抢答为正常抢答，否则为违规抢答。第 i 组（$i=1～4$）按抢答按钮时，若抢答开始指示灯已亮且无人先抢答（"已正常抢答标志"为0），则被判定为正常抢答，并且"正常抢答标志 i"置位为1。"已正常抢答标志"的定义见程序段 7，该标志位也可用除本"正常抢答标志 i"以外的另外三组正常抢答标志位的常闭触点串联替代。对项目要求进一步分析可知，违规抢答发生在复位已完成但没有发出抢答开始信号（用"抢答开始指示灯"常闭触点表示）时，一旦有选手按抢答，则该组"违规抢答标志"置位，为后续按要求闪灯做准备。

程序段7：当"正常抢答标志1～4"中任意一个为1时，则"已正常抢答标志"置位为1，为程序段3～6中筛选出最先抢答选手及后续抢答无响应做准备。

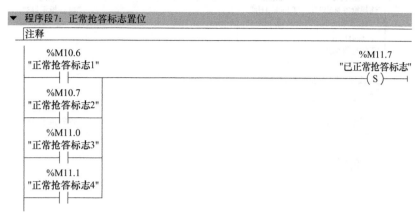

程序段8：当"违规抢答标志1～4"中任意一个为1时，则"已违规抢答"置位为1，为程序段2中抢答开始按钮按下前是否有人违规抢答的判别提供依据。

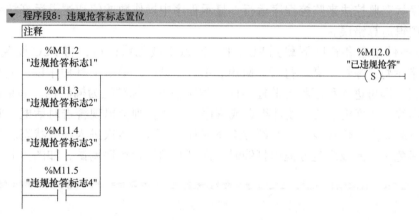

程序段9～12：实现项目要求的第 i 路抢答指示灯（$i=1～4$）控制，分为两种情况，即"正常抢答标志 i"为1时的常亮和"违规抢答标志 i"为1时以1Hz闪亮。根据前述内容可知，系统已提供1Hz频率信号"Clock_1Hz"，此处直接串接该信号触点可简化编程。

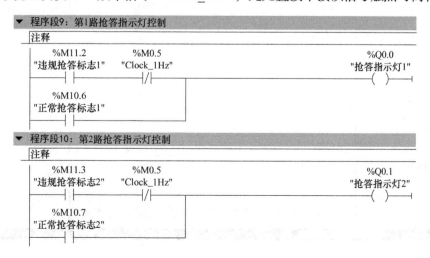

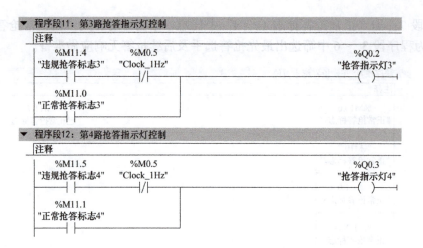

5. 项目调试

项目调试的目的是通过调试发现软硬件中存在的问题，并加以解决。通常可分为三步：软件调试、硬件调试和软硬件联调。方法有两种：程序状态监控法与监控表法。本任务采用程序状态监控法来监控程序运行，显示程序中操作数的值和逻辑运算结果，从而发现并修改逻辑运算错误。

1）将硬件组态和程序下载到 PLC 中，确保下载无错误后，将 PLC 设置为 RUN 模式，运行指示灯（绿灯）亮。打开"Main[OB1]"窗口，单击工具栏中的"启用/禁用监视"按钮，即可进入程序状态监控界面，程序编辑器标题栏为橘红色。如果在线（PLC 中的）和离线（计算机中的）硬件组态或程序不一致，则会出现警告对话框，此时需要保存和重新下载站点，使在线、离线硬件组态或程序一致，再次进入在线状态。当左边项目树中出现绿色小圆圈或绿色方框内打钩时，即可开始进行程序调试，如图 3-11 所示。

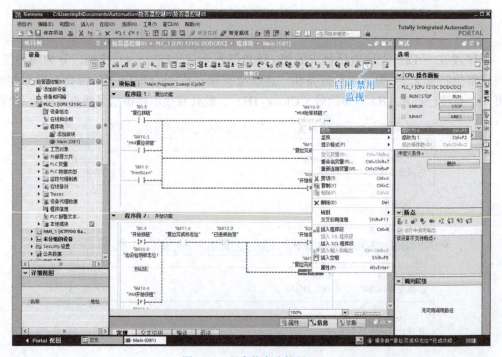

图 3-11　程序状态监控界面

项目 3 竞赛抢答器系统应用编程

2）梯形图中绿色实线表示有能流流过，蓝色虚线表示没有能流流过，灰色实线表示未知或程序没有执行，黑色实线表示没有连接。

3）启动程序状态监控前，梯形图中的元件和连线全部为黑色的；启动程序状态监控后，梯形图左侧的能源线和连线均为绿色实线。当常开触点处于闭合状态或常闭触点处于断开状态时，对应的能流流过，蓝色虚线变为绿色实线。

4）程序中除输入变量 I 及受外部程序控制的变量外，可通过监控界面修改这些变量的值来调试程序。若要修改程序中"复位完成标志"的值，可选中该变量，然后右击，弹出如图 3-11 所示的右键菜单，光标移至"修改"后弹出下级子菜单，菜单中有"修改为 0"和"修改为 1"等选项，单击确认即可进行修改。

四、任务评价

	评分点	得分
硬件安装与接线（30 分）	I/O 接线图绘制（10 分）	
	元件安装（10 分）	
	硬件接线（10 分）	
编程与调试（40 分）	主持人操作区的开始和复位按钮功能正确（各 4 分，共 8 分）	
	主持人操作区的指示灯功能正确（4 分）	
	4 个抢答按钮功能正常（每个 4 分，共 16 分）	
	抢答区 4 个指示灯功能正常（每个 3 分，共 12 分）	
安全素养（10 分）	存在危险用电等情况（每次扣 5 分，上不封顶）	
	存在带电插拔工作站的电缆、电线等情况（每次扣 3 分，上不封顶）	
	穿着不符合生产要求（每次扣 5 分）	
6S 素养（10 分）	桌面物品和工具摆放整齐、整洁（5 分）	
	地面清理干净（5 分）	
发展素养（10 分）	表达沟通能力（5 分）	
	团队协作能力（5 分）	

五、任务拓展

两台电动机顺序起动设计，要求按下起动按钮 SB1，电动机 M1 起动后，电动机 M2 才能起动；按下停止按钮 SB2，电动机 M1 先停止，松开按钮，电动机 M2 再停止。请编写程序。

任务 3.2　竞赛抢答器的进阶

一、任务要求

1. 任务要求

1）竞赛抢答器设置 1 个主持人总台和 3 个参赛组分控台。总台设置有电源指示灯、允许抢答指示灯、3个违规抢答指示灯和1个抢答成功组组号显示器，设置起动、停止、允许抢答、复位、加分、减分6个按钮。分控台每组均设置有抢答成功指示灯，抢答、开始答题和回答完毕3个按钮。

2）竞赛开始，主持人首先按下起动按钮，电源指示灯亮。各组总分均赋值100分。

3）各组抢答必须在主持人给出题目，按下允许抢答按钮后10s内进行。若10s内有组抢答，则最先按下抢答按钮组有效，其分控台的抢答成功指示灯亮，并显示该组组号，其他组再按下抢答按钮无效。若在未按下允许抢答按钮时开始抢答，则抢答违规，违规抢答指示灯点亮，系统减10分。

4）抢答成功组按下开始答题按钮，30s内答题有效，答题结束按下回答完毕按钮，答题用时和答题时间计时器停止计时，主持人根据答案加或减10分；若在30s内未回答完毕，系统减10分。

5）主持人按下复位按钮，数据复位，开始下一题作答。

6）主持人按下停止按钮，电源指示灯熄灭，各组总分清零。

2. 人机界面设计要求

1）主持人区的触摸屏上有起动、停止、允许抢答、复位、加分、减分6个按钮，各参赛组分控台均有抢答、开始答题、回答完毕3个按钮，且各按钮ON/OFF时状态有明显区别。

2）通过触摸屏可显示抢答器当前所处的实时工作状态。

3）显示倒计时时间，单位为s，精确到0.1s，相关时间可设置。

4）设置一个加密页，当输入密码正确时可跳转至时间设置界面，对抢答时间、答题时间进行设置。

5）竞赛抢答器系统初始界面效果如图3-12所示，仅供参考，设计者可根据实际情况，合理优化人机界面。

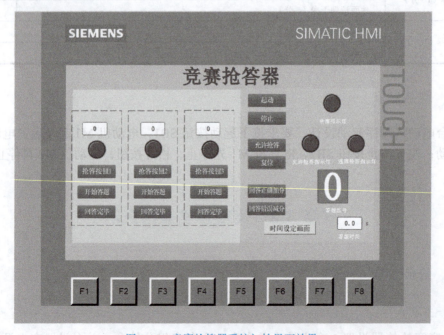

图3-12 竞赛抢答器系统初始界面效果

二、任务准备

1. 数据处理指令

（1）移动指令（MOVE） 博途软件提供了一系列移动操作指令，其中最常用的为移动（MOVE）指令。在使用移动（MOVE）指令时，特别需要注意的是目的地址的存储区大小必须要与输入端的数据长度相匹配，同一数值送入不同长度目的地址时得到结果可能不同，如图 3-13 所示。

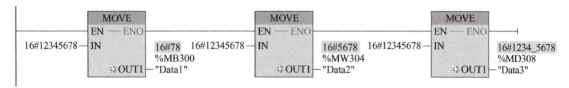

图 3-13　移动指令

（2）比较指令　比较操作主要有比较大小及是否相等、判断值范围以及检查有效性三种。比较指令用来比较数据类型相同的两个数 IN1 和 IN2 的大小，相比较的两个数 IN1 和 IN2 分别在触点的上面和下面，它们的数据类型必须相同。比较指令支持的数据类型如图 3-14 所示。

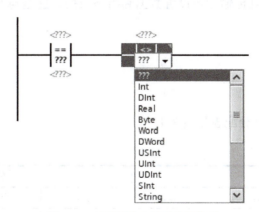

图 3-14　比较指令支持的数据类型

（3）数学运算指令　数学运算指令中的 ADD、SUB、MUL、DIV 分别是加、减、乘、除指令。操作数的数据类型可选 SInt、Int、DInt、USInt、UInt、UDInt、Real 和 LReal，输入参数 IN1 和 IN2 可以是常数。IN1、IN2 和 OUT 的数据类型应该相同。

整数除法指令将得到的商截位取整后，作为整数格式的输出 OUT。

加法指令如图 3-15 所示。

注意： 虽然 Add_sum 的数据类型为 DInt，但如果数据超限，则计算结果依然是错的，因为 ADD 运算指令下面的数据类型还是 Int 型。

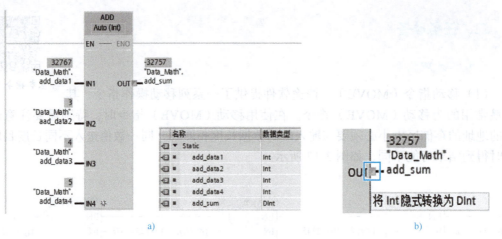

图 3-15 加法指令

2. SIMATIC HMI 精简系列面板的组态

SIMATIC S7-1200 与 SIMATIC HMI 精简系列面板的完美整合，为小型自动化应用提供了一种简单的、可视化的控制解决方案。SIMATIC STEP 7 Basic 是西门子开发的高集成度工程组态系统，提供了直观易用的编辑器，用于对 SIMATIC S7-1200 和 SIMATIC HMI 精简系列面板进行高效组态。

每个 SIMATIC HMI 精简系列面板都具有一个集成的 PROFINET 接口。通过它可以与控制器进行通信，并且传输参数设置数据和组态数据，这是与 SIMATIC S7-1200 完美整合的一个关键因素。

三、任务实施

1. I/O 地址分配表

竞赛抢答器 I/O 地址分配表见表 3-4。

表 3-4 竞赛抢答器 I/O 地址分配

输入			输出		
功能	变量名	PLC 地址	功能	变量名	PLC 地址
起动按钮	SB1	I0.0	电源指示灯	HL1	Q0.0
停止按钮	SB2	I0.1	允许抢答指示灯	HL2	Q0.1
允许抢答按钮	SB3	I0.2	违规抢答指示灯	HL3	Q0.2
复位按钮	SB4	I0.3	抢答指示灯 1	HL4	Q0.3
回答正确加分按钮	SB5	I0.4	抢答指示灯 2	HL5	Q0.4
回答错误减分按钮	SB6	I0.5	抢答指示灯 3	HL6	Q0.5
抢答按钮 1～3	SB11～SB13	I1.0～I1.2			
开始答题按钮 1～3	SB21～SB23	I1.3～I1.5			
答题完毕按钮 1～3	SB31～SB33	I1.6～I1.8			

2. I/O 接线图

竞赛抢答器 I/O 接线图如图 3-16 所示。

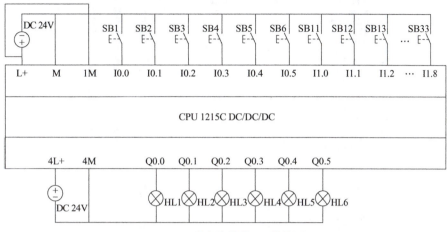

图 3-16　竞赛抢答器 I/O 接线图

3. 系统配置

（1）添加设备　打开 TIA Portal V15.1，创建名为"竞赛抢答器"的新项目。双击项目树中"添加新设备"选项，添加 PLC 设备，在对话框中依次单击"控制器"→"SIMATIC S7–1200"→"CPU"→"CPU 1215 DC/DC/DC"选项，单击"确定"，生成名为"PLC_1"的新 PLC。

双击项目树中"添加新设备"选项，添加 HMI 设备，在对话框中依次单击"HMI"→"SIMATIC 精简系列面板"→"7 显示屏"→"KTP700 Basic"选项，单击"确定"，生成名为"HMI_1"的面板，出现"HMI 设备向导：KTP700 Basic PN"对话框，这里取消向导操作。

（2）在"设备和网络"中组态 HMI 和 PLC 连接　双击项目树中"设备与网络"选项，在工作区出现 HMI_1 和 PLC_1，其中绿色方框为以太网接口。移动光标到 HMI_1 接口上，在接口上出现白色方框，按住左键并移动到 PLC_1 的接口上，当 PLC_1 的接口四周出现白色小框，松开左键，出现绿色连线，表示设备已连接，如图 3-17 所示。

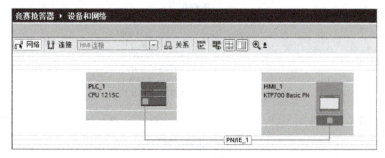

图 3-17　PLC 与 HMI 连接图

4. 程序设计

（1）变量设置　为了方便实现 HMI 动画效果，本参考程序采用了与触摸屏关联的软元件变量进行编程，如图3-18所示。

图3-18 竞赛抢答器变量表

（2）程序设计　程序段1：实现电源起停控制功能。当电源起动时，各小组总分赋初值100；关闭电源时，各小组总分赋值0。

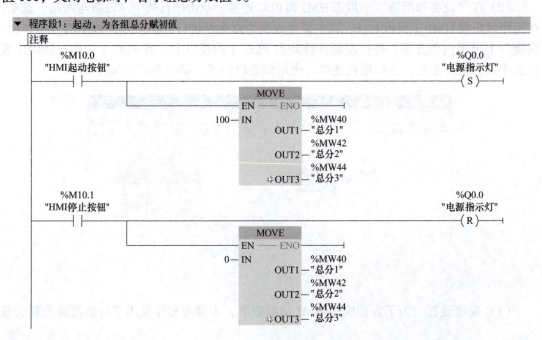

项目3 竞赛抢答器系统应用编程

程序段2：实现数据复位功能，各计时器赋初值。

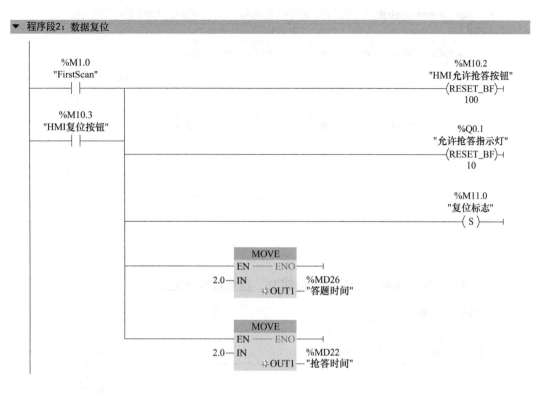

程序段3：主持人按下允许抢答按钮，抢答计时器倒计时开始，若抢答成功或违规抢答都可以使计时器清零。

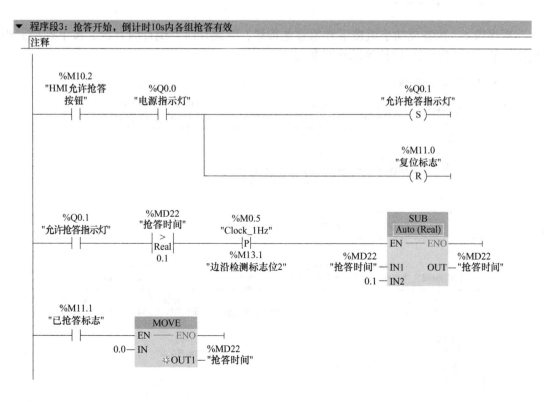

程序段 4：各组在允许抢答开始后，倒计时规定时间内抢答，且显示抢答成功组号。

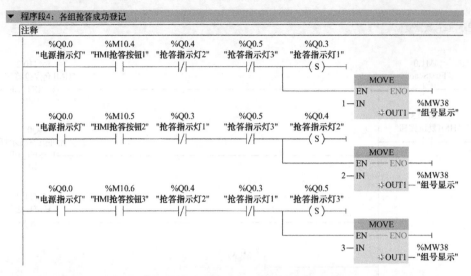

程序段 5：主持人未按下开始抢答按钮时，违规抢答登记。

程序段 6：抢答成功小组按下开始答题按钮，答题计时器倒计时开始，按下答题完毕按钮或答题时间到都可以使答题计时器清零。

程序段 7：回答完毕标志登记。只有抢答成功小组按下答题完毕按钮才有效，避免其他小组误操作。

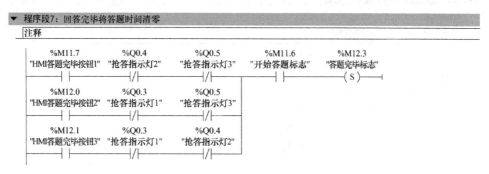

程序段 8：答题小组在规定时间内回答完毕且正确，主持人可加 10 分。

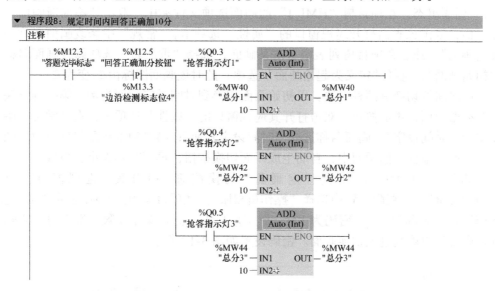

程序段 9：答题小组在规定时间内回答完毕，但回答错误、违规抢答或规定时间内未答完题目，主持人可减 10 分。

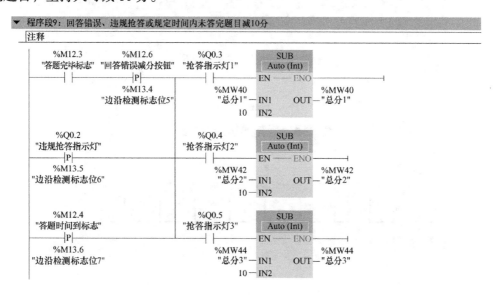

程序段 10：复位组号显示，清零计时器。

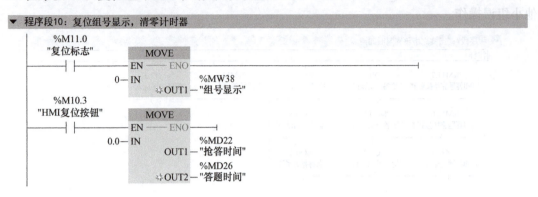

（3）HMI 参考画面设计

1）画面组态。在项目树"HMI_1"的画面选项文件夹中，双击"添加新画面"选项添加画面，双击该画面打开巡视窗口的"属性"选项卡，"常规"中修改画面名称为"时间设定画面"，或者在项目树列表中右击某画面，选择"重命名"选项修改画面名称。右击"初始画面"，选择"定义为起始画面"选项，此时该画面图标由 □ 变为 □ 。

画面之间的切换有两种方法，以初始画面切换到时间设定画面为例，第一种方法是双击打开初始画面，添加按钮，双击打开其巡视窗口的"属性"选项卡，在"常规"中修改其文本为"时间设定"，画面名称选择"时间设定画面"；第二种方法是将项目树中的"时间设定画面"拖到初始画面中，自动生成画面切换按钮，再调节其大小和位置。

双击初始画面中的"时间设定画面"切换按钮，打开其"巡视窗口"→"属性"→"安全"，在权限设置中选择"操作员权限"。在项目树中的HMI_1的"用户管理"中新建账户，名称为qdq，密码为123，属于用户组，拥有操作权限。操作时，当输入正确的密码就可以顺利进入切换画面。密码设置如图 3-19 所示。

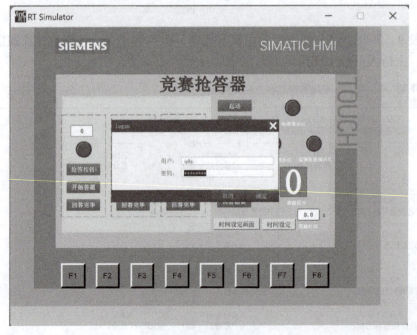

图 3-19　密码设置

项目 3　竞赛抢答器系统应用编程

2）按钮组态。以"抢答按钮1"为例，将"工具箱"→"元素"→"按钮"图标拖放到画面上，调节其大小和位置。选中该图标后打开巡视窗口"属性"选项卡中的"常规"选项，设置按钮的模式和标签均为"文本"。按钮未按下时显示的图形文本框里的"Text"为"抢答按钮1"。根据需要，可对"外观""设计""布局"等选项中的参数进行修改。

选择"事件"选项卡中"按下"选项，单击"添加函数"的下拉按钮，出现系统函数列表，单击"编辑位"的"置位位"，继续单击粉色条格的扩展按钮，在变量选择框中选择 PLC 变量表中的"抢答按钮1"，单击"确定"按钮完成变量连接设置；选择"事件"选项卡中"释放"选项，单击"添加函数"的下拉按钮，出现系统函数列表，单击"编辑位"的"复位位"，继续单击粉色条格的扩展按钮，在变量选择框中选择 PLC 变量表中的"抢答按钮1"，单击"确定"按钮完成变量连接设置。

3）指示灯组态。以"电源指示灯"为例，单击任务卡的"库"按钮，打开"全局库"的"Buttons-and-Switches"→"主模板"→"Pilot Lights"列表，在绿色指示灯"Plot Light_Round_GN"处按住左键，移动鼠标到合适位置松开左键，调整其大小和位置。双击指示灯，打开巡视窗口的"属性"选项卡，在"常规"选项中，选择变量为"电源指示灯"，模式为"双状态"。

4）文本域组态。以标题"竞赛抢答器"为例，将工具箱中"基本对象"的"文本域"图标 A 拖放到画面上，双击打开其巡视窗口的"属性"选项卡，在"常规"选项中，将文本框中默认的"Text"修改为"竞赛抢答器"。在"样式"的"字体"选项中单击扩展按钮，出现"字体"对话框，可设置文字的字体、字形、大小。选择"外观"选项，可设置文本域的背景颜色、文本颜色、边框线粗细、颜色、线型等参数。

5）I/O 域组态。以"抢答时间"为例，将"工具箱"中"元素"的"I/O"图标拖放到画面上，调节其大小和位置。双击打开其巡视窗口的"属性"选项卡，在"常规"选项中，设置 I/O 域连接的变量为"抢答时间"。

"模式"选项有三种功能可供选择，即输入、输出和输入/输出。输入功能在系统运行时只能输入值，输出功能在系统运行时仅用于输出值，输入/输出功能在系统运行时可以在 I/O 字段中输入和输出值。本项目中，选择输入/输出功能，对抢答时间既能显示又能设定。"显示格式"根据需要自行选定，本项目中为"十进制"，"格式样式"为 99.9。

5. 项目调试

选中项目树中的 PLC 设备，单击工具栏中的"启动仿真"图标，在"扩展下载到设备"对话框，选择"接口/子网的连接"→PN/IE_1→"开始搜索"，将 PLC 的硬件组态和软件全部下载到 S7-PLCSIM 中，使 PLC 工作在"RUN"模式。再选中项目树的 HMI 设备，单击工具栏中的"启动仿真"图标，出现模拟仿真面板，如图 3-20 所示。

根据实际现象，对本任务进行检查。

1）正确配置通信参数，下载 PLC 梯形图程序，运行并打开监控模式。

2）正确配置通信参数，下载触摸屏程序，触摸屏显示"竞赛抢答器"运行主界面。

3）单击触摸屏主界面"参数设置"按钮，输入密码后能进入参数设置界面。

4）抢答时间、答题时间、答题用时，显示格式 ××.× s，返回运行主界面。

5）按下起动按钮，电源指示灯亮，各组总分赋值 100 分。

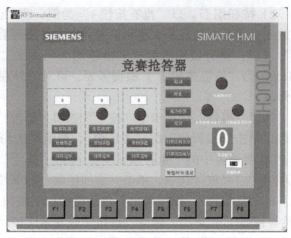

a) PLC仿真器　　　　　　　　　　　　b) HMI仿真界面

图 3-20　仿真运行图

6）按下允许抢答按钮，允许抢答指示灯亮。若主持人未允许抢答，有小组按下抢答按钮，则抢答计时器清零，违规抢答指示灯亮，且该小组减 10 分；若主持人允许抢答，抢答计时器倒计时开始，有小组按下抢答按钮，则抢答计时器清零，显示该小组组号。各小组抢答需有互锁。

7）抢答成功小组，按下开始答题按钮，答题计时器倒计时开始。若在规定时间内，答完题目按下回答完毕按钮，答题计时器和答题用时计时器停止计时，主持人给该组加或减 10 分；若在规定时间内，未答完题目，系统减 10 分。某小组抢答成功后，其他小组的开始答题按钮和回答完毕按钮均无效。

8）按下复位按钮，所有计时器回到初值，违规抢答指示灯、抢答指示灯均熄灭，组号显示复位。

9）按下停止按钮，电源指示灯熄灭，各组总分清零。

10）完成调试过程，将 PLC 设置为"离线"状态，关闭 PLC、触摸屏电源，关闭计算机，拆除所用连接线，并放在规定位置。

四、任务评价

	评分点	得分
硬件安装与接线（20 分）	I/O 接线图绘制（5 分）	
	元件安装（5 分）	
	硬件接线（10 分）	
编程与调试（60 分）	主持人操作区的 6 个按钮功能正确（各 2 分，共 12 分）	
	主持人操作区的 3 个指示灯功能正确（各 2 分，共 6 分）	
	单击"时间设定画面"按钮能跳转到时间设定界面设置时间（6 分）	
	答题组号和答题时间显示正常（各 3 分，共 6 分）	
	抢答区 9 个按钮功能正常（每个 2 分，共 18 分）	
	抢答区 3 个指示灯功能正常（每个 2 分，共 6 分）	
	抢答区 3 组得分显示正常（每个 2 分，共 6 分）	

（续）

评分点		得分
安全素养（10 分）	存在危险用电等情况（每次扣 5 分，上不封顶）	
	存在带电插拔工作站的电缆、电线等情况（每次扣 3 分）	
	穿着不符合生产要求（每次扣 5 分）	
6S 素养（5 分）	桌面物品和工具摆放整齐、整洁（2.5 分）	
	地面清理干净（2.5 分）	
发展素养（5 分）	表达沟通能力（2.5 分）	
	团队协作能力（2.5 分）	

五、任务拓展

1. 两条传输带为防止物料堆积，要求起动 2 号传输带 5s 后 1 号传输带再运行，停机时 1 号传输带先停止，10s 后 2 号传输带才停止。请画出接线图，编写程序并设计触摸屏界面。

2. 完成项目 1 中任务 1.2 所要求系统的 PLC 程序设计与调试。

项目 4　顺序逻辑控制程序设计

■ 项目导入

用经验设计法设计程序时，没有固定的方法和步骤，难以设计复杂控制系统的程序。如果一个控制系统可以按照生产工艺预先规定的顺序，在各个输入信号的作用下，根据内部状态和时间的顺序，自动、有序地进行操作，则可以采用顺序控制设计法进行编程。顺序控制设计法容易入门，也便于提高程序设计、调试、修改的效率。

项目 4 概述

本项目共有液体混合罐控制、交通灯控制、花样喷泉控制三个任务，皆采用顺序控制设计法编写程序。

■ 项目目标

知识目标	理解顺序逻辑控制程序的设计思路 了解顺序功能图的定义 掌握顺序功能图的结构 理解时间累加器的工作原理 掌握信捷触摸屏 TouchWin 编辑工具的基本操作 掌握信捷触摸屏 TouchWin 编辑工具常用部件的组态方法
能力目标	掌握顺序功能图的绘制方法 掌握根据顺序功能图编写梯形图程序的方法 提升西门子触摸屏的组态技能 掌握 S7-1200 PLC 与信捷触摸屏联调的方法 提升编程能力
素质目标	培养学生安全文明生产意识 强化学生遵纪守法意识 培养学生精益求精、勇于创新的精神

■ 实施条件

	名称	型号或版本	数量或备注
硬件准备	计算机	可上网、符合博途软件最低安装要求	1 台
	PLC	CPU 1215C DC/DC/DC 或 CPU 1215C AC/DC/RLY	1 台
	起动按钮	正泰 LAY39B（LA38）-11BN 绿色	1 个
	停止按钮	正泰 LAY39B（LA38）-11BN 红色	1 个
	选择旋钮	正泰 NP2-BD 25	1 个
	暂停按钮	正泰 LAY39B（LA38）-11BN 黑色	1 个
软件准备	博途软件	15.1 或以上	—
	TouchWin 编辑工具	V2.E.7 或以上	—

任务 4.1　液体混合罐控制

一、任务要求及分析

在很多行业生产中，例如洗化用品、生物制药等，多种液体混合是必不可少的工序。液体混合罐采用 PLC 控制可以提高控制系统的混合精度、生产过程的稳定性和生产工艺的可靠性。

1. 任务要求

1）初始状态：装置投入运行前，液体 A、B 阀门关闭，容器内无液体。

2）起动操作：按下起动按钮，装置按下列制定的流程开始运行。触摸屏参考界面如图 4-1 所示。

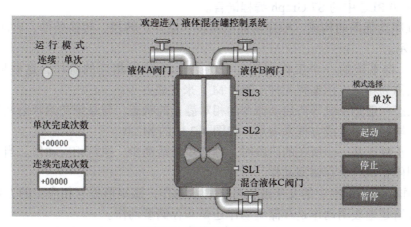

图 4-1　触摸屏参考界面

流程一：液体 A 阀门打开，液体 A 流入容器。

流程二：当液面到达 SL2 时，关闭液体 A 阀门，打开液体 B 阀门。

流程三：当液面到达 SL3 时，关闭液体 B 阀门，搅动电动机开始搅动。

流程四：搅动电动机工作 5s 后停止搅动，混合液体阀门 C 打开，开始放出混合液体。

流程五：当液面下降到 SL1 时，SL1 由接通变为断开，再过 3s 后，容器放空，混合液体阀门 C 关闭，然后开始下一周期。

3）系统处于停止时，可以切换单次运行或连续运行。

4）系统可以分别记录单次运行或连续运行已完成次数。

5）暂停操作：按下暂停按钮，系统暂停，再次按下起动按钮系统可继续运行。

6）停止操作：按下停止按钮，当前的混合液操作处理完毕后，装置停止运行。

2. 任务分析

从任务要求中可以看出，液体混合罐各个动作有明确的先后顺序，一个周期的运行状态可以分为五个流程，此控制系统非常适宜使用顺序功能图进行程序设计。

二、任务准备

1. 顺序功能图

采用顺序控制设计法设计程序时,首先根据系统的工艺过程,画出各输出信号的时序图,理顺各状态转换的关系和转换条件,然后绘制顺序功能图,最后根据顺序功能图进行编程。

(1)顺序功能图的定义 顺序功能图(Sequential Function Chart,SFC)是指采用 IEC 标准的语言,描述控制系统的控制过程、功能和特征的图解表示方法,并不涉及所描述的控制功能的具体技术,是一种通用的技术语言,可以为进一步设计和不同专业人员之间进行技术交流提供依据。

顺序功能图又称为状态转移图或功能表图,是设计顺序控制程序的工具。

(2)顺序功能图的特点 顺序功能图具有简单、直观等特点。利用这种先进的编程方法,初学者也很容易编出复杂的顺序控制程序,大大提高了工作效率。部分 PLC 提供了顺序功能图编程语言,用户在编程软件中生成顺序功能图后便完成了编程工作,如西门子 S7-300/400 PLC 中的 S7 Graph 编程语言。

(3)顺序功能图的构成 顺序功能图由步、动作、转换、转换条件、有向线段构成,如图 4-2 所示。

1)步。将系统的一个工作周期划分为若干个顺序相连的阶段,这些阶段称为步(Step),又称为状态,用编程元件(例如 M)来代表各步。

初始状态一般是系统等待启动命令的相对静止的状态。与系统初始状态相对应的步称为初始步,初始步用双线方框来表示,如图 4-2 中的 M2.0。

当系统正处于某一步所在的阶段时,称该步为活动步,执行相应动作。当处于非活动状态时,则停止执行非存储型动作。

2)动作。用矩形框中的文字或符号来表示动作,该矩形框与相应步的方框用水平短线相连。应清楚地表明动作是存储型动作还是非存储型动作。

如果某一步有多个动作,如图 4-2 中 M2.2 所代表的步,其动作有两个,分别是 Q0.0 和 Q0.1,可以用图中的画法来表示,也可以采用并排的画法,如 ─| Q0.0 | Q0.1 |。

图 4-2 中的 Q0.0~Q0.2 均为非存储型动作。当步 M2.2 为活动步时,动作 Q0.0 和 Q0.1 为 ON;当步 M2.2 为非活动步时,动作 Q0.0 和 Q0.1 为 OFF。Q0.0 连续出现在两个步中,可以采用存储型动作来表示,存储型动作的结束必须由复位动作完成,含存储型动作的顺序功能图如图 4-3 所示。

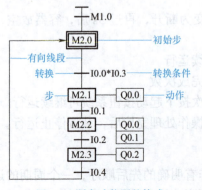

图 4-2 顺序功能图的构成

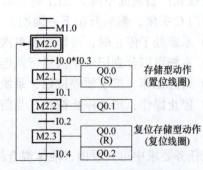

图 4-3 含存储型动作的顺序功能图

3)转换。转换用与有向线段垂直的短画线来表示,转换将相邻两步分开,表明前后两步的转换关系。步的活动状态的进展是由转换的实现来完成的,并与控制过程的发展相对应。

4)转换条件。使系统由当前步进入下一步的信号称为转换条件,转换条件可以是外部的输入信号或 PLC 内部产生的信号,还可以是若干个信号的与、或、非逻辑组合。转换条件标注在表示转换的短线旁边。

(4)顺序功能图的结构 顺序功能图的结构有四种:单向流程、并行流程、选择流程、跳转与循环。

1)单向流程。单向流程的顺序功能图没有分支,由一系列相继激活的步组成,步与步之间只有一个转换和转换条件,如图 4-4 所示。

2)并行流程。并行流程用来表示控制系统的几个同时工作的独立部分的工作情况,当转换的实现导致几个流程同时激活时,这些流程称为并行流程。并行流程的开始称为并行分支。如图 4-5 所示,当步 1 是活动步,并且转换条件 a=1,则步 11、21、31 被同时激活,成为活动步,同时步 1 变为非活动步。为了强调转换的同步实现,水平连线用双线表示。步 11、21、31 被同时激活后,每个流程中的活动步的进展将是独立的。在表示同步的水平双线之上,只允许有一个转换符号。

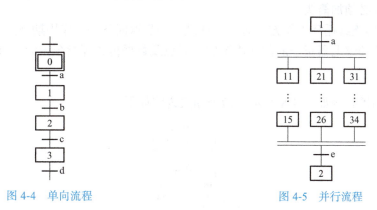

图 4-4 单向流程   图 4-5 并行流程

并行流程的结束称为并行合并,在表示同步的水平双线之下,只允许有一个转换符号。当直接连在双线上的所有前级步(见图 4-5 中步 15、26、34)都处于活动状态,并且转换条件 e=1 时,才会发生步 15、26、34 到步 2 的进展,步 15、26、34 同时变为非活动步,而步 2 变为活动步。

3)选择流程。选择流程表示控制系统将要进行的进展是相互制约的,根据任务要求只能选择其一进行,例如电动机的正反转控制,正转和反转不能同时进行。选择流程的开始称为选择分支,转换符号只能标在水平连线之下,如图 4-6 所示。

如果步 1 是活动步,并且转换条件 a=1,则发生由步 1 到步 11 的进展;如果步 1 是活动步,并且 b=1,则发生由步 1 到步 21 的进展,依此类推。在选择流程的分支时,一般只允许选择一个流程。

选择流程的结束称为选择合并,几个选择流程合并到一个公共流程时,用与需要重新组合的流程相同数量的转换符号和水平连线来表示。转换符号只允许标在水平连线之上。如果步 14 是活动步,并且转换条件 d=1,则发生由步 14 到步 2 的进展;如果步 23 是活动步,并且 e=1,则发生由步 23 到步 2 的进展。

4)跳转与循环。从某步向下面的非相邻步直接转移或者向该步所在流程外的步进行转移称为跳转,以箭头表示转移的目标步。向上面步的转移称为循环,与跳转一样,用箭头表示转移的目标步,如图4-7所示。

图4-6 选择流程

图4-7 跳转与循环

（5）顺序功能图的绘制原则

1）步与步不能直接相连,必须用转换分开。

2）转换与转换不能直接相连,必须用步分开。

3）步与转换、转换与步之间的连线采用有向线段,当从上往下进行转移时,可以省略箭头,否则必须加箭头。

4）当采用连续循环工作方式时,应从最后一步返回下一工作周期开始运行的第一步。但也可以在顺控继电器指令的前面用置位、复位及数据传送等指令激活要进入的步。

2. 时间累加器

时间累加器指令如图4-8所示。指令相关说明如下:

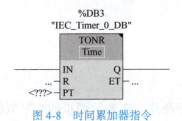

图4-8 时间累加器指令

1）可以使用时间累加器指令来累加由参数PT设定的时间段内的时间值。

2）输入IN的信号状态从"0"变为"1"（信号上升沿）时,将执行该指令,时间累加定时器开始计时。

3）时间累加定时器计时时,当输入IN的信号状态为"1"时,时间值将被记录并累加;当输入IN的信号状态为"0"时,定时器停止计时,但是已记录的累计时间ET保持不变。

4）累计得到的时间值将写入到输出ET中,并可以在此进行查询。

5）当累计时间ET达到持续时间PT时,计时将结束,输出Q的信号状态将变为"1"。

6）即使输入IN的信号状态从"1"变为"0"（信号下降沿）,输出Q仍将保持置位为"1"。

7）无论启动输入的信号状态如何,复位输入R都将复位输出ET和Q。

8）每次调用时间累加器指令,必须为其分配一个用于存储指令数据的IEC定时器。IEC定时器是一个IEC_TIMER或TONR_TIME数据类型的结构。其指令参数见表4-1。

表 4-1 时间累加器指令参数

参数	声明	数据类型	存储区	说明
IN	Input	Bool	I、Q、M、D、L 或常量	起动输入
R	Input	Bool	I、Q、M、D、L 或常量	复位输入
PT	Input	Time	I、Q、M、D、L 或常量	时间记录的最长持续时间，PT 的值必须为正数
Q	Output	Bool	I、Q、M、D、L	超出时间值 PT 之后要置位的输出
ET	Output	Time	I、Q、M、D、L	累计的时间值

【示例】 如图 4-9 所示，当 I2.0 接通时，PT 开始计时，输出 ET 中显示当前累计的时间值。当 ET<10s（例如 ET=5s）时断开 I2.0，停止计时并保持当前累计的时间值，当 I2.0 再次接通时，从 5s 开始继续计时，以此类推。当累计时间值等于 10s 时，输出 Q 为 1。不论何时接通 I2.1，ET 和 Q 都被复位，时间累加器脉冲时序图如图 4-10 所示。

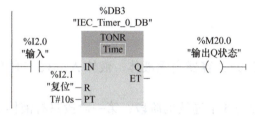

图 4-9 示例程序

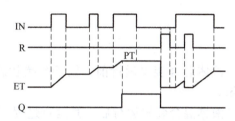

图 4-10 时间累加器脉冲时序图

三、任务实施

1. I/O 地址分配

本任务的输入元件为 7 个输入（起动，停止，暂停，模式选择开关，高、中、低液位开关），输出元件为 4 个输出（液体 A、B 阀门，混合液体 C 阀门，搅拌电动机），I/O 地址分配表见表 4-2。

表 4-2 I/O 地址分配表

输入			输出		
功能	变量名	PLC 地址	功能	变量名	PLC 地址
起动按钮	SB1	I0.0	液体 A 阀门	YV1	Q0.0
停止按钮	SB2	I0.1	液体 B 阀门	YV2	Q0.1
暂停按钮	SB3	I0.2	混合液体 C 阀门	YV3	Q0.2
模式选择开关	SA	I0.3	搅拌电动机	KM	Q0.3
低液位开关	SL1	I0.4			
中液位开关	SL2	I0.5			
高液位开关	SL3	I0.6			

2. I/O 接线图

液体混合罐控制系统 I/O 接线图如图 4-11 所示。

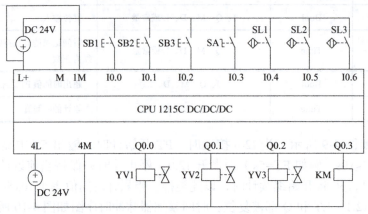

图 4-11　液体混合罐控制系统 I/O 接线图

3. 绘制顺序功能图

液体混合装置运行前，处于初始状态（步 0）：容器内无液体，液体 A、B、C 阀门关闭。

液体混合装置运行后，其运行过程可以分为 5 个连续的阶段，第一阶段只有液体 A 阀门打开，第二阶段只有液体 B 阀门打开，第三阶段搅拌电动机工作 5s，第四阶段只有混合液体 C 阀门打开，第五阶段混合液体 C 阀门继续工作 3s。不难看出，混合液体 C 阀门连续工作在第四和第五阶段，可以将混合液体 C 阀门作为保持型动作，保持型动作的结束必须由复位指令完成，故增加一个步用来复位混合液体 C 阀门，加上初始步，共计 7 步，分析各个阶段的转换关系和转换条件，最后得到图 4-12 所示的顺序功能图。

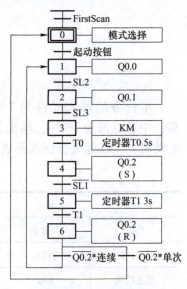

图 4-12　顺序功能图

4. 硬件组态与创建变量表

（1）硬件组态　因用到首次循环"FirstScan"且需要用时钟存储器控制触摸屏界面的动画效果，所以在 CPU 的常规属性中需要勾选"启用系统存储器字节"和"启用时钟存储器字节"，字节地址默认即可。

（2）创建变量表　根据 I/O 地址分配表及顺序功能图创建变量表，如图 4-13 所示。

5. 程序编写

（1）控制方式的梯形图程序编写　控制方式的梯形图程序采用经验设计法编写。在程序段 10 中，如果停止标志位 M10.1 接通，则进入步 0，液体混合罐控制系统停止运行；如果 M10.1 断开，则进入步 1，系统循环运行。控制方式的梯形图程序如图 4-14 所示。

项目 4 顺序逻辑控制程序设计

		PLC 变量						
		名称	变量表	数据类型	地址	...	可...	...	在...
1	⬜	起动按钮	默认变量表	Bool	%I0.0		✓	✓	✓
2	⬜	停止按钮	默认变量表	Bool	%I0.1		✓	✓	✓
3	⬜	暂停按钮	默认变量表	Bool	%I0.2		✓	✓	✓
4	⬜	SL1	默认变量表	Bool	%I0.4		✓	✓	✓
5	⬜	SL2	默认变量表	Bool	%I0.5		✓	✓	✓
6	⬜	SL3	默认变量表	Bool	%I0.6		✓	✓	✓
7	⬜	起动标志位	默认变量表	Bool	%M10.0		✓	✓	✓
8	⬜	停止标志位	默认变量表	Bool	%M10.1		✓	✓	✓
9	⬜	暂停标志位	默认变量表	Bool	%M10.2		✓	✓	✓
10	⬜	液体A阀门	默认变量表	Bool	%Q0.0		✓	✓	✓
11	⬜	液体B阀门	默认变量表	Bool	%Q0.1		✓	✓	✓
12	⬜	混合液体C阀门	默认变量表	Bool	%Q0.2		✓	✓	✓
13	⬜	搅拌电动机	默认变量表	Bool	%Q0.3		✓	✓	✓
14	⬜	HMI起动	默认变量表	Bool	%M2.0		✓	✓	✓
15	⬜	HMI停止	默认变量表	Bool	%M2.1		✓	✓	✓
16	⬜	HMI暂停	默认变量表	Bool	%M2.2		✓	✓	✓
17	⬜	HMI液位	默认变量表	UInt	%MW30		✓	✓	✓
18	⬜	System_Byte	默认变量表	Byte	%MB1		✓	✓	✓
19	⬜	FirstScan	默认变量表	Bool	%M1.0		✓	✓	✓
20	⬜	Clock_Byte	默认变量表	Byte	%MB0		✓	✓	✓
21	⬜	Clock_5Hz	默认变量表	Bool	%M0.1		✓	✓	✓
22	⬜	边沿存储位	默认变量表	Bool	%M12.0		✓	✓	✓
23	⬜	边沿存储位(1)	默认变量表	Bool	%M12.1		✓	✓	✓
24	⬜	步号	默认变量表	Byte	%MB20		✓	✓	✓
25	⬜	5s定时器输出线圈	默认变量表	Bool	%M11.0		✓	✓	✓
26	⬜	3s定时器输出线圈	默认变量表	Bool	%M11.1		✓	✓	✓
27	⬜	边沿存储位(2)	默认变量表	Bool	%M12.2		✓	✓	✓
28	⬜	边沿存储位(3)	默认变量表	Bool	%M12.3		✓	✓	✓
29	⬜	边沿存储位(4)	默认变量表	Bool	%M12.4		✓	✓	✓
30	⬜	边沿存储位(9)	默认变量表	Bool	%M12.5		✓	✓	✓
31	⬜	连续完成次数	默认变量表	Int	%MW34		✓	✓	✓
32	⬜	单次完成次数	默认变量表	Int	%MW32		✓	✓	✓
33	⬜	边沿存储位(5)	默认变量表	Bool	%M12.6		✓	✓	✓
34	⬜	边沿存储位(6)	默认变量表	Bool	%M12.7		✓	✓	✓
35	⬜	边沿存储位(7)	默认变量表	Bool	%M13.0		✓	✓	✓
36	⬜	边沿存储位(8)	默认变量表	Bool	%M13.1		✓	✓	✓
37	⬜	单次/连续(默认单次)	默认变量表	Bool	%I0.3		✓	✓	✓
38	⬜	单次/连续位（默认单次）	默认变量表	Bool	%M10.3		✓	✓	✓
39	⬜	HMI-SL1	默认变量表	Bool	%M10.4		✓	✓	✓
40	⬜	HMI-SL2	默认变量表	Bool	%M10.5		✓	✓	✓
41	⬜	HMI-SL3	默认变量表	Bool	%M10.6		✓	✓	✓
42	⬜	HMI单次/连续（默认单...	默认变量表	Bool	%M2.3		✓	✓	✓

图 4-13 变量表

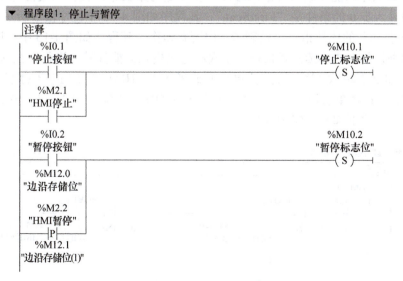

图 4-14 控制方式的梯形图程序

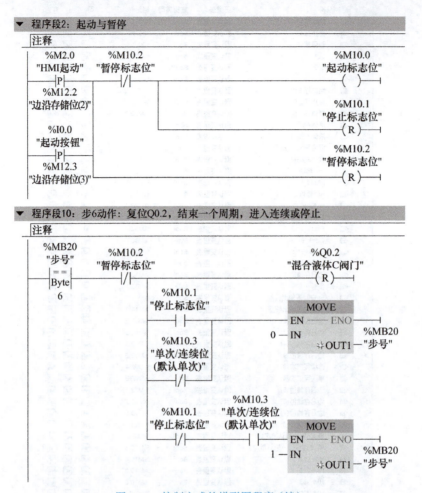

图 4-14 控制方式的梯形图程序（续）

（2）根据顺序功能图编写梯形图程序　步 0 是初始状态，且初始液位为 0，根据顺序功能图可知进入步 0 的条件是"FirstScan"，其程序如图 4-15 中程序段 3 所示。

用"步号 =0"的比较指令，控制步 0 内所有动作，其程序如图 4-15 中程序段 4 所示。在初始步内进行单次或连续模式选择，单次和连续模式只能择其一进行，在这可以规定模式选择开关如 I0.3 单次 / 连续（默认单次）或者 M2.3 HMI 单次 / 连续（默认单次）OFF 时复位 M10.3，选择单次模式运行；模式选择开关 ON 时置位 M10.3，选择连续模式运行。在初始状态下，按下起动按钮进入步 1。

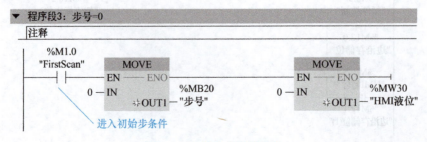

图 4-15 初始步梯形图程序

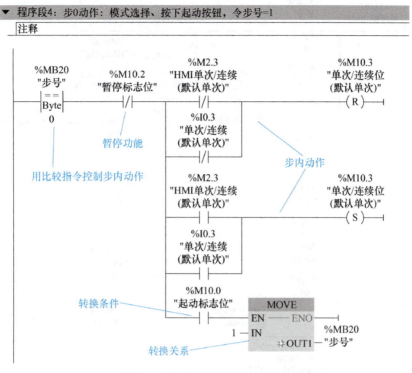

图 4-15 初始步梯形图程序（续）

依此类推，完成其他步号、条件、执行动作的编写。需要注意的是，步 4 到步 5 的转换条件是液位下降到 SL1，此时 SL1 由接通到断开，在此选择 SL1 的下降沿作为转移条件更精确。步 4 梯形图程序如图 4-16 所示。

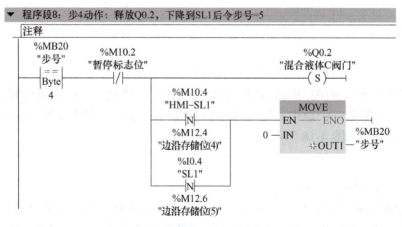

图 4-16 步 4 梯形图程序

（3）HMI 动画效果梯形图程序的编写 为实现 HMI 动画效果，利用数值的加减来模拟 HMI 液位上涨、下降过程，用指示灯 HMI-SL1、HMI-SL2、HMI-SL3 来模拟 SL1、SL2、SL3 的状态，HMI 动画效果梯形图程序如图 4-17 所示。

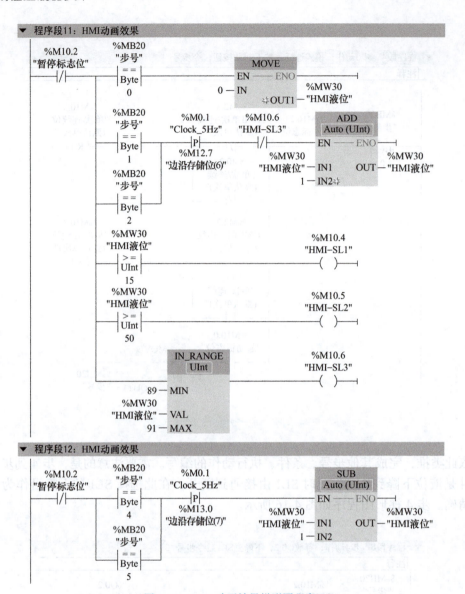

图 4-17 HMI 动画效果梯形图程序

（4）完成次数梯形图程序的编写 程序执行完一个周期，完成次数计数加 1，一个周期内程序执行的最后一个动作是复位 Q0.2，所以可以用 Q0.2 的下降沿触发计数指令，完成次数梯形图程序如图 4-18 所示。

6. 程序调试

按照程序要求进行如下调试：

1）单次运行模式下，按下起动按钮，查看程序是否能完成一个周期后停止，并且完成次数计数加 1，之后再次按下起动按钮，看能否再次起动一个周期并且完成次数计数加 1。

2）连续运行模式下，按下起动按钮，查看程序是否能完成一个周期后自动进入第一步循环，每完成一个周期后完成次数计数加 1。

3）按下停止按钮，查看程序是否能完成该周期后停止。

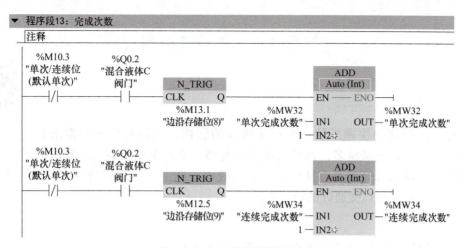

图 4-18　完成次数梯形图程序

4）按下暂停按钮，查看程序是否能暂停；再次按下暂停按钮，查看程序是否能延续之前的状态继续执行。

四、任务评价

	评分点	得分
硬件安装与接线（30分）	I/O 接线图绘制（10分）	
	元件安装（10分）	
	硬件接线（10分）	
编程与调试（50分）	起动按钮、停止按钮、暂停按钮和模式选择开关功能正常（各3分，共12分）	
	正常显示单次、连续完成次数（各3分，共6分）	
	单次、连续指示灯工作正常（各1分，共2分）	
	5个流程功能正常（各6分，共30分）	
安全素养（10分）	存在危险用电等情况（每次扣5分，上不封顶）	
	存在带电插拔工作站的电缆、电线等情况（每次扣3分）	
	穿着不符合生产要求（每次扣5分）	
6S素养（5分）	桌面物品和工具摆放整齐、整洁（2.5分）	
	地面清理干净（2.5分）	
发展素养（5分）	表达沟通能力（2.5分）	
	团队协作能力（2.5分）	

五、任务拓展

本任务是两种液体的混合，A、B 两种液体的比例由液位传感器设定，你能否设计一个两种液体比例可以调节的液体混合罐呢？

任务 4.2 交通灯控制

一、任务要求及分析

随着国民经济的快速发展、城市化进程的加快,人们对汽车的需求日益增加,出行车辆越来越多,容易造成交通拥堵、交通事故和空气、噪声污染等问题。交通信号灯的存在能够改善通行效率,减少交通事故的发生。今天我们就用PLC 设计一个十字路口交通灯的控制程序。

交通灯控制
任务导入

1. 任务要求

1)按下起动按钮,交通信号灯控制系统开始工作。

第一步:东西方向红灯亮 15s,在东西方向红灯亮的同时南北方向绿灯也亮,并维持10s。

第二步:10s 后,南北方向绿灯熄灭,南北方向黄灯闪烁,并维持 5s。

第三步:5s 后,南北方向黄灯熄灭,南北方向红灯亮,并维持 15s;同时东西方向红灯熄灭,东西方向绿灯亮,并维持 10s。

第四步:10s 后东西方向绿灯熄灭,东西方向黄灯闪烁,并维持 5s。

一个周期结束后,再次进入第一步开始循环,黄灯闪烁速度合理即可。

2)按下强制按钮后,东西、南北方向黄灯、绿灯灭,红灯亮。

3)按下停止按钮后,信号灯系统运行至东西方向黄灯熄灭后停止,所有信号灯熄灭。

4)倒计时显示东西、南北方向所有灯亮时间,单位为 s,精确到 0.1s;相关交通灯点亮时间可设置,且时间设置界面需要密码才可进入。

2. 任务分析

按下起动按钮,南北方向与东西方向并行运行,各个灯之间的亮灭转换由时间决定,并且南北方向红灯运行的时间是东西方向绿灯和黄灯运行时间之和,东西方向红灯的运行时间是南北方向绿灯和黄灯运行时间之和,一个周期结束后循环运行。在强制状态和停止状态下,按下起动按钮能使程序重新开始运行,交通灯一个周期的变化规律见表 4-3。

交通灯控制
任务分析

表 4-3 交通灯一个周期的变化规律

南北方向	信号灯	绿灯亮	黄灯闪烁	红灯亮	
	时间	10s	5s	15s	
东西方向	信号灯	红灯亮		绿灯亮	黄灯闪烁
	时间	15s		10s	5s

在本任务中采用型号为 TGM765(S/L)-MT/UT/ET/XT/NT 的信捷触摸屏,根据任务要求设计触摸屏参考界面,交通灯控制系统触摸屏参考界面如图 4-19 所示。可以新建界面用来编辑时间设置功能,界面设计可以参照倒计时显示区。

项目4　顺序逻辑控制程序设计

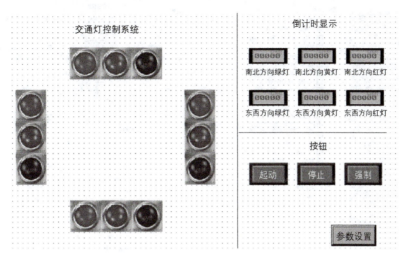

图 4-19　交通灯控制系统触摸屏参考界面

二、任务准备

1. 信捷触摸屏软件安装

信捷触摸屏软件安装及基本操作

1）正确安装 TouchWin 编辑工具软件简体中文版 V2.E.7。

2）安装完成后桌面上出现快捷图标，双击该图标，或从"Windows/ 所有程序"中选择"Xinje/TouchWin 编辑工具",可以打开编辑软件。

若要在计算机上安装两个及两个以上不同版本的编辑软件,必须选择不同的安装路径,否则覆盖安装会导致软件运行异常甚至无法运行。

2. 创建工程

1）打开 TouchWin 软件,在"文件"菜单下单击"新建（N）",在弹出的对话框中选择触摸屏型号为 TGM765（S/L/B）–MT/UT/ET/XT/NT,如图 4-20 所示。

2）触摸屏 TGM765（S/L/B）–MT/UT/ET/XT/NT 支持串口和以太网通信。

① 串口通信。串口设备支持的设备模式分为单机模式、多机主模式和多机从模式。

a. 单机模式:控制系统为一屏一机或一屏多机（多机分别设置为不同站号）系统结构。

b. 多机主模式:控制系统为多屏一机或多屏多机（多机分别设置为不同站号）系统结构,且此人机界面处于主站模式。PLC 口选择主人机界面连接的通信设备的协议,下载口站点号设置为连接的所有从人机界面的站号,站号之间以"，"（英文输入方式下输入）隔开,例如从人机界面站号分别为 1、2、3。

c. 多机从模式:控制系统为多屏一机或多屏多机（多机分别设置为不同站号）系统结构,且此人机界面处于从站模式,设置从人机界面的站点号即可,例如该从人机界面的站号为 1。

若是串口通信,单击"通信参数"右侧按钮修改参数。通信参数包含波特率、数据位、停止位、校验方式、延时等参数,视需要勾选"高低字交换",如图 4-21 所示。

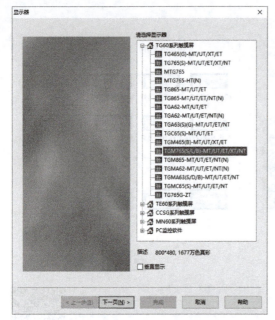

图 4-20　选择触摸屏型号

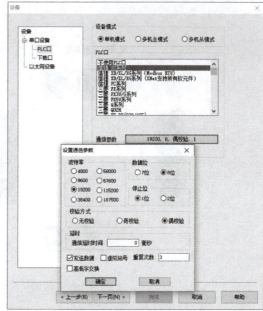

图 4-21　串口设备通信参数

② 以太网通信。若是以太网设备，先设置触摸屏的 IP 地址，然后右击以太网设备，选择"新建（N）"，在弹出的对话框中默认设备名称为"设备 1"，如图 4-22 所示，设备名称可以修改。

在图 4-23 所示的对话框中选择 PLC 系列，如西门子 S7-1200/1500 系列 new，设置 IP 地址，勾选"高低字交换"和"通信状态寄存器"。

图 4-22　以太网设备通信参数

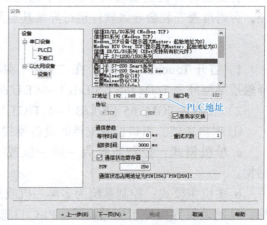

图 4-23　以太网通信 PLC 通信参数

参数设置完成后，单击"下一页"，在弹出的对话框中设置工程名称，单击"完成（F）"完成工程创建。

3. 上下载协议栈设置

单击操作栏"上下载协议栈设置"图标 ，此功能用来选择下载方式，下载方式有查找设备和指定端口两种。

（1）连接方式为"查找设备"　连接方式是指连接触摸屏的方式，用"查找设备"

连接方式设置上下载通信如图 4-24 所示。

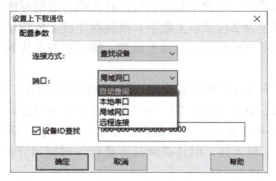

图 4-24　用"查找设备"连接方式设置上下载通信

1）端口：指计算机连接触摸屏端口。自动查询代表 USB 口，本地串口代表 RS-232 串口，局域网口代表以太网口，远程连接代表广域网远程通信。

2）设备 ID 查找：通过 ID 查找触摸屏。端口选择局域网口，同时连接多个触摸屏时需要设置此项，通过 ID 号区分所连接的触摸屏，如果只连接了一个触摸屏，则可不勾选此项。端口选择远程连接方式时必须设置。可通过铭牌标签获取触摸屏的 ID 信息，也可以将 3 号拨码拨至 ON，重启触摸屏，单击"IP 设置"查看触摸屏 ID 信息。

（2）连接方式为"指定端口"　用"指定端口"连接方式设置上下载通信如图 4-25 所示。使用指定端口下载需要将触摸屏和计算机用网线连接，并将触摸屏的 IP 地址和计算机的 IP 地址设为同一网段内。

图 4-25　用"指定端口"连接方式设置上下载通信

4. 工程下载

TouchWin 编辑工具软件支持普通下载和完整下载两种下载方式，而且对于不同系列的人机界面，可选择相应的下载线进行下载。TH/TG/TE/TN/XMH/XME/ZG 系列使用 TH-USB 下载线进行下载，该下载线需要安装专用驱动，用户可在无锡信捷电气股份有限公司官网（http://www.xinje.com/）下载"触摸屏 USB 驱动程序及指导"进行安装，TP 系列串口下载请参考触摸屏硬件手册。

（1）普通下载　单击菜单栏"文件（F）/下载工程数据（D）"或操作栏"下载"图标即可下载程序。这种下载方式不具有上传功能，即人机界面中的程序无法上传到计算机上。

（2）完整下载　单击菜单栏"文件（F）/完整下载工程数据（F）"或操作栏"完整下载"图标即可下载程序。这种下载方式可以将人机界面的程序上传到计算机上，也可以通过加密（密码请设置为2位及以上数字）限制程序被上传的权限。对于已经下载到人机界面中的程序，若下载之前没有进行以上设置，则不能被上传到计算机中，只有在下载之前设置才能生效。

说明：V2.78版本不具有完整下载功能，因此不能上传程序；V2.99～V2.C.6版本必须要在软件中设置参数，在"工具（T）"→"选项（O）"中勾选"完整下载"才可以。

（3）上传工程　人机界面支持工程数据上传功能，便于数据资源管理。单击操作栏"上载"图标，进行工程上传，但是必须在下载程序时使用完整下载方式进行下载的，才能生效。

5. 软件结构

TouchWin编辑工具软件包括菜单栏、工具栏、状态栏、工程区及画面编辑区等，如图4-26所示。

1）菜单栏：共有7组菜单，包括文件、编辑、查看、部件、工具、视图和帮助。
2）工具栏：包括Stand、画图、操作、缩放、图形调整、显示器、状态、部件等。
3）状态栏：显示人机界面型号、PLC口连接设备、下载口连接设备显示信息等。
4）工程区：涉及画面及窗口的新建、删除、复制、剪切等基本操作。
5）画面编辑区：工程画面制作平台。

图4-26　TouchWin编辑工具软件结构

6. 工具栏

工具栏包括了数据处理的所有基本按钮。从左至右依次为文字串、动态文字串、变长动态文字、指示灯、按钮、指示灯按钮、画面跳转、数据显示、报警显示、字符显示、数据输入、字符输入、中文输入、数据设置、数字小键盘、字符小键盘、用户输入、棒图、动态图片、调用窗口、窗口按钮、配方下载、配方上载、功能键、功能域、离散数据柱形图、连续数据柱形图。

(1) 文字串　单击菜单栏"部件（P）"→"文字（T）"→"文字串（T）"或工具栏图标，移动光标至画面中，单击放置，右击或按 Esc 键取消放置。通过边界点进行文字串边框长度、高度的修改。

双击"文字串"，或右击"文字串"后选择"属性"，进行属性设置。文字串的属性设置如图 4-27 所示。

信捷触摸屏
软件介绍 1

图 4-27　文字串的属性设置

(2) 指示灯　单击菜单栏"部件（P）"→"操作键（O）"→"指示灯（L）"或工具栏图标，移动光标至画面中，单击放置，右击或按 Esc 键取消放置。

双击"指示灯"，或右击"指示灯"后选择"属性"，进行属性设置。

1) "对象"选项卡。指示灯"对象"选项卡用于设置与之关联的对象类型，它只能是继电器类型或寄存器的某个位，如图 4-28 所示。

图 4-28　指示灯的"对象"选项卡

2)"灯"选项卡。在"灯"选项卡中可以进行更换外观、自定义外观及保存外观等设置，如图4-29所示。

图4-29 指示灯的"灯"选项卡

① 更换外观：修改按钮外观，属于软件自带的图库，用户可以自行选择库中的外观。

② 自定义外观：打开素材库修改按钮外观，属于用户定义的图库，"ON 状态"和"OFF 状态"需分别设置。

③ 保存外观：存储指示灯外观，方便在编写程序的时候使用，例如，若"ON 状态"为红色，"OFF 状态"为绿色，选择"保存外观"，系统会弹出保存路径窗口，保存在库中后，其他指示灯选择"更换外观"时，可以选择该图库。保存的元件外观对当前计算机当前版本软件有效。

"灯"选项卡中还可修改指示灯文字的内容、字体、对齐方式等。"文字"可设置是否使用多语言；"对齐"设置指示灯文字提示内容在外观样式框中的水平和垂直对齐方式；"线圈控制"设置指示灯是否显示，当该线圈置 ON 时，显示指示灯。

（3）按钮　按钮的功能是实现相关开关量位操作，单击菜单栏"部件（P）"→"操作键（O）"→"按钮（B）"或工具栏图标，移动光标至画面中，单击放置，右击或按 Esc 键取消放置。

双击"按钮"，或右击"按钮"后选择"属性"，进行属性设置。其对象、颜色、位置等属性与文字串的相应属性类似。

1)"操作"选项卡。在"操作"选项卡中可以设置按钮功能，如图4-30所示。

① 置 ON：将控制线圈置逻辑 1 状态。

② 置 OFF：将控制线圈置逻辑 0 状态。

③ 取反：将控制线圈置相反状态。

④ 瞬时 ON：按钮按下时线圈为逻辑 1 状态，释放时线圈为逻辑 0 状态。

图 4-30 按钮的"操作"选项卡

2)"按键"选项卡。在"按键"选项卡中可以设置按钮的文字、显示控制、使能控制、按键隐形、键类型等内容，如图 4-31 所示。

图 4-31 按钮的"按键"选项卡

① 文字：修改按钮文字的内容和字体，可设置是否使用多语言显示。

② 显示控制：设置线圈控制按钮是否显示，当勾选此选项且设置的线圈为 ON 时，显示按钮。

③ 使能控制：设置线圈控制按钮是否可被使用，当勾选此选项且设置的线圈为 ON 时，按钮可以被使用。

④ 按键隐形：设置按钮运行时是否可见，勾选此选项，按钮外观、文字禁止操作。

a. 正常：按钮正常显示或按钮释放之后显示的状态图片。

b. 按下：按钮按下时显示的状态图片。

c. 更换外观：修改按钮外观，属于软件自带的图库，用户可以自行选择库中的外观。

d. 自定义外观：打开素材库修改按钮外观，属于用户定义的图库，正常和按下需分别设置。

e. 保存外观：存储按钮外观，方便在编写程序的时候使用。

⑤ 密码：设置按钮是否需要密码保护，若使用，则同时选择对应密码级别。

⑥ 键类型：定义触摸键或薄膜键按键键码，只针对 OP560/MP360/MP760/XMP/XMH/XME/RT 操作，TP/TH/TG/TE/TN/ZG 系列人机界面默认禁止操作，V2.D 及以上版本软件只针对 XMH/XME 操作。

⑦ 延时：可设置延时时间，从按钮被按下到延时时间到止按钮起作用，否则视为无效，按钮无作用。勾选"寄存器"后，可通过寄存器修改延时时间。

⑧ 对齐方式：设置按钮文字内容对齐方式。

按钮元件只可以对开关量进行位操作，不可以显示操作后的位状态，如果既要控制又要显示状态，可以换用指示灯按钮元件。

（4）画面跳转　实现不同画面之间的跳转功能，同时可进行跳转权限设置。单击菜单栏"部件（P）"→"操作键（O）"→"画面跳转（J）"或工具栏图标，移动光标至画面中，单击放置，右击或按 Esc 键取消放置。

信捷触摸屏软件介绍2

双击"画面跳转"，或右击"画面跳转"后选择"属性"，进行属性设置，如图 4-32a 所示。

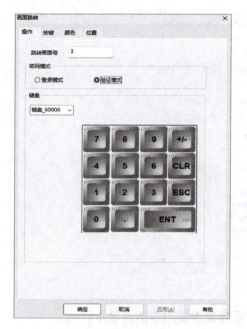
a)
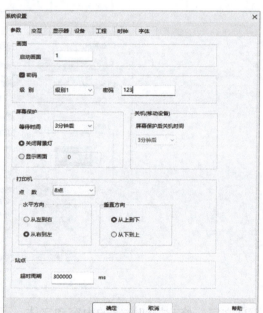
b)

图 4-32　画面跳转的属性设置

1）跳转画面号：输入跳转画面号。

2）登录模式：此模式下，无须设置权限，直接跳转画面。

3）验证模式：此模式下，实行密码保护，输入正确密码后才可进行画面跳转，与"按键"选项中"密码"相对应。

4）键盘：设置键盘样式。

5）设置密码：在"文件"菜单中选择"系统设置"，在弹出的对话框中选择"参数"选项卡（见图 4-32b），可勾选"密码"并设置对应级别密码。

（5）数据显示　实现对象寄存器的数值内容显示。单击菜单栏"部件（P）"→"显示（D）"→"数据显示（D）"或工具栏图标，移动光标至画面中，单击放置，右击或按 Esc 键取消放置。

双击"数据显示",或右击"数据显示"后选择"属性",进行属性设置。

数据显示的"显示"选项卡如图 4-33 所示。

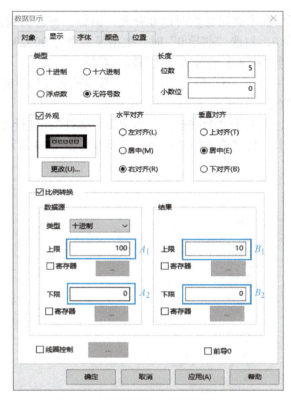

图 4-33　数据显示的"显示"选项卡

1）类型：选择数据显示格式，可以是十进制、十六进制、浮点数或无符号数。

2）长度：设置数据显示的总位数和小数位长度，单字（Word）位数最大为 5，双字（DWord）整数部分位数最大为 10。如果数据类型设置为十进制或无符号数，并设置了小数位数据为 n，那么显示在人机界面上的数据为假小数形式，即数据显示有小数位，小数点在原整数的基础上向左移动 n 位。例如，设置 D0 为单字无符号数，数据位数为 5，小数位为 2，通信设备中的实际数值是 12345，在人机界面上会显示 123.45。

3）外观：选择是否需要数据显示边框，可通过"更改"按钮进行外观修改。

4）水平对齐：设置数据在外观样式框中的水平对齐方式。

5）垂直对齐：设置数据在外观样式框中的垂直对齐方式。

6）比例转换：显示数据由寄存器中的原始数据经过换算后获得，选择此项功能需设定数据源和输出结果的上下限，上下限可以为常数，也可以由数据寄存器指定；数据源为下位通信设备中的数据，结果为经过比例转换后显示在人机界面上的数据。

比例转换后结果类型为十进制或无符号数时，四舍五入；比例转换由十进制转无符号数时，显示格式必须设置为十进制；数据做比例转换时，请先设置好上下限，再输入待转换数据。

计算公式：比例转换结果 = $\dfrac{B_1 - B_2}{A_1 - A_2}$ ×（数据源数据 $-A_2$）$+B_2$。

7）线圈控制：使用线圈控制数据是否显示，当勾选此选项且设置的线圈为ON时，数据将显示出来。

8）前导0：数据位数未满足位数时以0补充，例如，寄存器数值为23，数据显示设置位数为5，小数位为0，勾选"前导0"时，数据显示则为00023。

（6）数据输入　通过数字小键盘实现数值输入功能。

单击菜单栏"部件（P）"→"输入（I）"→"数据输入（I）"或工具栏图标，移动光标至画面中，单击放置，右击或按Esc键取消放置。

双击"数据输入"，或右击"数据输入"后选择"属性"，进行属性设置。

1）"对象"选项卡。数据输入的"对象"选项卡如图4-34所示。

图4-34　数据输入的"对象"选项卡

① 操作对象：指数据输入对象寄存器。

② 监控对象：勾选时，数据输入框显示寄存器数据值，可选择监控目标的设备站点号及对象类型。浮点数数据类型必须设置为双字（DWord）。未勾选时，默认为显示对象与操作对象一致，不可修改。

2）"显示"选项卡。数据输入的"显示"选项卡如图4-35所示。

① 类型：选择数据显示格式，可以是十进制、十六进制、浮点数或无符号数。

② 长度：设置数据显示的总位数和小数位长度，单字（Word）位数最大为5，双字（DWord）整数部分位数最大为10。如果数据类型设置为十进制或无符号数，并设置了小数位，那么输入通信设备的数据为假小数形式，即实际数据无小数位，但被扩大了小数位数倍。例如，设置D0为单字无符号数，数据位数为5，小数位为2，在人机界面上输入123.45，在通信设备中实际监控到的数值是12345。

③ 外观：选择是否需要数据输入边框，可通过"更改"按钮进行外观修改。

④ 水平对齐：设置数据在外观样式框中的水平对齐方式。

图 4-35 数据输入的"显示"选项卡

⑤ 垂直对齐：设置数据在外观样式框中的垂直对齐方式。

⑥ 显示控制：使用线圈控制数据输入是否显示，当勾选该选项且设置的线圈为 ON 时，显示数据输入。

⑦ 使能控制：使用线圈控制数据输入是否可被使用，当勾选该选项且设置的线圈为 ON 时，不能使用部件。

⑧ 前导 0：数据位数未满足位数时前面以 0 补充，例如，数据输入设置位数为 5，小数位为 0，选择前导 0 时，输入数据输入 23，输入框中显示 00023。

⑨ 密码：数据以密码的形式显示，即显示"*"号。

3）"转换"选项卡。数据输入的"转换"选项卡如图 4-36 所示。

图 4-36 数据输入的"转换"选项卡

① 输入比例转换：输入数据由操作对象寄存器中的原始数据经过换算后获得，选择此项功能需设定数据源和输出结果的上下限，上下限可以为常数，也可以由寄存器指定；数据源为人机界面上输入的数据，结果为经过比例转换后写入下位通信设备中的数据。

② 显示比例转换：显示数据由监控对象寄存器中的原始数据经过换算后获得，选择此项功能需设定数据源和输出结果的上下限，上下限可以为常数，也可以由寄存器指定；数据源为下位通信设备中的数据，结果为经过比例转换后显示在人机界面上的数据。

比例转换后结果类型为十进制或无符号数时，四舍五入；比例转换由十进制转无符号数时，显示格式必须设置为十进制；数据做比例转换时，请先设置好上下限，再输入待转换数据。

输入比例转换和显示比例转换的计算公式参考数据显示的计算公式。

4)"输入"选项卡。数据输入的"输入"选项卡如图4-37所示。

① 密码：设置数据输入是否需要密码保护，若勾选，则同时选择对应密码级别。

② 通知：输入结束后触发目标继电器导通，其复位可手动进行。

③ 输入上/下限：数据输入极限值，可使用寄存器指定上下限。

④ 弹出键盘：勾选时，会自动弹出小键盘，否则将不会自动弹出键盘。键盘_9可以在键盘上方显示出输入的数值。

图4-37 数据输入的"输入"选项卡

三、任务实施

交通灯控制
任务实施

1. I/O 地址分配

本项目的输入元件为起动、强制和停止3个按钮，输出元件为南北和东西方向两组6个交通灯，I/O地址分配见表4-4。

表 4-4 I/O 地址分配表

输入			输出		
功能	变量名	PLC 地址	功能	变量名	PLC 地址
起动按钮	SB1	I0.0	南北方向绿灯	HL1、HL2	Q0.0
强制按钮	SB2	I0.1	南北方向黄灯	HL3、HL4	Q0.1
停止按钮	SB3	I0.2	南北方向红灯	HL5、HL6	Q0.2
			东西方向绿灯	HL7、HL8	Q0.3
			东西方向黄灯	HL9、HL10	Q0.4
			东西方向红灯	HL11、HL12	Q0.5

2. I/O 接线图

用 CPU 1215C DC/DC/DC 型 PLC 实现交通灯控制系统 I/O 接线，如图 4-38 所示，PLC 的输入端连接按钮 SB1、SB2、SB3，因为对向行驶的交通灯亮灭时间相同，所以每个输出端连接着两个指示灯，如 Q0.0 连接 HL1 和 HL2，分别为南、北方向的绿灯。

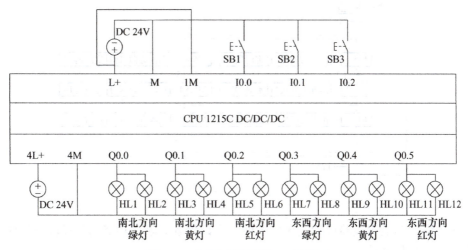

图 4-38 交通灯控制系统 I/O 接线图

3. 绘制时序图和顺序功能图

交通灯的控制是以时间为基准的控制系统，按下起动按钮，交通灯按照一定的规律进行亮灭控制，并在此基础上加入强制按钮和停止按钮，实现全部的功能。

（1）时序图　对照表 4-3 中交通灯的变化规律，画出一个周期内的交通灯控制系统时序图，如图 4-39 所示。

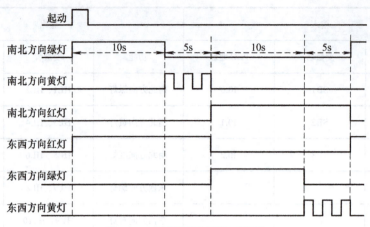

图 4-39 交通灯控制系统时序图

（2）顺序功能图　由时序图可以看出，南北方向和东西方向的交通灯是同时运行的，南北方向交通灯的亮灭规律为南北方向绿灯亮 10s →南北方向黄灯闪烁 5s →南北方向红灯亮 15s；东西方向交通灯的亮灭规律为东西方向红灯亮 15s →东西方向绿灯 10s →东西方向黄灯闪烁 5s。各个灯之间的亮灭转换条件是时间。

根据以上分析可以绘制出顺序功能图，如图 4-40 所示。

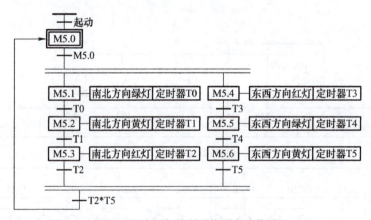

图 4-40 交通灯控制系统顺序功能图

停止及强制功能用经验设计法比较方便，所以编程时顺序功能图与经验设计法结合使用能更好地完成程序设计。

4. 硬件组态与变量设置

（1）硬件组态　任务要求黄灯闪烁，闪烁功能可以用 CPU 自带的时钟存储器来实现。在 CPU 的"常规"→"系统和时钟存储器"中勾选"启用时钟存储器"，存储器字节默认为 0 号字节。

在本任务中，采用型号为 TGM765（S/L）-MT/UT/ET/XT/NT 的信捷触摸屏，要实现触摸屏和 1215C 型 CPU 的通信，需要在 CPU"常规"→"防护与安全"→"连接机制"中勾选"允许来自远程对象的 PUT/GET 通信访问"，如图 4-41 所示。

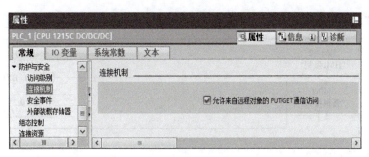

图 4-41　硬件组态

（2）创建变量　根据 I/O 地址分配表及任务分析过程创建变量表，如图 4-42 所示。

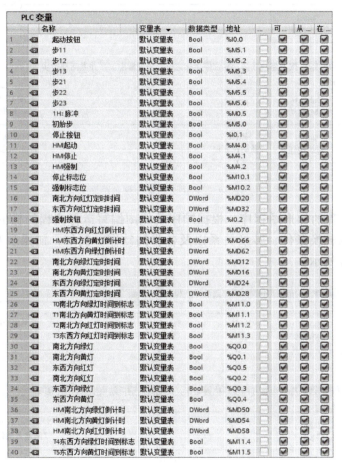

图 4-42　变量表

5. 梯形图程序编写

（1）控制方式的梯形图程序　强制模式下，复位各步并接通南北方向红灯和东西方向红灯（以南北方向红灯为例，见图 4-43 中的程序段 1）。

按下停止按钮，停止标志位置位，运行一个周期后，利用停止标志位断开循环，从而使系统停止运行。

按下起动按钮，激活初始步的同时，复位强制标志位和停止标志位，以待下次进入强制状态和停止状态。

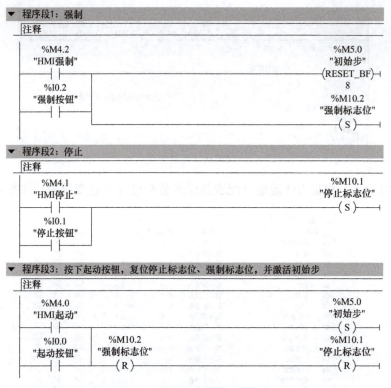

图 4-43 控制方式的梯形图程序

（2）运行流程的梯形图程序　根据顺序功能图编写运行流程的梯形图程序，主要是编写激活各步的转换条件、转换关系以及各步的动作。例如，初始步及步 M5.1 的梯形图程序如图 4-44 所示。

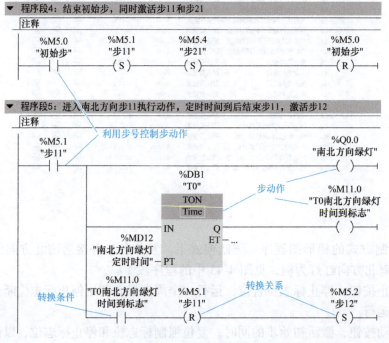

图 4-44 初始步及步 M5.1 的梯形图程序

因强制功能要求红灯亮而其他灯灭，所以红灯的程序结构与绿灯和黄灯略有不同，以南北方向红灯为例，其梯形图如图 4-45 所示。南北方向红灯是南北方向运行流程一个周期的结束，停止功能的编写也在该步。

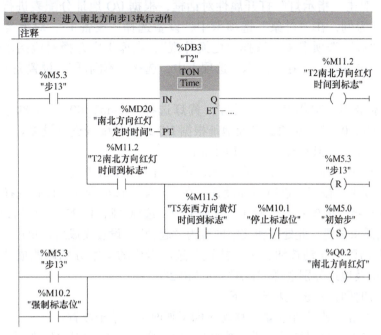

图 4-45　南北方向红灯的梯形图程序

其他各步的梯形图程序仿照以上程序编写。

（3）倒计时功能的梯形图程序　因为 S7-1200 PLC 中的定时器没有倒计时端子，只有当前计时值，所以其倒计时功能可以用定时时间减去当前计时值来实现，以南北方向绿灯倒计时编程为例，其梯形图程序如图 4-46 所示。

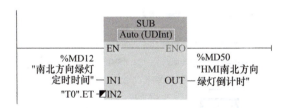

图 4-46　南北方向绿灯倒计时的梯形图程序

6. 人机界面设计与编程

触摸屏软件编程步骤如下：

（1）创建工程　打开 TouchWin 编程工具软件，新建工程，选择触摸屏型号为 TGM765（S/L）-MT/UT/ET/XT/NT，选择"以太网设备"，设置触摸屏 IP 地址为 192.168.0.1，新建以太网设备名称默认为"设备 1"，确定后选择"西门子 S7-1200/1500 系列 new"，其 IP 地址设置为 192.168.0.2。具体操作请参考本任务"任务准备"中的"创建工程"。

（2）运行画面　创建工程后，在当前画面 1 编辑交通灯运行的主界面，界面设计可参照图 4-19，包含东西方向、南北方向各两组交通灯，按钮 3 个（起动、停止、强制），参数设置按钮1个，倒计时显示6个。根据需要进行文字备注，界面布局合理，操作方便。

1）指示灯设置步骤如下：

第一步：单击工具栏图标💡，移动光标至画面中，单击放置。

第二步：双击"指示灯"打开属性对话框，根据I/O地址分配表进行属性设置。以南北方向绿灯为例，在"对象"选项卡中，设备选择"设备1"，对象类型及地址选择"Q0.0"；在"灯"选项卡中，选择"更换外观"，在库1中选择对应指示灯，在此选择"lampT_09ae_80x80 ⬤"；在"闪烁"选项卡中，选择"不闪烁"；设置完成后，单击"确定"按钮。

重复上述步骤，制作其余交通灯，黄灯选择"lampT_09af_80x80 ⬤"，红灯选择"lampT_09c_80x80 ⬤"，对象类型及地址根据I/O地址分配表进行设置。

2）起动、停止、强制按钮设置步骤如下：

第一步：单击工具栏图标，移动光标至画面中，单击放置。

第二步：双击"按钮"进行属性设置。在"对象"选项卡中，设备选择"设备1"，对象类型及地址选择"I0.0"；在"操作"选项卡中，选择"瞬时ON"；在"按键"选项卡中，按钮外观根据需求设置，此处按钮文字内容为"起动"；设置完成后，单击"确定"按钮。

复制、粘贴两个起动按钮，将"按键"选项卡中的文字分别修改成"停止"和"强制"，对象类型及地址分别选择"I0.1"和"I0.2"。

3）交通灯时间显示设置步骤如下：

第一步：单击工具栏图标，移动光标至画面中，单击放置。

第二步：双击"数据显示"进行数据显示属性设置。在"对象"选项卡中，设备选择"设备1"，对象类型选择"MD50"，地址对应程序中定时器的相关地址，数据类型选择"DWord"。在"显示"选项卡中，类型选择"十进制"，小数位设置为"1"。因为倒计时计算结果单位是ms，而触摸屏显示的倒计时单位是s，所以比例转换时应除以1000，如图4-47所示。

图4-47 数据显示的"显示"选项卡

第三步:文字串备注"南北方向绿灯"。

根据变量表制作其余时间显示框,并备注文字。

4)画面跳转按钮设置步骤如下:

第一步:单击工具栏图标,移动光标至画面中,单击放置。

第二步:在"操作"选项卡中,跳转画面号输入"2",密码模式选择"验证模式";在"按键"选项卡中修改名称为"参数设置"。

(3)加密页

1)添加加密页并设置密码。在工程区用户画面中添加画面 2 作为密码界面,选择菜单栏"文件"→"系统设置",勾选"密码",级别根据需要设置,在此可以选择"级别 1",输入密码,例如 123,如图 4-48 所示。

图 4-48　设置密码

2)交通灯定时时间设置。进入画面 2,进行交通灯时间设置,如图 4-49 所示,以设置南北方向绿灯点亮时间为例说明实现时间设置功能的操作步骤。

第一步:单击工具栏图标,移动光标至画面中,单击放置,弹出"数据输入"对话框,在"对象"选项卡中,设备选择"设备 1",根据变量表选择对象类型及地址为 MD12。

图 4-49　交通灯时间设置界面

第二步:在"显示"选项卡中,设置数据类型为"无符号数",长度位数选择"5"。

第三步:在"转换"选项卡中,设置转换比例,因为输入的数据以 s 为时间单位,而在 PLC 中定时器定时时间以 ms 为单位，故数值需要扩大 1000 倍，且该数值为整数，如图 4-50 所示。

根据变量表完成其他交通灯点亮时间的设置，并组态文字说明。

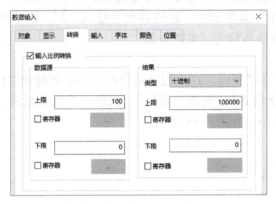

图 4-50　设置转换比例

3）画面跳转按钮设置。

第一步：单击工具栏图标，移动光标至画面中，单击放置。

第二步：在"操作"选项卡中，跳转画面号输入"1"，密码模式选择"登录模式"。

第三步：在"按键"选项卡中，修改名称为"运行画面"。

7. 系统调试

根据实际现象，对本任务进行检查。

（1）下载

1）正确配置通信参数，下载 PLC 梯形图程序，运行并打开监控模式。

2）正确配置通信参数，下载触摸屏程序，触摸屏显示"交通灯控制系统"运行主界面。

（2）运行

1）单击触摸屏主界面"参数设置"按钮，输入密码后能进入参数设置界面。

2）交通灯点亮时间可设定，显示格式为 ××.×s，返回运行主界面。

3）按下起动按钮，东西方向红灯和南北方向绿灯同时点亮，其中东西方向红灯亮 15s，南北方向绿灯亮 10s 后熄灭，南北方向黄灯开始闪烁，5s 后南北方向黄灯熄灭，同时东西方向红灯熄灭，而后南北方向红灯和东西方向绿灯同时点亮，其中南北方向红灯维持亮 15s 后熄灭，东西方向绿灯亮 10s 后熄灭，东西方向黄灯闪烁 5s 后熄灭。这时东西方向红灯和南北方向绿灯重新点亮，如此循环。

4）触摸屏交通灯计时显示框显示倒计时的时间。

5）按下强制按钮，只有东西方向红灯和南北方向红灯亮，其余的交通灯均熄灭。

6）按下停止按钮，交通灯控制系统运行至东西方向黄灯熄灭后停止，所有交通灯均熄灭。

7）完成调试过程，将 PLC 设置为"离线"状态，关闭 PLC、触摸屏电源，关闭计算机，拆除所用连接线，并将其放置到规定位置。

项目 4　顺序逻辑控制程序设计

四、任务评价

评分点		得分
硬件安装与接线（30 分）	I/O 接线图绘制（10 分）	
	元件安装（10 分）	
	硬件接线（10 分）	
编程与调试（50 分）	起动、停止、强制按钮功能正常（各 3 分，共 9 分）	
	正确显示东西、南北方向红、绿、黄灯倒计时，精确到 0.1s（各 3 分，共 18 分）	
	东西、南北方向红、绿、黄灯显示正常（各 1 分，共 12 分）	
	单击参数设置按钮，正确输入密码后可进入参数设置页面（3 分）	
	东西、南北方向红、绿灯时间可设置（各 2 分，共 8 分）	
安全素养（10 分）	存在危险用电等情况（每次扣 5 分，上不封顶）	
	存在带电插拔工作站的电缆、电线等情况（每次扣 3 分）	
	穿着不符合生产要求（每次扣 5 分）	
6S 素养（5 分）	桌面物品和工具摆放整齐、整洁（2.5 分）	
	地面清理干净（2.5 分）	
发展素养（5 分）	表达沟通能力（2.5 分）	
	团队协作能力（2.5 分）	

五、任务拓展

改变交通灯的控制方式，如下所述：

1. 在运行状态下，按下强制按钮后，当前交通灯开始闪烁，直至红灯后闪烁停止；原红灯继续亮；再次按下强制按钮后，全部交通灯熄灭。

2. 在运行状态下，按下停止按钮后，所有交通灯向红灯亮流程运行，再次按下停止按钮后，全部交通灯熄灭。

3. 在运行状态下，按下畅通运行按钮，所有交通灯向黄灯闪烁流程运行，并持续保持黄灯闪烁；再次按下畅通运行按钮后，全部交通灯熄灭。

4. 强制按钮、停止按钮、通畅运行按钮相互独立，互不影响（如按下强制按钮后，再按下停止按钮或畅通运行按钮无反应）。

请完成梯形图程序的设计。

任务 4.3　花样喷泉控制

花样喷泉控制任务概述

一、任务要求及分析

喷泉在生活中非常常见，控制喷泉的喷水规律，能创造出多姿多彩的水景景观，产生奇妙的艺术效果。喷泉可以提升城市形象、缓解压力、释放心情。今天我们的任务就是设计喷泉的控制程序。

117

1. 任务要求

花样喷泉控制任务分析

1) 花样喷泉分为两种模式，且两种模式仅在停止后可自由切换。

模式一：选择开关在模式一时，按下起动按钮后，4号喷头喷水，延时2s后，3号喷头也喷水，延时2s后，2号喷头接着喷水，再延时2s，1号喷头喷水。这样，一起喷水8s后停下。若在连续状态时，将继续循环下去。

模式二：选择开关在模式二时，按下起动按钮后，1号喷头喷水，延时2s后，2号喷头喷水，延时2s后，3号喷头接着喷水，再延时2s，4号喷头喷水。这样，一起喷水10s后再停下。若在连续状态时，将继续循环下去。

控制方式：系统可在停止时切换单次运行或连续运行；按下暂停按钮，系统暂停，记忆当前状态，再次按下起动按钮时可继续运行；不论在什么模式下，按下停止按钮，喷头将立即停止运行。

2) 人机界面要求。触摸屏设有起动按钮、暂停按钮、停止按钮、模式选择按钮、单次/连续选择按钮，且相应按钮ON/OFF时状态有明显区别。

显示花样喷泉当前所处的工作状态，做到只看触摸屏也能知道花样喷泉的实时状态。

显示倒计时时间，单位为s，精确到0.1s，相关时间可设置，并显示循环的次数。

设置一个加密页，当输入密码正确时才可跳转至时间设置界面。

2. 任务分析

分析系统运行状态可知，运行模式分为模式一和模式二两种，选择不同的模式时，系统处于不同的运行状态，而每种模式都可以划分为不同顺序的4个阶段。可以根据模式一的运行流程绘制单向顺序功能图，并据此编写FB或FC的梯形图程序。然后在OB1中编写选择流程的梯形图程序，程序中调用FB或FC实现任务要求的同时简化了对重复发生的函数的编程。

花样喷泉控制系统的人机界面需要设计两个界面，界面1为运行界面，如图4-51所示，界面2为时间设置界面。

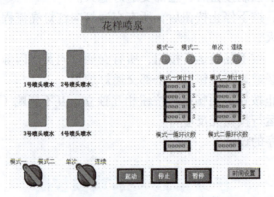

图 4-51 花样喷泉控制系统触摸屏参考界面

二、任务准备

S7-1200 PLC的程序块包含组织块（OB）、函数（FC）、函数块（FB）、数据块（DB）等4种类型。选择项目树中"程序块"下的"添加新块"，可在"添加新块"对话框创建OB、FB、FC和DB，如图4-52所示。创建代码块时，需要为块选择编程语言。

无须为 DB 选择语言，因为它仅用于存储数据。

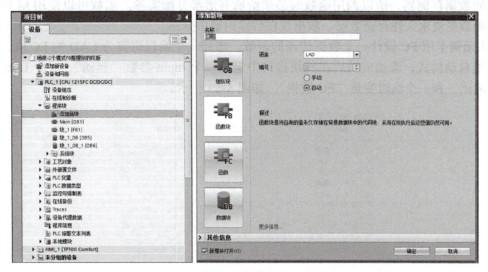

图 4-52　添加新块

1. 函数（FC）和函数块（FB）

函数（FC）和函数块（FB）都是用户自己编写的程序块，相当于子程序。用户可以将具有相同控制过程的程序编写在 FC 或 FB 中，然后在主程序 OB1 或其他程序块（包括组织块、函数和函数块）中调用。因此，简化了对重复发生的函数的编程。

函数（FC）和函数块（FB）

函数（FC）和函数块（FB）都具有块接口，可在调用块和被调用块间传递数据。块接口由形式参数（简称形参）和局部数据两部分构成，见表 4-5。被调用的块接口中定义的块参数，称为形参。在调用过程中，将作为参数占位符传递给该块。调用块时，传递给块的参数称为实参。实参和形参的数据类型必须相同，或可以根据数据类型转换规则进行转换。

表 4-5　块接口的类型及说明

	块接口类型	FC	FB	说明
形式参数	输入参数（Input）	√	√	函数块调用时，将用户程序数据传递到函数块中，实参可以为常数
	输出参数（Output）	√	√	函数块调用时，将函数块的执行结果传递到用户程序中，实参不能为常数
	输入/输出参数（In/Out）	√	√	函数块调用时，由函数块读取其值后进行运算，执行后将结果返回，实参不能为常数
	返回（Return）	√	—	函数 FC 的执行返回情况，数据类型为 Void
局部数据	静态变量（Static）	—	√	不参与参数传递，用于存储中间过程值
	临时变量（Temp）	√	√	用于函数内部临时存储中间结果的临时变量，不占用单个实例（函数块的调用称为实例）DB 空间，临时变量在函数块调用时生效，函数执行完成后，临时变量区被释放
	常量（Constant）	√	√	声明常量的符号名后，在程序中可以使用符号代替常量，这使得程序可读性增强，且易于维护。符号常量由名称、数据类型和常量值 3 个元素组成

（1）函数（FC）　函数（FC）是没有专用存储区的代码块，由于没有可以存储块参数值的数据存储器，所以调用函数时必须给所有形参分配实参。函数可以使用 M 存储器或全局数据块永久性存储数据，数据块在后续内容中介绍。

【示例】用 FC 设计一个数据传递的函数。添加一个编程语言为 LAD 的 FC 块，块编号采用自动模式，添加成功后在其块接口中定义一个 Input 参数"起动"、一个 Output 参数"输出"和一个临时变量"FC 数据"，如图 4-53 所示。

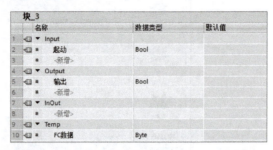

图 4-53　FC 块接口

在 FC 中编写一段数据传递的程序，如图 4-54 所示，然后在 OB1 中调用此 FC，调用时为其分配实参，如图 4-55 所示。

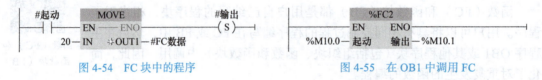

图 4-54　FC 块中的程序　　　　　　　　图 4-55　在 OB1 中调用 FC

程序编写完成后，打开 S7-PLCSIM 进行仿真测试，发现当 M10.0=1 时，FC 中"起动"接通，"FC 数据"=20，"输出"=1；当 M10.0=0 时，"起动"断开，"FC 数据"和"输出"的数据不能保持，会丢失。

（2）函数块（FB）　函数块是一种代码块，它将输入、输出和输入/输出参数永久地存储在背景数据块中，从而在执行块之后，这些值依然有效，所以函数块也称为有存储器的块。分配数据块作为其内存（背景数据块），传送到 FB 的参数和静态变量保存在为其分配的 DB 中，临时变量则保存在本地数据堆栈中。执行完 FB 时，不会丢失 DB 中保存的数据。但执行完 FB 时，会丢失保存在本地数据堆栈中的数据。

背景数据块提供与 FB 实例关联的一块存储区，并在 FB 完成后存储数据。可将不同的背景数据块与 FB 的不同调用进行关联，通过调用 FB 时选择不同的背景数据块，可对多个设备重复使用 FB，即可使用一个通用 FB 控制多个设备。

用户通常使用 FB 控制在一个扫描周期内未完成的任务或设备的运行。要存储运行参数，以便从一个扫描快速访问到下一个扫描，用户程序中的每一个 FB 都具有一个或多个背景数据块。调用 FB 时，也需要指定包含块参数以及用于该调用或 FB "实例"的静态局部数据的背景数据块，FB 完成执行后，FB 将 Input、Output、In/Out 以及静态参数存储在背景数据块中，背景数据块将保留这些值，但 FB 的临时存储器不存储在背景数据块中。

2. 数据块（DB）

在用户程序中创建数据块（DB）以存储代码块的数据，有全局数据块和背景数据块两种类型。全局数据块存储程序中代码块的数据。用户程序中的所有程序块（OB、FB 或 FC）都可访问全局数据块中的数据，相关代码块执行完成后，数据块中存储的数据不会被删除。背景数据块存储特定 FB 的数据。背景数据块中数据的结构反映了 FB 的参数（Input、Output 和 In/Out）和静态数据。

3. 优化的访问块和标准的访问块

添加一个 DB，右击该 DB 并从上下文菜单中选择“属性”，打开属性对话框，在“属性”选项中勾选“优化的块访问”，如图 4-56 所示，则该 DB 是优化的访问块。

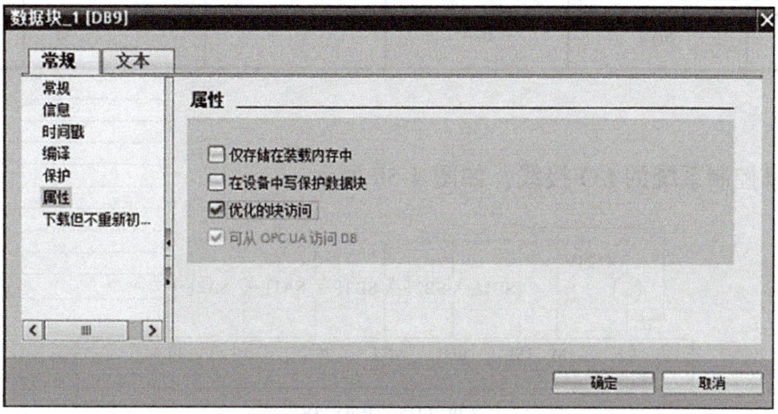

图 4-56　勾选“优化的块访问”

如果取消勾选“优化的块访问”，编译后会新增一列偏移量，则该块将采用标准访问。优化的访问块和标准的访问块对比如图 4-57 所示。

请注意，默认情况下会为新数据块选中优化的块访问。

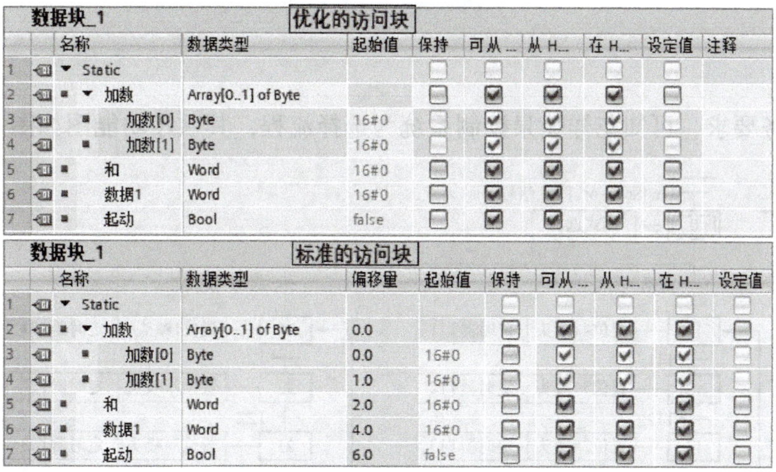

数据块_1　优化的访问块

	名称	数据类型	起始值	保持	可从 ...	从 H...	在 H...	设定值	注释
1	▼ Static			☐	☐	☐	☐	☐	
2	▪ ▼ 加数	Array[0..1] of Byte		☐	☑	☑	☑	☐	
3	▪ 加数[0]	Byte	16#0	☐	☑	☑	☑	☐	
4	▪ 加数[1]	Byte	16#0	☐	☑	☑	☑	☐	
5	▪ 和	Word	16#0	☐	☑	☑	☑	☐	
6	▪ 数据1	Word	16#0	☐	☑	☑	☑	☐	
7	▪ 起动	Bool	false	☐	☑	☑	☑	☐	

数据块_1　标准的访问块

	名称	数据类型	偏移量	起始值	保持	可从 ...	从 H...	在 H...	设定值
1	▼ Static				☐	☐	☐	☐	☐
2	▪ ▼ 加数	Array[0..1] of Byte	0.0		☐	☑	☑	☑	☐
3	▪ 加数[0]	Byte	0.0	16#0	☐	☑	☑	☑	☐
4	▪ 加数[1]	Byte	1.0	16#0	☐	☑	☑	☑	☐
5	▪ 和	Word	2.0	16#0	☐	☑	☑	☑	☐
6	▪ 数据1	Word	4.0	16#0	☐	☑	☑	☑	☐
7	▪ 起动	Bool	6.0	false	☐	☑	☑	☑	☐

图 4-57　优化的访问块和标准的访问块对比

三、任务实施

花样喷泉控制任务实施

1. I/O 地址分配

本项目的输入元件为 5 个按钮（起动按钮、停止按钮、暂停按钮、模式选择按钮、单次/连续选择按钮），输出元件为 4 个喷水电磁阀，I/O 地址分配表见表 4-6。

表 4-6 I/O 地址分配表

输入元件			输出元件		
功能	变量名	PLC 地址	功能	变量名	PLC 地址
起动按钮	SB1	I0.0	1#喷头	YV1	Q0.0
停止按钮	SB2	I0.1	2#喷头	YV2	Q0.1
暂停按钮	SB3	I0.2	3#喷头	YV3	Q0.2
模式选择按钮	SA1	I0.3	4#喷头	YV4	Q0.3
单次/连续选择按钮	SA2	I0.4			

2. I/O 接线图

花样喷泉控制系统的 I/O 接线，如图 4-58 所示。

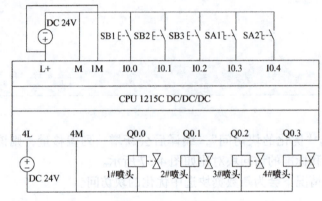

图 4-58 I/O 接线图

3. 顺序功能图

分析任务要求，可知花样喷泉控制系统为选择流程，其顺序功能图如图 4-59 所示。

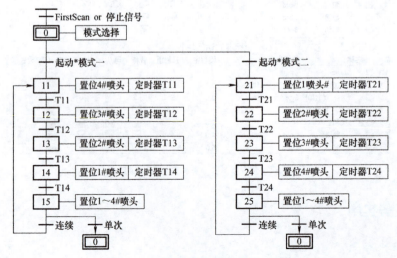

图 4-59 花样喷泉控制系统顺序功能图

项目 4 顺序逻辑控制程序设计

分析模式一和模式二的流程可以发现，其结构完全一样，可以根据模式一的流程编写 FB，FB 的顺序功能图如图 4-60 所示。

调用两次 FB 作为模式一和模式二的流程，调用时分配不同 DB 块（例如可以分别分配 DB1 和 DB2），控制系统的顺序功能图可以修改为如图 4-61 所示的选择流程顺序功能图。

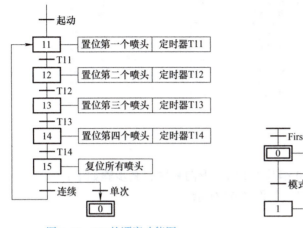

图 4-60 FB 的顺序功能图

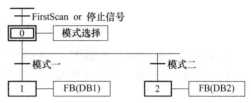

图 4-61 选择流程顺序功能图

4. 硬件组态与变量设置

（1）硬件组态 硬件组态过程请参照任务 4.2。

（2）创建变量表 根据 I/O 地址分配表及任务分析过程创建变量表，如图 4-62 所示。

		名称	变量表	数据类型	地址	保持	可从…	从 H…	在 H…
1		起动按钮	默认变量表	Bool	%I0.0		☑	☑	☑
2		停止按钮	默认变量表	Bool	%I0.1		☑	☑	☑
3		暂停按钮	默认变量表	Bool	%I0.2		☑	☑	☑
4		模式选择按钮	默认变量表	Bool	%I0.3		☑	☑	☑
5		一#喷头	默认变量表	Bool	%Q0.0		☑	☑	☑
6		二#喷头	默认变量表	Bool	%Q0.1		☑	☑	☑
7		三#喷头	默认变量表	Bool	%Q0.2		☑	☑	☑
8		四#喷头	默认变量表	Bool	%Q0.3		☑	☑	☑
9		HMI起动	默认变量表	Bool	%M5.0		☑	☑	☑
10		HMI停止	默认变量表	Bool	%M5.1		☑	☑	☑
11		HMI暂停	默认变量表	Bool	%M5.2		☑	☑	☑
12		HMI模式选择	默认变量表	Bool	%M5.3		☑	☑	☑
13		起动标志位	默认变量表	Bool	%M10.0		☑	☑	☑
14		停止标志位	默认变量表	Bool	%M10.1		☑	☑	☑
15		暂停标志位	默认变量表	Bool	%M10.2		☑	☑	☑
16		模式二标志位	默认变量表	Bool	%M10.3		☑	☑	☑
17		模式一连续完成次数	默认变量表	Word	%MW42		☑	☑	☑
18		初始状态	默认变量表	Bool	%M13.0		☑	☑	☑
19		HMI模式一—起喷水倒计时	默认变量表	DWord	%MD60		☑	☑	☑
20		HMI模式二—起喷水倒计时	默认变量表	DWord	%MD76		☑	☑	☑
21		System_Byte	默认变量表	Byte	%MB1		☑	☑	☑
22		FirstScan	默认变量表	Bool	%M1.0		☑	☑	☑
23		模式二连续完成次数	默认变量表	Word	%MW44		☑	☑	☑
24		HMI单次连续	默认变量表	Bool	%M5.4		☑	☑	☑
25		单次连续选择按钮	默认变量表	Bool	%I0.4		☑	☑	☑
26		连续标志位	默认变量表	Bool	%M10.4		☑	☑	☑
27		模式一完成一个周期的标志位	默认变量表	Bool	%M17.0		☑	☑	☑
28		模式二完成一个周期的标志位	默认变量表	Bool	%M17.1		☑	☑	☑

图 4-62 变量表

图 4-62 变量表（续）

5. 程序设计

（1）编写 FB 程序 根据图 4-60 编写 FB 的梯形图程序，其步骤如下：

1）添加一个 FB，并定义块接口，如图 4-63 所示。

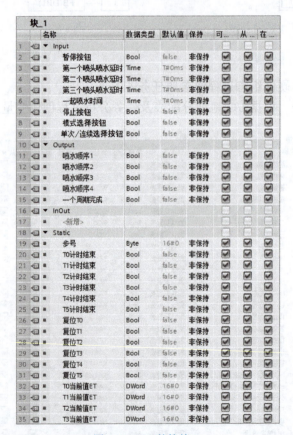

图 4-63 FB 的块接口

2）在 FB 中编写程序。

根据模式一顺序功能图编写梯形图程序，程序中各变量采用块接口中定义的变量。梯形图程序如图 4-64 所示。

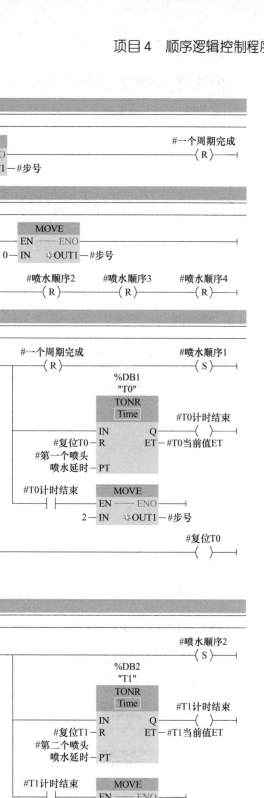

图 4-64 梯形图程序

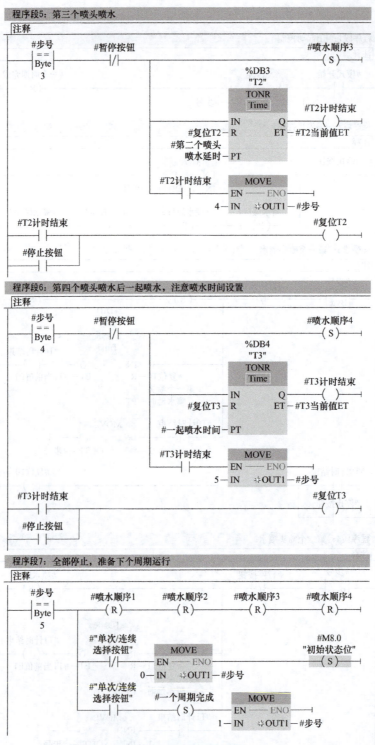

图 4-64 梯形图程序（续）

(2) 编写 OB1 程序

1) 控制方式。PLC 首次运行、按下停止按钮或单次完成一个周期后进入初始状态，初始状态时可以选择模式一或模式二运行、单次或连续运行，按下起动按钮后，喷水控制系统按照已经选择的模式运行。在此基础上设计停止功能和暂停功能，按下起动按钮应解除停止控制和暂停控制,按下停止按钮应该解除起动控制和暂停控制,控制方式的梯形图程序如图 4-65 所示。

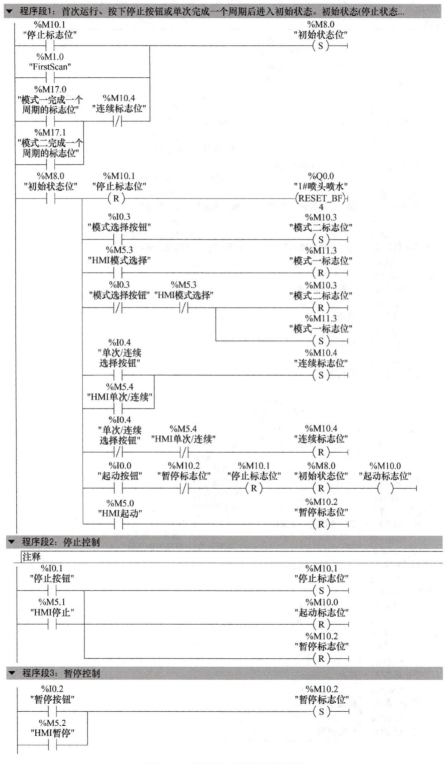

图 4-65 控制方式的梯形图程序

2）调用 FB。**注意**：在 OB1 中调用两次 FB，必须为其分配不同的 DB，调用后根据编程需要分配实参，如图 4-66 所示。

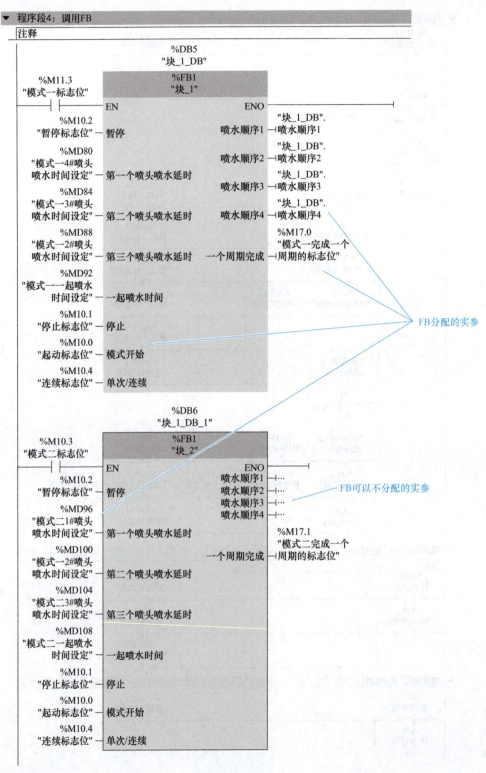

图 4-66　调用 FB

3）喷泉输出。根据模式一和模式二的喷水顺序编写输出程序，如图 4-67 所示。

4）倒计时。因为 S7-1200 PLC 中的定时器没有倒计时端子，只有当前计时值，所以其倒计时可以用定时时间减去当前计时值实现，以模式一第一个喷头喷水倒计时为例编程，如图 4-68 所示。

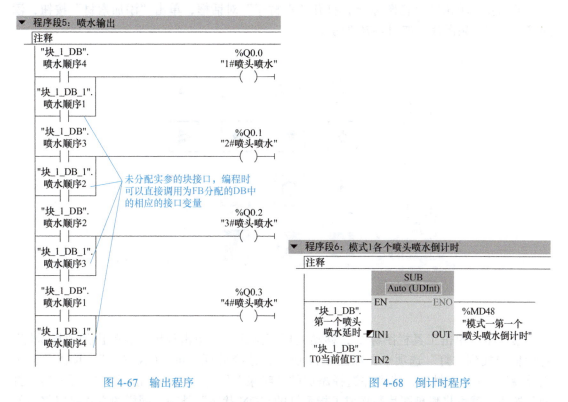

图 4-67　输出程序　　　　　　　　　图 4-68　倒计时程序

5）计数。在连续模式下，完成次数即为循环次数，利用 FB 的输出接口"一个周期的完成"实现计数功能，如图 4-69 所示。

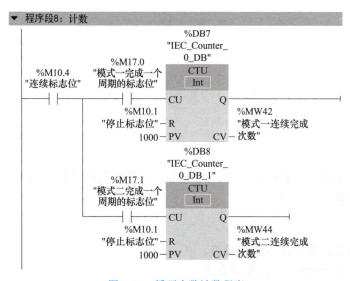

图 4-69　循环次数计数程序

（3）人机界面设计与编程　对比交通灯控制系统和花样喷泉控制系统的人机界面设计可以发现，按钮、指示灯、跳转画面、数据显示及数据输入等类似，只有喷泉动画效果不一样，在此只介绍"喷泉"的制作方法。

第一步：准备一张喷头喷水状态图片，可命名为"喷泉"。

第二步：单击工具栏图标 ，打开"素材库"对话框，单击"添加素材"按钮，添加准备好的喷泉图片，如图4-70所示。

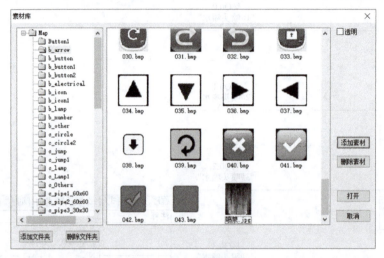

图4-70　添加喷泉图片

第三步：单击工具栏图标 ，移动光标至画面中，单击放置，在弹出的"指示灯"对话框中找到"灯"选项卡，如图4-71所示，选择外观中的"ON状态"，单击"自定义外观"，打开素材库，找到并选择添加的"喷泉"图片，然后单击图4-70所示的"打开"按钮，就可将喷泉图片制作成了指示灯的"ON状态"外观，同样的方式可以将灯的"OFF状态"设置成图4-70所示的"043"外观。

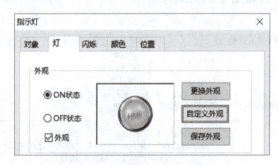

图4-71　指示灯的"灯"选项卡

如此就制作了喷泉样式的指示灯，此指示灯的其他属性设置方法与交通灯控制系统中的指示灯属性设置方法一致。

6. 系统调试

根据实际现象，对本任务进行检查。
1）测试起动、停止、暂停控制方式。
2）测试时间设置功能。

3）测试倒计时显示功能。
4）测试模式一单次运行的实现情况。
5）测试模式一连续运行的实现情况。
6）测试模式二单次运行的实现情况。
7）测试模式二连续运行的实现情况。
8）测试计数功能。

四、任务评价

	评分点	得分
硬件安装与接线（20分）	I/O接线图绘制（5分）	
	元件安装（5分）	
	硬件接线（10分）	
编程与调试（60分）	起动、停止、暂停、模式切换、单次/连续切换按钮功能正常（各2分，共10分）	
	正确显示各喷头喷水倒计时，精确到0.1s（各3分，共24分）	
	模式、单次、连续及各喷头喷水指示灯显示正常（各2分，共16分）	
	单击参数设置按钮，正确输入密码后可进入参数设置界面（2分）	
	不同模式时各喷头喷水时间可设置（各1分，共8分）	
安全素养（10分）	存在危险用电等情况（每次扣5分，上不封顶）	
	存在带电插拔工作站的电缆、电线等情况（每次扣3分）	
	穿着不符合生产要求（每次扣5分）	
6S素养（5分）	桌面物品和工具摆放整齐、整洁（2.5分）	
	地面清理干净（2.5分）	
发展素养（5分）	表达沟通能力（2.5分）	
	团队协作能力（2.5分）	

五、任务拓展

改变喷泉任务要求，如下所述：

1. 花样喷泉分为三种模式，且三种模式仅在停止后才能自由切换。

选择开关在"模式一"时：按下起动按钮后，4#喷头喷水2s（可设）后停止，接着3#喷头喷水2s（可设）后停止，2#喷头接着喷水，延时2s（可设）后停止，然后1#喷头喷水，延时2s（可设）后停止。最后，一起喷水8s（可设）后停下。若在连续状态时，将继续循环下去。

选择开关在"模式二"时：按下起动按钮后，1#喷头喷水2s（可设）后停止，接着2#喷头喷水2s（可设）后停止，3#喷头接着喷水，延时2s（可设）后停止，然后4#喷头喷水，延时2s（可设）后停止。最后，一起喷水10s（可设）后停下。若在连续状态时，将继续循环下去。

选择开关在"模式三"时：先运行模式一的喷水方式，但不进行一起喷水，再运行模式二的喷水方式，同样不进行一起喷水，最后一起喷水 8s（可设）后停下。若在连续状态时，将继续循环下去。

2. 控制方式如下：

1）系统只能在停止时切换单次 / 连续运行和模式一 / 模式二 / 模式三运行，且三者同一时间只有一种状态。

2）按下暂停按钮，系统暂停，记忆当前状态，再次按下起动按钮可继续运行。

3）不论在什么工作方式下，按下停止按钮，喷泉系统将立即停止运行。

项目 5 立体仓库控制

■ 项目导入

物流、仓库等很多地方都使用立体仓库进行货物的码放。立体仓库可以充分地利用空间，主要用在大型仓库中。大型仓库中有很多货物，货物如果没有秩序地安放，那么除影响整个仓库的视觉效果外，工作人员在管理的时候也非常麻烦。立体库可以放置更多的货物，节省了很多空间，让整个仓库看起来整洁、清爽。现在我们将使用 PLC 进行立体仓库的程序设计。

■ 项目目标

知识目标	了解气缸在实际操作中的工作原理 了解立体仓库的整体结构 学习步进电动机的组态方法 学习轴运动指令的应用方式
能力目标	能根据要求完成整体项目的设计 能根据要求完成设备的整体组态 通过触摸屏进行 PLC 的控制 掌握步进电动机在立体仓库中的应用 掌握多级立体仓库的信号处理
素质目标	培养学生的职业素养和职业道德 培养学生按 6S（整理、整顿、清扫、清洁、素养、安全）标准工作的习惯

■ 实施条件

	名称	型号或版本	数量或备注
硬件准备	计算机	可上网、符合博途软件最低安装要求	1 台
	PLC	CPU 1214C DC/DC/RLY 或 CPU 1214C AC/DC/RLY	1 台
	触摸屏	支持 TCP 通信的彩色屏	1 台
	立体仓库模块	YL-36A	1 个
软件准备	博途软件	15.1 或以上	—

任务 5.1 单工位步进轴取放料控制

一、任务要求及分析

1. 任务要求

立体货架为 3 行 2 列,有一物品存放在 2 列 2 行位置,现要对 2 列 2 行工件进行取料控制。要求设备起动后按下运行按钮,机械手能自动行驶至 2 列 2 行完成相关操作。具体操作如下:

设备要有状态监视功能,在非运行状态时可以完成相关控制系统的手动操作。一旦设备进入运行状态则无法进行手动操作。完成复位后程序才可以正常运行,按下起动按钮,系统将进行取料操作,机械手会到达 2 列 2 行位置,选中相关操作时可以自动完成。程序起动时绿灯常亮,复位完成后复位指示灯常亮。按下停止按钮则会立即停止系统,并在再次复位后继续下一次程序运行。

单工位步进轴取放料控制系统触摸屏界面如图 5-1 所示,仅供参考,可根据实际情况自由调整。

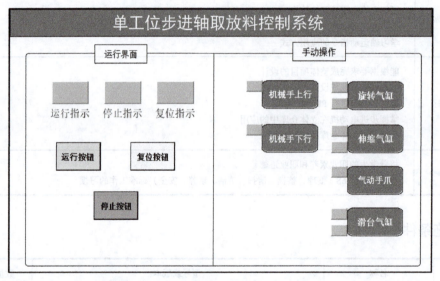

图 5-1 单工位步进轴取放料控制系统触摸屏界面

2. 任务分析

立体仓库模块由物料仓和机械手构成,其中机械手由一台步进电动机控制进行垂直方向移动,滑台气缸控制物料仓水平方向移动。机械手通过旋转气缸可以进行物料仓工位和分拣模块入料口工位的切换。根据硬件情况设立 PLC I/O 地址分配表,见表 5-1,其中 Q0.2、Q0.3 为控制步进电动机输出口,Q4.1~Q4.3 为工件操作台上指示灯。

表 5-1 立体仓库模块 PLC 的 I/O 地址分配

输入信号			输出信号		
序号	PLC 输入点	信号名称	序号	PLC 输出点	信号名称
1	I1.1	机械手原点	1	Q0.2	仓库轴_脉冲
2	I1.2	机械手上限位	2	Q0.3	仓库轴_方向
3	I1.3	机械手下限位	3	Q2.0	旋转气缸电磁阀
4	I1.4	滑台气缸左限位	4	Q2.1	伸缩气缸电磁阀
5	I1.5	滑台气缸右限位	5	Q2.2	气动手爪电磁阀
6	I2.0	旋转气缸左旋到位	6	Q2.3	滑台气缸电磁阀
7	I2.1	旋转气缸右旋到位	7	Q4.1	黄色指示灯
8	I2.2	伸缩气缸活塞杆伸出到位	8	Q4.2	绿色指示灯
9	I2.3	伸缩气缸活塞杆缩回到位	9	Q4.3	红色指示灯
10	I2.4	气动手爪夹紧检测			

1)此系统有复位的相关要求,当设备上电和气源接通时,机械手应处在初始状态,即步进轴在原点位置,伸缩气缸处于缩回状态,旋转气缸处于左旋位置,气动手爪处于松开状态。满足初始状态则认为设备准备好,否则复位指示灯将熄灭,程序无法运行。

2)若设备准备好,按下运行按钮,工作单元起动,代表设备运行的绿色指示灯常亮。起动后,机械手移动到指定工位进行夹料工作,机械手转到货仓位完成夹料,然后转到放料位,并移动到分拣模块入料口放下工件,机械手返回到初始位置等待下一步动作。

3)若在运行中按下停止按钮,则在完成当前任务后,工作单元停止工作,绿色指示灯熄灭。

4)触摸屏在设计时需要考虑到寄存器设置及相关使能,保证程序可以正常运行,单工位步进轴取放料控制系统寄存器设置界面如图 5-2 所示。

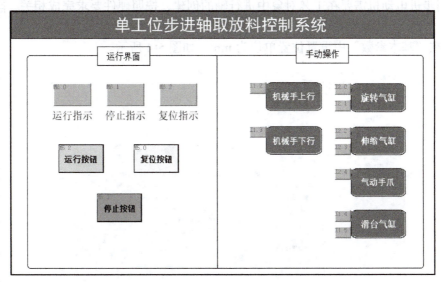

图 5-2 单工位步进轴取放料控制系统寄存器设置界面

二、任务准备

1. 立体仓库模块主体结构

立体仓库模块的主要结构为物料仓、机械手（由滑台气缸、伸缩气缸、气动手爪、旋转气缸、步进电动机和直线模组驱动）、光电传感器、气动阀组、端子排、走线槽、底板等，如图5-3所示。

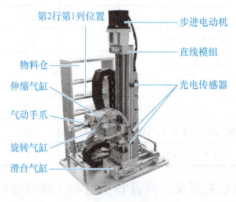

图5-3 立体仓库模块结构图

其中，物料仓是3行2列的固定结构，用于储存工件。而机械手可由步进电机驱动实现上下移动；由滑台气缸驱动实现前后移动；由伸缩气缸驱动实现伸缩；由旋转气缸实现旋转；由气动手爪实现夹紧和放松。

该部分的工作原理是：工件垂直叠放在三层料仓中，机械手通过步进电动机上下移动，在移动到设定的位置时伸缩气缸活塞杆伸出，然后气动手爪夹紧，上移将物料抬升，以便于物料离开物料仓。物料抬升到一定高度后，机械手缩回并旋转，然后步进电动机工作使机械手到达合适高度，将物料放置到下一个模块上。

2. PLC中设置步进电动机

使用步进电动机需要在工艺对象中进行轴的创建，按照硬件要求完成相关的设置。

1）在"基本参数"中设置位置单位为mm，如图5-4所示。

轴的组态
与调试

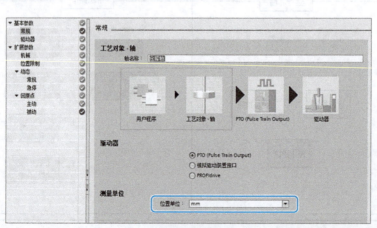

图5-4 "基本参数"的"常规"选项设置

2)在"基本参数"的"驱动器"选项中设置信号类型为"PTO(脉冲A和方向B)",脉冲输出为Q0.2,方向输出为Q0.3,硬件接线保持一致,如图5-5所示。

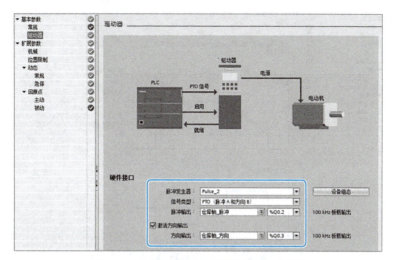

图5-5 "基本参数"的"驱动器"选项设置

3)在"扩展参数"的"机械"选项中,设置电动机每转的脉冲数为5000,电动机每转的负载位移为3mm,与驱动器及丝杆导程设置一致,如图5-6所示。

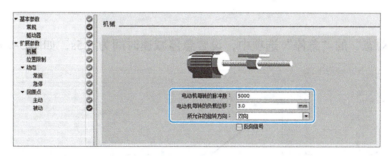

图5-6 "扩展参数"的"机械"选项设置

4)在"扩展参数"的"位置限制"选项中,勾选"启用硬限位开关"和"启用软限位开关",设定硬件下限位。硬件下限位开关输入选择"机械手下限位I1.3",硬件上限位开关输入选择"机械手上限位I1.2",选择电平均为"高电平",软限位开关下限位置设置为–35mm,软限位开关上限位置设置为135mm,地址与硬件接线保持一致,如图5-7所示。

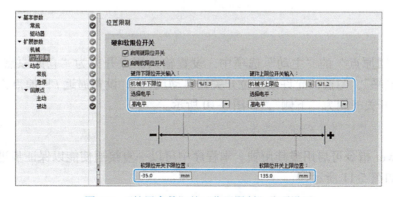

图5-7 "扩展参数"的"位置限制"选项设置

5) 在"扩展参数"中的"动态"选项中，设置最大转速为 40mm/s，加减速时间均为 0.5s，如图 5-8 所示。

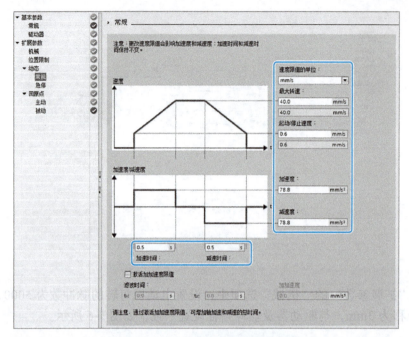

图 5-8 "动态"的"常规"选项设置

6) 在"动态"的"急停"选项中，设置急停减速时间为 0.5s，如图 5-9 所示。

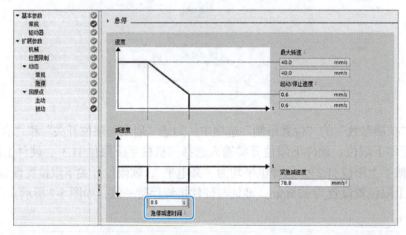

图 5-9 "动态"的"急停"选项设置

7) 在"回原点"的"主动"选项中，设置输入原点开关为"仓库原点 I1.1"，选择电平为"高电平"，勾选"允许硬限位开关处自动反转"，设置逼近/回原点方向为"负方向"，参考点开关一侧为"下侧"，如图 5-10 所示。

3. 立体仓库模块步进轴使能指令的使用方法

MC_Power 指令可启用或禁用轴。本程序中可以一直接通使能以保证步进电动机可以正常运行，如图 5-11 所示。

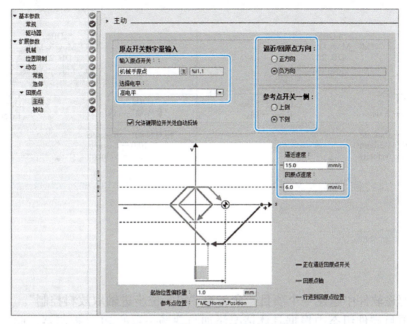

图 5-10 "回原点"的"主动"选项设置

4. 立体仓库模块步进轴回原点指令的使用方法

使用 MC_Home 指令可将轴坐标与实际物理驱动器位置匹配。轴的绝对定位需要回原点。初始态复位以及运行完毕返回原点时需要使用 MC_Home 指令，需要复位时置位 M20.0 即可，复位完成后使用 M10.0 将其余状态复位，如图 5-12 所示。轴运行时需要考虑到机械手的状态，避免撞机。

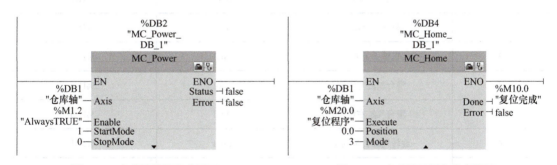

图 5-11 步进轴使能指令设置   图 5-12 步进轴回原点指令设置

5. 立体仓库模块步进轴移动指令的使用方法

本次程序需要使用两种运行指令进行操作，MC_MoveAbsolute 指令起动轴定位运动，以将轴移动到某个绝对位置，如图 5-13 所示。用该指令来进行取料位置和放料位置的切换。

提料或放料操作时，通过 MC_MoveRelative 指令，起动相对于起始位置的定位运动，保证动作正常运行，如图 5-14 所示。

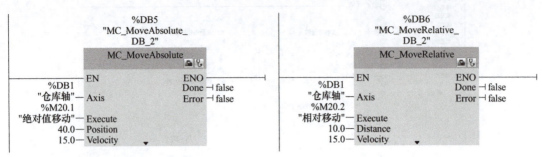

图 5-13 绝对定位指令设置　　　　　　图 5-14 相对定位指令设置

三、任务实施

1. 硬件设置

立体仓库的手动控制模式

1) 在博途软件中新建一个项目,命名为"单工位步进轴取放料控制"。

2) 在项目硬件组态中根据具体情况添加与现场一致的 PLC 控制器,此处以 CPU 1215C DC/DC/DC 为例,订货号也应与现场保持一致。

3) 编辑变量表:新建两个变量表,将需要用到的变量进行定义,变量名应尽量简洁易懂,增加程序的易读性,见表 5-2。

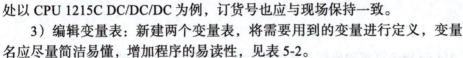

序号	变量名	数据类型	地址
1	机械手原点	Bool	%I1.1
2	机械手上限位	Bool	%I1.2
3	机械手下限位	Bool	%I1.3
4	滑台气缸左限位	Bool	%I1.4
5	滑台气缸右限位	Bool	%I1.5
6	旋转气缸右旋到位	Bool	%I2.1
7	伸缩气缸活塞杆伸出到位	Bool	%I2.2
8	伸缩气缸活塞杆缩回到位	Bool	%I2.3
9	气动手爪夹紧检测	Bool	%I2.4
10	仓库轴_脉冲	Bool	%Q0.2
11	仓库轴_方向	Bool	%Q0.3
12	旋转气缸电磁阀	Bool	%Q2.0
13	伸缩气缸电磁阀	Bool	%Q2.1

（续）

序号	变量名	数据类型	地址
14	气动手爪电磁阀	Bool	%Q2.2
15	滑台气缸电磁阀	Bool	%Q2.3
16	HMI 复位按钮	Bool	%M5.0
17	复位指示	Bool	%M6.2
18	运行指示	Bool	%M6.0
19	手动上行	Bool	%M10.1
20	手动下行	Bool	%M10.2
21	停止状态	Bool	%M6.3
22	HMI 运行按钮	Bool	%M5.2
23	HMI 停止按钮	Bool	%M5.3
24	自动步骤	Int	%MW7
25	停止指示	Bool	%M6.1

2. 创建主程序和子程序

所有程序在编写创建时均采用单个实例，程序创建单如图 5-15 所示。

图 5-15　程序创建单

3. 程序分析

（1）主程序（OB1）　OB1 程序主要控制系统起动的过程。程序段 1 调用复位和手动程序，由于手动程序需要在程序未运行的前提下才能进行调用，所以使用了 M6.0 进行程序调用的限制。

程序段2、3用来启动程序，并初始化程序状态。调用FC2进行自动程序的准备工作。MW7存储的是自动的步号，将其在启动时进行还原，避免程序突然停止造成的步序错乱。M6.0是进行运行状态的指示，还可以在程序中进行部分运行条件的限制。

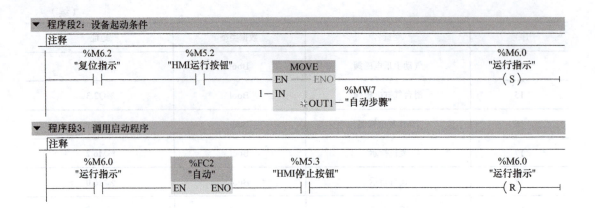

程序段 4、5 包含了停止时的状态指示，并对自动程序正常完成后需要进行停止后的相关程序处理。当程序完成了一次之后再次回到自动步骤为 1 时，可以通过 M6.3 完成停止的整体动作。

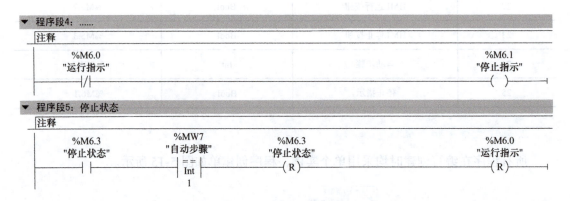

（2）手动程序（FC1） FC1 只有一段程序，包括了仓库手动的上、下控制。由于其余电磁阀在触摸屏上由 Q 点直接控制，并使用 M6.1（停止指示）进行了使能控制，所以各个电磁阀的手动程序均无需进行 PLC 程序的编写和控制。

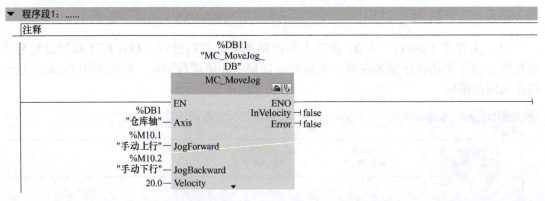

（3）自动程序（FC2） 程序段 1、2：信号到来即开始运行。运行后仓库上移至 45mm 的位置（第二行）并同步进行滑台右移的操作，当滑台到达右限位并且已经完成上移后程序进入下一步。

项目5 立体仓库控制

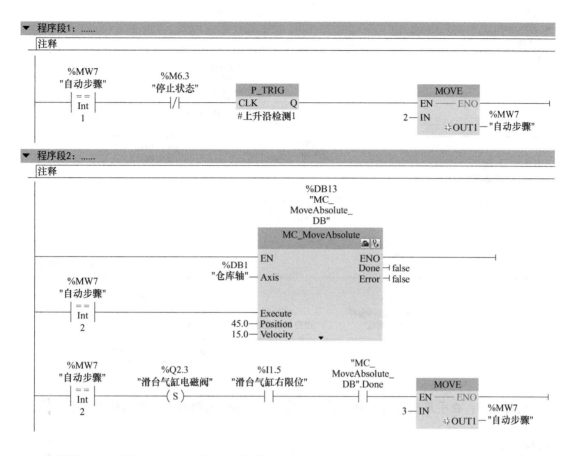

程序段3：手爪伸出并夹紧，完成抓料动作后进入下一步。

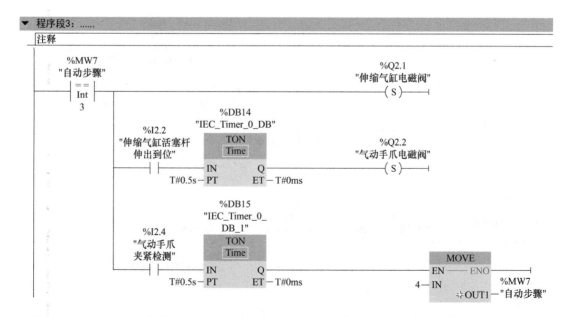

程序段4：当手爪夹紧后，仓库轴上移10mm确保将物料抬起。抬起后手爪缩回，起动滑台左移，确保可以将物料放入下一个放料位置。

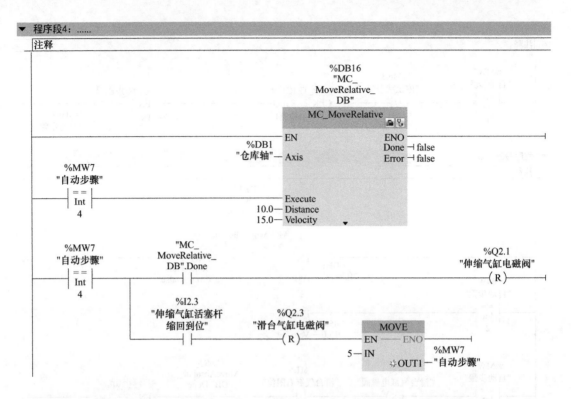

程序段5：在手爪旋转至放料位后，下降到 −15mm 的放料位，到达后进入下一步。

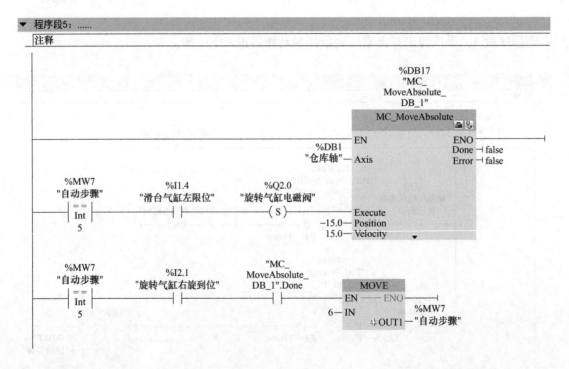

程序段6：程序右旋到位后，伸出手爪并下降10mm，确保物料进入放料位，然后进入下一步。

项目5 立体仓库控制

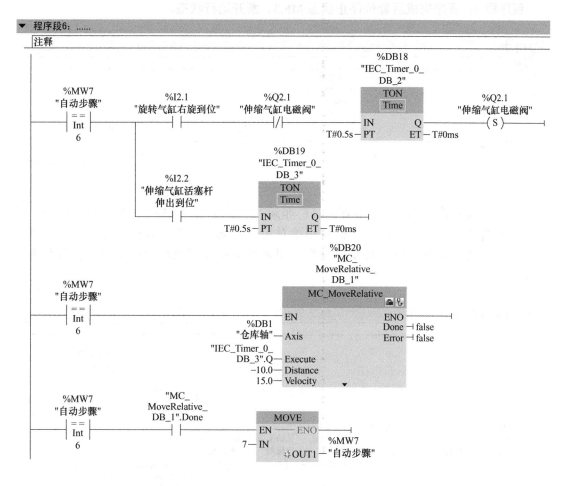

程序段7：将所有气缸复位，将机械手移动到原点位置，确保下一次可以正常工作。

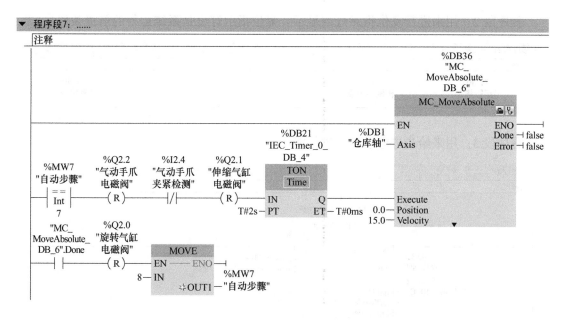

145

程序段 8：程序完成后置位停止状态 M6.3，断开运行状态。

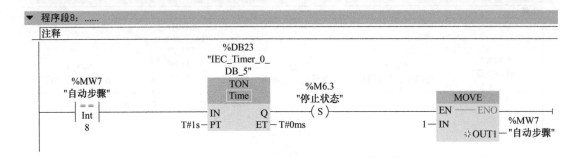

（4）复位程序（FC3） 程序段 1：非运行状态时按下触摸屏上的复位按钮，整体硬件全部复位。由于步进电动机使用绝对定位的编程方式需要确定原点，所以在第一次运行前至少需要进行一次复位操作，用来确保程序在执行后续绝对定位操作时不出错。

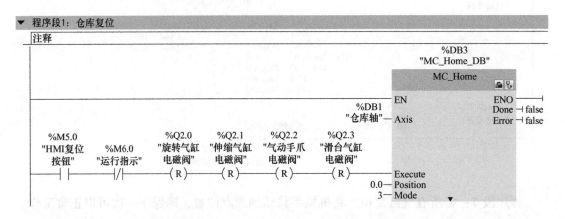

程序段 2：用来进行复位指示灯的显示。复位指示灯也是系统运行的前提条件。

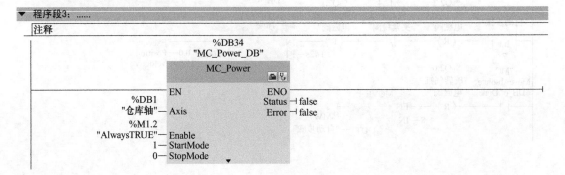

程序段 3：用来给步进电动机提供使能。

四、任务评价

评分点		得分
硬件安装与接线（30 分）	I/O 接线图绘制（10 分）	
	元件安装（10 分）	
	硬件接线（10 分）	
编程与调试（50 分）	HMI 中 4 个气动元件控制功能正常（各 2 分，共 8 分）	
	HMI 中 7 个气动位置传感器显示正常（各 2 分，共 14 分）	
	HMI 中机械手上、下行按钮功能正常（各 2 分，共 4 分）	
	HMI 中复位、起动和停止按钮功能正常（各 2 分，共 6 分）	
	HMI 中复位、起动和停止指示功能正常（各 2 分，共 6 分）	
	能自动完成单工件的取料（6 分）	
	能自动完成单工件的放料（6 分）	
安全素养（10 分）	存在危险用电等情况（每次扣 5 分，上不封顶）	
	存在带电插拔工作站的电缆、电线等情况（每次扣 3 分）	
	穿着不符合生产要求（每次扣 5 分）	
6S 素养（5 分）	桌面物品和工具摆放整齐、整洁（2.5 分）	
	地面清理干净（2.5 分）	
发展素养（5 分）	表达沟通能力（2.5 分）	
	团队协作能力（2.5 分）	

五、任务拓展

如果出现紧急情况，此程序执行过程中并不能进行紧急停止。请考虑如何加入急停按钮，并考虑如何在急停复位后可以正常进行之前的操作。

任务 5.2 多工位步进轴取放料控制

一、任务要求及分析

1. 任务要求

立体货架为 3 行 2 列，现要求设计一款可以自由选取工件，并进行取料、放料的控制系统。要求设备起动后按下运行按钮，机械手能自动行驶至相应的工件位置，完成取、放料操作。具体操作如下：

（1）立体仓库模块单站控制要求

1）在触摸屏上按下复位按钮，各气缸以及电动机轴回到原点位置。

2）在触摸屏上，可对立体仓库模块各个气缸进行点动操作，例如单击"伸出气缸"，气缸活塞杆伸出，再次单击，气缸活塞杆缩回。

3）在触摸屏上，可对立体仓库模块电动机轴进行点动操作，单击"仓库上行"，则电动机轴向上运行，松开即停；单击"仓库下行"，则电动机轴向下运行，松开即停。

4）在触摸屏上，立体仓库模块电动机轴停止后可对其手动模式运行速度进行设置且生效。

5）立体仓库模块单站控制触摸屏界面如图5-16所示。

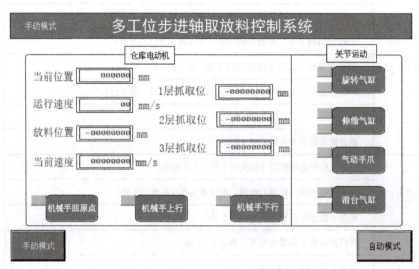

图5-16　立体仓库模块单站控制触摸屏界面图

（2）自动模式控制要求

1）自动模式停止状态下，按下复位按钮，各状态开始复位，即电动机轴、气缸均复位至原点位置，等待起动命令。

2）自动模式下的任何情况下，按下停止按钮，各运行状态立即停止，所有模块保持当前动作，等待复位命令。

3）自动模式下，按下运行按钮，各模块开启运行，立体仓库模块的机械手前往物料仓第一层（由下至上数）开始取第一个物料（立库电动机轴一侧，由左向右数）。

4）自动模式下，机械手取到第一个物料后，前往分拣模块入料口，将物料放置到分拣模块入料口，放置完成后，机械手回到原点位置待机，等待下一步命令。

5）自动模式下，当分拣模块入料口处物料被拿走后，至此流程结束。

6）自动模式可以重复运行，即完成一次流程后，系统仍可以再次起动运行。

（3）自动模式触摸屏界面设计要求

1）触摸屏界面设计布局合理，各个按钮指示灯分区放置，且有充分的文字标识说明指示按钮或指示灯等元件的作用。

2）触摸屏界面设计应包含符合任务要求的手动模式和自动模式所需要的按钮指示灯，按钮和指示灯之间无干涉。

3）触摸屏界面应分为手动和自动两个界面，立体仓库模块自动模式触摸屏界面如图5-17所示。

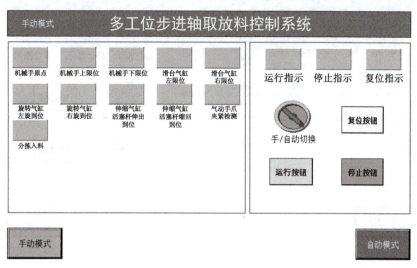

图 5-17 立体仓库模块自动模式触摸屏界面

2. 任务分析

与单工位步进轴取放料控制系统相比，本任务新增了一些控制，如手动/自动的操作、系统速度的实时监控、仓位的设置等。新增的控制要求可以在单工位步进轴取放料控制系统程序的基础上进行修改。

1）由于此立体仓库模块不是采用两个步进电动机组成的交叉坐标式控制，所以行列的计算需要进行单独的控制。

2）按下停止按钮，系统全部停止，需要考虑到再次运行时的参数复位问题。

3）取工件操作时，如果发现货架上的工件已经取完，需要进行相应的收尾操作，保证程序可以正常流转下去。

4）需要提前考虑好触摸屏上的寄存器设置，如图 5-18 和图 5-19 所示。

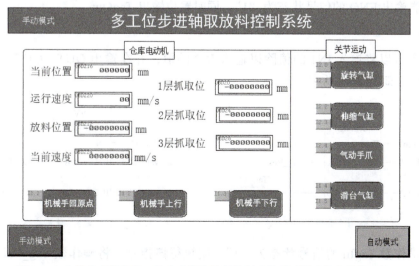

图 5-18 立体仓库模块多工位步进轴取放料控制系统手动模式寄存器设置界面

可编程控制器技术

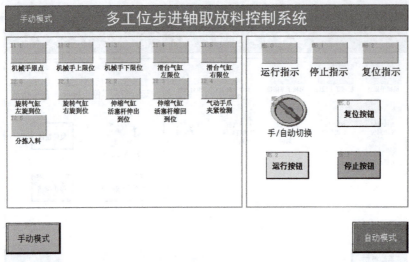

图 5-19　立体仓库模块多工位步进轴取放料控制系统自动模式寄存器设置界面

二、任务准备

本次编程在计算行列部分牵涉到使用运算指令，我们来学习一下本次使用的运算指令的用法。

1. 乘指令（MUL）

乘指令可以将输入 IN1 的值乘以输入 IN2 的值，并在输出 OUT（OUT：=IN1*IN2）处查询乘积，如图 5-20 所示。

在初始状态下，指令框至少包含两个输入（IN1 和 IN2），可以扩展输入数目，在功能框中按升序对插入的输入进行编号。指令执行时，将所有可用输入参数的值相乘，乘积存储在输出 OUT 中。

如果操作数 TagIn 的信号状态为"1"，则执行该指令。将操作数 Tag_Value1 的值与操作数 Tag_Value2 的值相乘，相乘结果存储在操作数 Tag_Result 中。如果该指令执行成功，则使能输出 ENO 的信号状态为"1"，同时置位输出 TagOut。

2. 除指令（DIV）

除指令可以将输入 IN1 的值除以输入 IN2 的值，并在输出 OUT（OUT：=IN1/IN2）处查询商值，如图 5-21 所示。

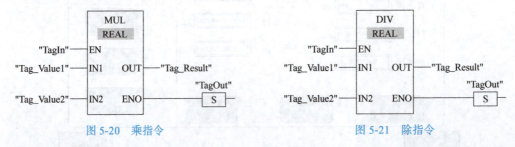

图 5-20　乘指令　　　　　　　　　　图 5-21　除指令

如果操作数 TagIn 的信号状态为"1"，则执行该指令。将操作数 Tag_Value1 的值除以操作数 Tag_Value2 的值，除运算的结果存储在操作数 Tag_Result 中。如果该指令执行成功，则使能输出 ENO 的信号状态为"1"，同时置位输出 TagOut。

3. 返回除法的余数指令（MOD）

返回除法的余数指令可以将累加器 2 的值除以累加器 1 的值，并保存除法运算的余数。

该指令将累加器 1 和累加器 2 的值解释为 32 位整数，将除法运算的余数保存在累加器 1 中。

指令执行之后，状态位 CC0 和 CC1 将指示除法运算的余数为负数、零或正数。如果该值超出了所允许的数值范围，则将状态位 OV 和 OS 置位为"1"。

如果被零除，则该指令会返回零作为结果。在这种情况下，状态位 CC0、CC1、OV 和 OS 都将置位为信号状态"1"。

执行该指令之后，累加器 2 的内容保持不变。

三、任务实施

1. 硬件设置

1）在博途软件中新建一个项目，命名为"多工位步进轴取放料控制"。

2）在项目硬件组态中根据具体情况添加与现场一致的 PLC 控制器，此处以 CPU 1215C DC/DC/DC 为例，订货号也应与现场保持一致。

3）编辑变量表：在单工位步进轴取放料控制系统的基础上增加相关变量，完成变量定义，变量名应尽量简洁易懂，增加程序的易读性，见表 5-3。

立体仓库的自动控制模式

表 5-3 变量表

序号	变量名称	数据类型	地址
1	机械手原点	Bool	%I1.1
2	机械手上限位	Bool	%I1.2
3	机械手下限位	Bool	%I1.3
4	滑台气缸左限位	Bool	%I1.4
5	滑台气缸右限位	Bool	%I1.5
6	旋转气缸右旋到位	Bool	%I2.1
7	伸缩气缸活塞杆伸出到位	Bool	%I2.2
8	伸缩气缸活塞杆缩回到位	Bool	%I2.3
9	气动手爪夹紧检测	Bool	%I2.4
10	分拣模块入料口检测	Bool	%I2.5
11	仓库轴_脉冲	Bool	%Q0.2
12	仓库轴_方向	Bool	%Q0.3
13	旋转气缸电磁阀	Bool	%Q2.0
14	伸缩气缸电磁阀	Bool	%Q2.1
15	气动手爪电磁阀	Bool	%Q2.2
16	滑台气缸电磁阀	Bool	%Q2.3
17	手动/自动切换	Bool	%M5.1

(续)

序号	变量名称	数据类型	地址
18	仓库还原	Bool	%M10.0
19	全线还原按钮	Bool	%M5.0
20	复位指示	Bool	%M6.2
21	运行指示	Bool	%M6.0
22	手动上行	Bool	%M10.1
23	手动下行	Bool	%M10.2
24	停止状态	Bool	%M6.3
25	全线运行按钮	Bool	%M5.2
26	全线停止按钮	Bool	%M5.3
27	自动步骤	Int	%MW7
28	停止指示	Bool	%M6.1

2. 增加子程序

所有程序在编写创建时均采用单个实例，具体参考如图 5-22 所示。

图 5-22　参考 PLC 程序结构

3. 程序分析

所用程序全部在单工位步进轴取放料控制程序基础上增加或更改。

（1）主程序（OB1）修改　主程序进行了修改，程序段 1 增加了调用数据综合处理程序（FC4），为了区分，将手动程序调用调整到了程序段 2 中。

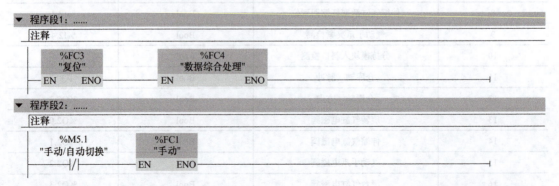

程序段 3、4：相对于单工位程序变化不大，只是增加了手动/自动切换的状态指示。

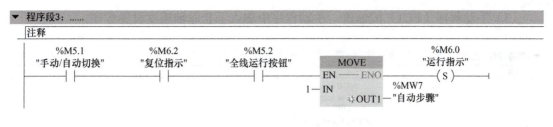

程序段 5：由于多工位的仓库执行需要考虑到满仓后的操作，此程序段中，在仓库取料计数满后加入一个停止状态，保障程序在完成此次物料搬运后可以停止运行。

程序段 6：增加了复位仓库计数的操作，保障程序的重复执行。

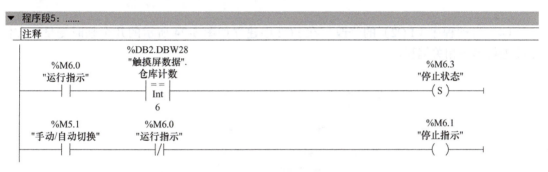

（2）触摸屏数据程序（DB2）　由于需要和触摸屏进行相关的通信，单独建立一个数据块来存储相关的数值（见图 5-23），并提前进行起始值的设置，保障系统可以正常运行。

图 5-23　触摸屏数据块变量表

(3)手动程序（FC1）的修改　手动程序中加入了仓库轴速度设置程序。

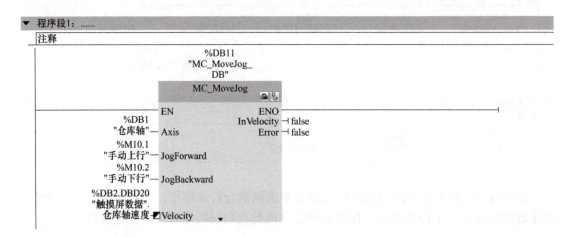

(4)自动程序（FC2）的修改　在FC2中建立如图5-24所示的几个临时变量，方便后续进行程序相关编程。

图5-24　FC2中临时变量表

程序段1：在单工位程序的基础上增加了仓库计数操作，并限制了大于仓储容量操作的进行。

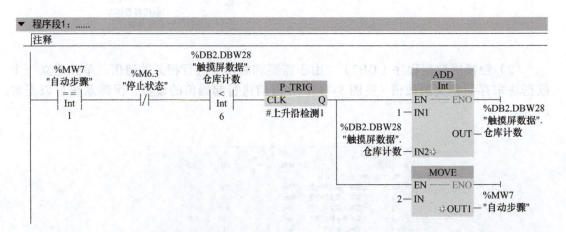

程序段2：由于仓库需要进行多个工位的判断，所以需要将不同的仓位号变为行列号并输入相关的变量位置。首先进行的是行号的判断，通过对不同的仓位位置进行判断，将相应的夹料位置放到相关的变量中。

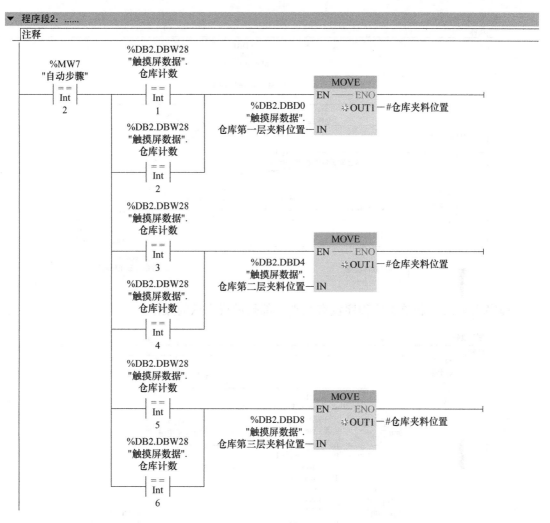

行数计算完毕后需要对列进行计算，由于列的变更是用电磁阀进行控制的，所以用一个 Bool 型变量来记录电磁阀是否需要通断。

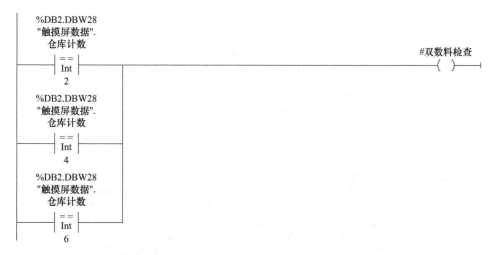

程序段 3：和单工位程序相比，增加了夹料行位置变量的输入和双数料需要切换滑台位置的操作。

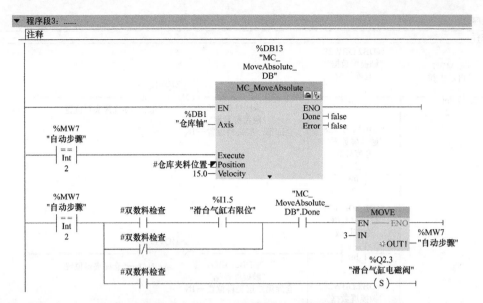

程序段4、5：和单工位程序没有区别，都是进行手爪的操作。

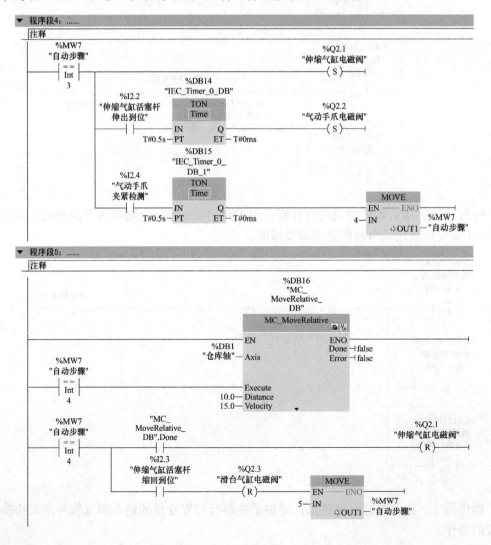

程序段6：在单工位程序的基础上修改了分拣放料的位置，这样当系统硬件有变化时，直接修改触摸屏上的参数即可。

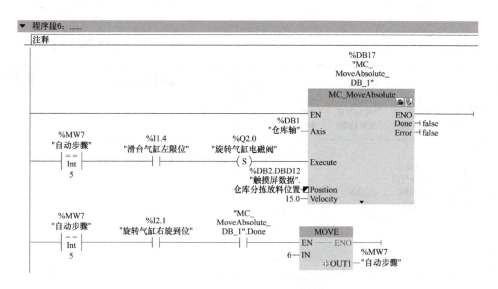

程序段7：和单工位程序没有区别，都是进行手爪的放料操作。

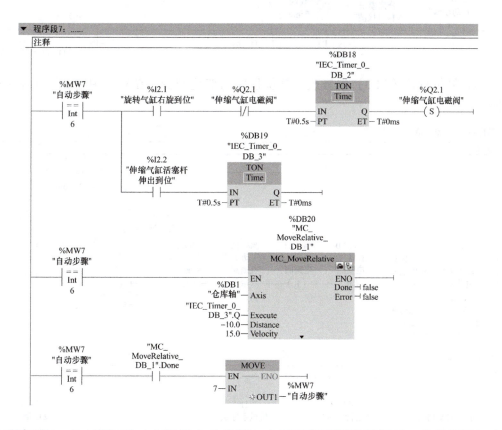

程序段8、9：增加了一个新的自动步骤，由于程序需要进行循环，在程序段9中加入了新的步骤8，确保物料被拿走后可进入下一个程序。

▼ 程序段8: ......

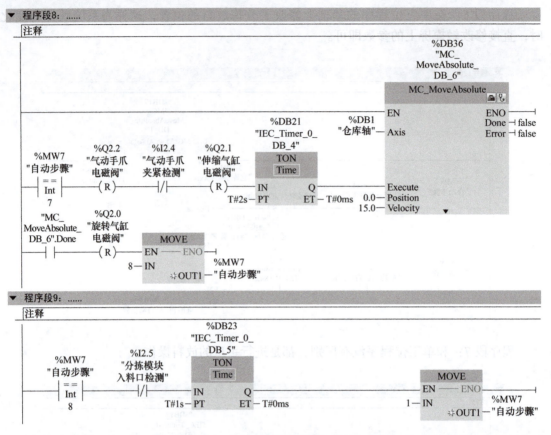

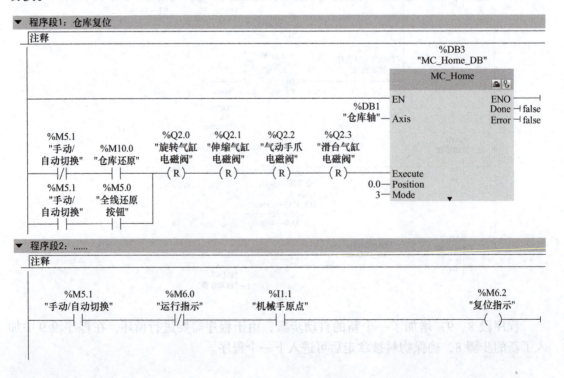

（5）复位程序（FC3）的修改　复位程序的变化较少，在复位中增加了手动/自动切换。

（6）数据综合处理程序（FC4） 由于增加了部分数据的显示要求，加入了单独的 FC4 对仓库轴的速度和距离进行显示，并且将仓库轴使能移入 FC4 中，方便后续对其余数据进行添加。

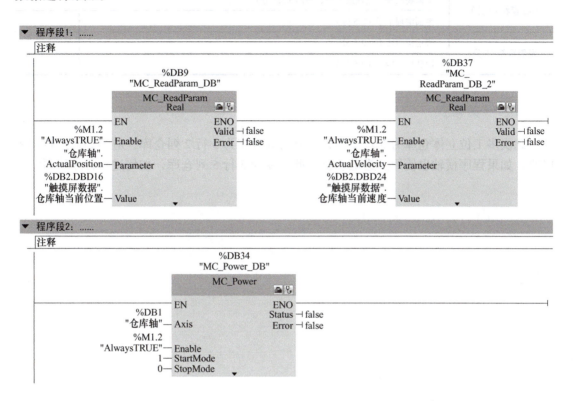

四、任务评价

	评分点	得分
硬件安装与接线（20 分）	I/O 接线图绘制（5 分）	
	元件安装（5 分）	
	硬件接线（10 分）	
编程与调试（60 分）	HMI 中 4 个气动元件控制功能正常（各 2 分，共 8 分）	
	HMI 中 7 个气动位置传感器显示正常（各 1 分，共 7 分）	
	HMI 中机械手上、下行按钮功能正常（各 2 分，共 4 分）	
	HMI 中复位、运行、停止按钮和手动/自动切换功能正常（各 2 分，共 8 分）	
	HMI 中复位、运行和停止指示功能正常（各 2 分，共 6 分）	
	能自动完成第 1 个工件的取料（4 分）	
	能自动完成第 1 个工件的放料（3 分）	
	能自动完成第 2～5 工件的取放料（各 4 分，共 20 分）	
安全素养（10 分）	存在危险用电等情况（每次扣 5 分，上不封顶）	
	存在带电插拔工作站的电缆、电线等情况（每次扣 3 分）	
	穿着不符合生产要求（每次扣 5 分）	

（续）

	评分点	得分
6S 素养（5分）	桌面物品和工具摆放整齐、整洁（2.5分）	
	地面清理干净（2.5分）	
发展素养（5分）	表达沟通能力（2.5分）	
	团队协作能力（2.5分）	

五、任务拓展

此次多工位立体仓库为 3 行 2 列，请分析如果变为 5 行 2 列仓库，应当如何进行程序修改。如果程序横轴也使用步进电动机，此时变为 5 行 5 列仓库，如何进行程序编写？

项目 6 视觉分拣控制

项目导入

视觉分拣控制系统是工业控制中常见的自动化装置,通常由开关、传感器、视觉传感装置、变频器、PLC 等组成。本项目使用亚龙 YL-36A 实训设备的视觉分拣模块完成以下功能:在运行状态下,传感器检测到分拣模块入料口放入物料后,系统控制传送带带动物料正向运行。进入视觉拍照位置后自动触发相机拍照,并进行颜色识别。拍照图片和颜色识别结果可在视觉工控机中显示出来。若是红色物料则认为是次品,使用推料气缸将其推入废料槽,传送带停止运转;若是其他颜色则认为是合格品,则传送到传送带出口位置,传送带停止运转。

如图 6-1 所示,视觉分拣模块主要由光纤传感器、推料气缸、视觉光源、视觉相机、旋转编码器、光电传感器、变频器、三相异步电动机、传送带、电磁阀、接线端子排等部分组成。

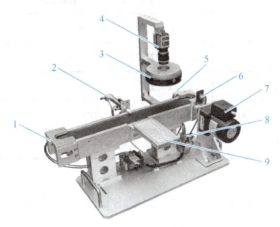

图 6-1 分拣模块实物图

1—光纤传感器 2—推料气缸 3—视觉光源 4—视觉相机 5—旋转编码器
6—光电传感器 7—三相异步电动机 8—电磁阀 9—分拣槽

根据本项目特点,将项目细分为 5 个任务。通过本项目将重点掌握以下内容:①如何使用外部端子、模拟量及通信方式控制变频器;②如何使用视觉相机进行物料颜色的识别,并通过 Modbus TCP 协议将识别结果反馈给 PLC;③如何使用 S7-1200 PLC 的高速计数器测量传送带移动的距离;④如何编写和调试视觉分拣模块程序。

项目目标

知识目标	了解视觉分拣控制系统硬件构成 熟悉变频器的工作原理 熟悉工业视觉的工作原理 掌握视觉颜色识别方法 掌握视觉分拣控制系统 PLC 程序设计方法
能力目标	能按要求选择变频器的控制方法，并设置相应参数 能按要求选择传感器，并正确设置其灵敏度 能进行 PLC I/O 地址分配、电气接线 能正确使用高速计数器进行计数和编程 能进行工业视觉的颜色和形状识别程序设计 能编写和调试视觉分拣控制系统 PLC 程序
素质目标	培养学生的团队协作能力 培养学生按 6S（整理、整顿、清扫、清洁、素养、安全）标准工作的习惯 培养学生精益求精的工匠精神

实施条件

	名称	型号或版本	数量或备注
硬件准备	计算机	可上网、符合博途软件最低安装要求	1 台
	PLC	CPU 1215C DC/DC/DC 或相当型号	1 台
	分拣装置	YL36A 分拣模块，实物图见 6-1	1 套
软件准备	博途软件	15.1 或以上	—
	X-Sight 工业视觉编程软件	X-SightVisionStudio-EDU	—
	HMI 组态软件	TouchWin V2.E.5	—

任务 6.1　变频器的多段速控制

一、任务要求及分析

1. 任务要求

1）在停止状态下，可用选择开关 SA 进行电动机正转和反转的选择，左位时为正转，右位时为反转。

2）按下 SB1 后，变频器以 20Hz 的频率驱动电动机运行，6s 后切换到 35Hz，再过 10s 后切换到 50Hz。

3）按下 SB2 后，电动机停止运行。

2. 任务分析

变频器工作时需要外部提供两种类型的控制指令，即运行指令和速度指令。其中运行指令是指正转运行、反转运行或停止运行指令；而速度指令是指变频器正常运行时的工作频率，它与被驱动的电动机转速成正比。在 PLC 控制变频器多段速运行过程中，PLC 需要按照工艺要求，在不同时刻通过程序控制 PLC 的特定数字输出端，给变频器对应的数字输入端子需要的两种控制指令。

二、任务准备

1. 变频器的工作原理

变频器的多段速控制

变频器是应用变频技术与微电子技术，将固定频率（通常为工频 50Hz）的交流电（三相或单相的）变换成频率连续可调（多数为 0～400Hz）的三相交流电，以此作为电动机工作电源的装置。电动机使用变频器的作用就是为了调速，并降低起动电流。如图 6-2 所示，为了变频器的输出频率可调，首先将输入的固定频率交流电变换为直流电（DC），这个过程称为整流；再把直流电（DC）变换为目标频率的交流电（AC），该过程称为逆变。变频器输出的波形是模拟正弦波，主要是用于三相异步电动机调速，又称为变频调速器。

变频器的控制方式一般有 3 种，分别为面板控制、端子控制和通信控制。面板控制是使用变频器自带的操作面板控制变频器工作，仅用于手动控制及设备调试阶段。端子控制是使用外部开关、电位器或 PLC，连接到变频器特定的输入端子，控制变频器实现手动或自动运行。通信控制是使用通信方式控制变频器，通过一根通信电缆，直接将各种运行和频率控制指令传输给变频器，变频器根据通信电缆送来的指令就能完成相应的控制功能。

2. VB5N 系列变频器简介

VB5N 系列变频器是信捷公司高性能、简易型、低噪声变频器，支持参数在线修改、定长控制、摆频控制、RS-485 控制、现场总线控制等一系列实用先进的运行、控制功能。VB5N 系列变频器拥有 220V 和 380V 两种电压等级。适配电动机功率范围为 0.75～3.7kW。本任务使用的变频器型号为 VB5N-20P7，其型号参数含义如图 6-3 所示。

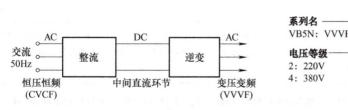

图 6-2 变频器的工作原理

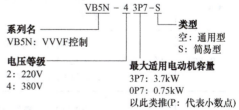

图 6-3 VB5N 系列变频器型号参数含义

由此可知，变频器 VB5N-20P7 为 220V 供电，最大适用电动机容量为 0.75kW 的通用型变频器，支持面板控制、外部端子控制和通信控制等方式控制变频器运行。VB5N-20P7 的外形如图 6-4 所示。

图 6-4　VB5N-20P7 的外形

3. 变频器的操作面板

VB5N 系列变频器操作面板上设有 8 个按钮和 1 个模拟电位器，其功能见表 6-1。

表 6-1　VB5N 系列变频器操作面板功能

按键	名称	功能
MENU/ESC	编辑/退出	进入或退出编辑状态
ENT/DATA	存储/切换	在编辑状态时，用于进入下一级菜单或存储功能码数据
FWD	正向运行	在操作键盘方式下，按下该按钮，电动机即可正向运行
JOG/REV	手动/反向运行	P3.45=0 时点动运行；P3.45=1 时反向运行
∧	增加	数据或功能码递增
∨	减少	数据或功能码递减
▶▶	移位/监控	在编辑状态下，可以选择设定数据的修改位；在其他状态下，可切换显示状态监控参数
STOP/RESET	停止/复位	变频器在正常运行状态时，如果变频器的运行指令通道设置为面板停机有效方式，按下该键，变频器将按设定的方式停机。变频器在故障状态时，按下该键将复位变频器，返回到正常的停机状态
⟲	模拟电位器	当 P0.01=0，操作面板模拟电位器给定时，调节该电位器，可以控制变频器的输出频率

变频器操作面板上有 4 位 8 段 LED 数码管、1 个单位指示灯和 3 个状态指示灯。3 个状态指示灯位于 LED 数码管的上方，自左到右分别为 FWD 指示灯、REV 指示灯和 ALM 指示灯。状态指示灯说明见表 6-2。

表 6-2 状态指示灯说明

项目		功能说明	
LED 数码管		显示变频器当前运行状态参数及设置参数	
状态指示灯	FWD 指示灯	正转指示灯，表明变频器输出正相序，接入电动机时，电动机正转	若 FWD、REV 指示灯同时亮，表明变频器工作在直流制动状态
	REV 指示灯	反转指示灯，表明变频器输出逆相序，接入电动机时，电动机反转	
	ALM 指示灯	报警指示灯，当变频器发生故障报警时，该指示灯点亮	

4. 变频器电气接线

VB5N 系列变频器电气接线图如图 6-5 所示，主回路接线端子名称及功能见表 6-3，控制回路接线端子名称及功能见表 6-4。

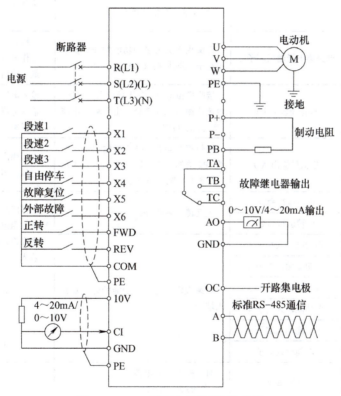

图 6-5 VB5N 系列变频器电气接线图

表 6-3 主回路接线端子名称及功能

电压	端子	功能说明
VB5N 系列单相 220V	L、N 或 L1、L2、L3	220V 单相交流电输入端子
	P+、PB	制动电阻接线端子
	U、V、W	三相交流电输出端子
	PE	接地端

（续）

电压	端子	功能说明
VB5N 系列 三相 380V	R、S、T	380V 三相交流电输入端子
	P+、PB	制动电阻接线端子
	P+、P-	母线 +、- 端
	U、V、W	三相交流电输出端子
	PE	接地端

表 6-4 控制回路接线端子名称及功能

类别	端子	名称	端子功能说明	规格
通信	A（485+）	RS-485 通信接口	RS-485 差分信号正端	标准 RS-485 通信接口，使用双绞线或屏蔽线
	B（485-）		RS-485 差分信号负端	
多功能输出端子	OC	开路集电极输出端子 1	可编程定义为多种功能的开关量输出端子（公共端：COM）	光耦隔离输出 工作电压范围：9～30V 最大输出电流：50mA
模拟量输入	CI	模拟量输入 CI	接收模拟电流/电压量输入，电压、电流由跳线 JP3 选择，出厂默认电流（参考地：GND）	输入电压范围：0～10V 输入电流范围：4～20mA 分辨率：1/1000
模拟量输出	AO	模拟量输出 AO	提供模拟电压/电流量输出，由跳线 JP2 选择，出厂默认电压，可表示 7 种量（参考地：GND）	电压输出范围：0～10V 电流输出范围：4～20mA
运行控制端子	FWD	正转运行命令	正反转开关量命令	光耦隔离输入 输入阻抗：$R=2k\Omega$ 最高输入频率：200Hz 输入电压范围 9～30V X1～X4 FWD、REV 闭合有效 COM
	REV	反转运行命令		
多功能输入端子	X1	多功能输入端子 1	可编程定义为多种功能的开关量输入端子	
	X2	多功能输入端子 2		
	X3	多功能输入端子 3		
	X4	多功能输入端子 4		
	X5	多功能输入端子 5		
	X6	多功能输入端子 6		
电源	24V	24V 电源	对外提供 24V 电源（负极端：COM）	—
	10V	10V 电源	对外提供 10V 电源（负极端：GND）	最大输出电流：50mA
	GND	10V 电源公共端	模拟信号和 10V 电源的参考地	COM 和 GND 两者之间相互内部隔离
	COM	24V 电源公共端	数字信号输入/输出公共端	
屏蔽	PE	屏蔽端子	此功能暂未开放	—
继电器输出端子	TA	变频器多功能继电器输出端子	可编程定义为多种功能的继电器输出端子	TA-TC：常闭 TA-TB：常开

5. 多段速控制工作原理

如图 6-6 所示，3 位多功能端子 X1、X2 和 X3 组合后可以得到 8 种不同状态，除去全 0 时表示一般设定频率，还有 7 种状态对应多段速中的 1～7 速。通过选择不同的端子 ON/OFF（开/关）组合，最多可设置 7 种段速的运行频率。对控制端子 X1、X2、X3 分别做如下定义：当 P4.00=1、P4.01=2、P4.03=3 时，X1、X2、X3 用于实现多段速运行。

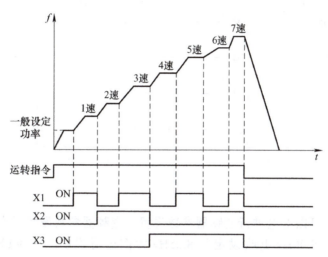

图 6-6　变频器的多段速控制系统输入信号与速度

三、任务实施

1. I/O 地址分配

变频器的多段速控制 I/O 地址分配表见表 6-5。

表 6-5　变频器的多段速控制 I/O 地址分配表

输入		输出	
起动按钮 SB1	I4.5	变频器正转	Q2.4
停止按钮 SB2	I4.6	变频器反转	Q2.5
选择开关 SA	I5.0	变频器速度 1	Q2.6
		变频器速度 2	Q2.7
		变频器速度 3	Q3.0

2. 电气接线图设计及接线

I/O 地址分配完成后，按照变频器控制要求画出变频器的多段速控制系统电气原理图，如图 6-7 所示，参照电气原理图及相关设备说明书完成系统中电气设备的布局与接线。

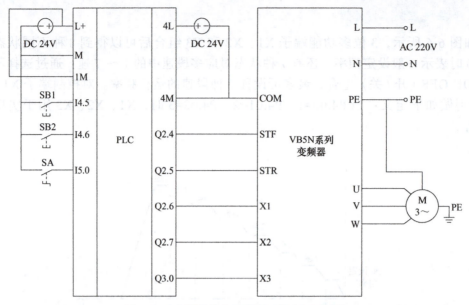

图 6-7 变频器的多段速控制系统电气原理图

3. 变频器参数设置

接线完成后，可以上电进行变频器参数设置，变频器参数设置示意图如图 6-8 所示，以功能码 P3.06 从 5.00Hz 更改设定为 8.05Hz 为例进行说明。按 MENU 按钮，LED 显示 P0；按向上箭头，LED 显示 P3；按 ENTER 键进入二级菜单；按向上箭头，选择参数 P3.06；按 ENTER 键进入三级菜单；按向右箭头，选择小数点左边第一位，此时该位闪烁显示；按向上箭头，将个位调整为 8；按向右箭头，选择百分位；按向上箭头，将数字调整为 5；按 ENTER 键确认；最后连续按两次 MENU 键退出参数设置，返回运行状态显示主界面。

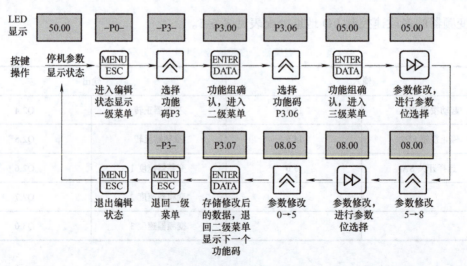

图 6-8 变频器参数设置示意图

接下来介绍两个关键参数：
1）频率给定通道选择 P0.01，取值范围为 0～8，出厂设置为 0。频率给定通道不同值的含义如下：0—面板模拟电位器；1—键盘增加/减少键给定；2—数字给定1，操作面板；3—数字给定2，端子UP/DOWN调节；4—数字给定3，串行口给定；5—VI模拟给定（VI-GND）；6—CI模拟给定（CI-GND）；7—端子脉冲（PULSE）给定；8—组合设定。

2）运行命令通道选择P0.03，取值范围为0、1、2，出厂设置为0。运行命令通道不同值的含义如下：0—操作面板运行频率通道；1—端子运行命令通道；2—串行口运行命令通道。

变频器的多段速控制系统参数设置表见表6-6。

表6-6 变频器的多段速控制系统参数设置表

参数号	出厂值	设置值	说明
P3.01	00	10	参数初始化
P0.01	0	8	频率给定通道选择：组合设定
P0.03	0	1	运行命令通道选择：端子运行命令通道。用外部控制端子FWD、REV、X1～X6等进行电动机的起停控制
P0.17	10	0.1	加速时间1
P0.18	10	0.1	减速时间1
P3.26	5	20	多段频率1
P3.27	10	35	多段频率2
P3.29	30	50	多段频率4

本任务中，当X1、X2和X3其中一位取1，另两位取0时，得到1速、2速和4速，并分别在参数中设置任务中要求的20Hz、35Hz和50Hz。

4. PLC程序设计

根据任务要求，编写的参考程序如下：

1）程序段1为起停标志控制，设置一个系统运行标志。

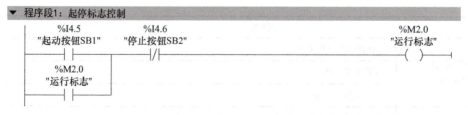

2）程序段2为计时控制，系统运行后，分别设置6s和10s两个定时器，两个定时器接力计时，即6s定时时间到后10s定时器才开始计时。

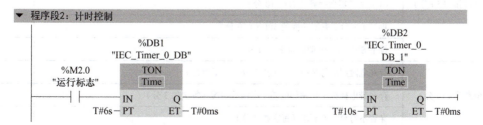

3）程序段3为多段速控制，系统运行后，6s定时器未到时，变频器速度1有输出；6s定时器已到但10s定时器未到时，变频器速度2有输出；10s定时器已到时，变频器速度3有输出。结合前述PLC与变频器的连接关系及变频器的参数，可实现任务控制要求。

▼ 程序段3：多段速控制

```
   %M2.0        "IEC_Timer_0_                                %Q2.6
  "运行标志"        DB".Q                                   "变频器速度1"
────┤ ├──────────┤/├────────────────────────────────────────( )────

                 "IEC_Timer_0_   "IEC_Timer_0_              %Q2.7
                    DB".Q          DB_1".Q                "变频器速度2"
              ────┤ ├──────────┤/├────────────────────────( )────

                 "IEC_Timer_0_                              %Q3.0
                   DB_1".Q                                "变频器速度3"
              ────┤ ├──────────────────────────────────────( )────
```

4）程序段4为正反转控制，通过正反转选择触点的不同状态来得到方向控制信号。

▼ 程序段4：正反转控制

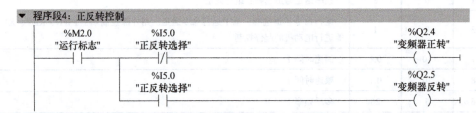

5. 调试与运行

1）检查电气接线是否正确。

2）检查变频器参数设置是否正确。

3）将程序下载到PLC并运行，按下起动按钮SB1，变频器运行在20Hz，6s后变频器运行频率切换到35Hz，10s后变频器运行频率变为50Hz，按下停止按钮SB2后，变频器停止运行。如不能实现以上要求，则监视程序运行，查找原因，修改程序。

四、任务评价

评分点		得分
硬件安装与接线（30分）	I/O接线图绘制（10分）	
	元件安装（10分）	
	硬件接线（10分）	
编程与调试（50分）	选择开关SA左位时为正转，右位时为反转（10分）	
	按下SB1后，变频器以20Hz的频率驱动电动机运行（10分）	
	6s后变频器切换到35Hz（10分）	
	再过10s后变频器切换到50Hz（10分）	
	按下SB2后，电动机停止（10分）	
安全素养（10分）	存在危险用电等情况（每次扣5分，上不封顶）	
	存在带电插拔工作站的电缆、电线等情况（每次扣3分）	
	穿着不符合生产要求（每次扣5分）	

项目 6 视觉分拣控制

(续)

评分点		得分
6S 素养（5 分）	桌面物品和工具摆放整齐、整洁（2.5 分）	
	地面清理干净（2.5 分）	
发展素养（5 分）	表达沟通能力（2.5 分）	
	团队协作能力（2.5 分）	

五、任务拓展

请设计一个变频器七段速控制系统，要求如下：起动后，变频器以 10Hz 的频率驱动电动机运行，经过 1s 后切换到 15Hz，经过 2s 后切换到 20Hz，经过 2s 后切换到 25Hz，经过 3s 后切换到 30Hz，经过 3s 后切换到 40Hz，经过 5s 到 50Hz……直到按下停止按钮后，电动机停止。

任务 6.2　变频器的模拟量控制

一、任务要求与分析

1. 任务要求

1）在停止状态下，可用选择开关 SA 进行电动机正转和反转选择，左位时为正转，右位时为反转。
2）按下 SB1 后，电动机以触摸屏上设置的速度运行。
3）按下 SB2 后，电动机停止。
4）可在触摸屏上设置电动机运行速度对应的变频器频率，范围为 0～50Hz。
5）频率要求使用模拟通道进行控制。

2. 任务分析

变频器工作时需要控制器提供运行指令和速度指令。由于任务中要求电动机的运行频率在 0～50Hz 范围内连续可调，显然用数字量多功能输入端子实现多段速已不能满足任务要求，此时只能采用模拟量控制或通信控制来实现。若采用模拟量控制，则首先需要将变频器的相关参数设置为频率指令从变频器的模拟量输入端接入，然后使用 PLC 的模拟量信号模块将触摸屏中输入的运行频率转换为电压或电流模拟量信号，再将此信号接入到变频器的模拟量输入端。这样方可实现电动机转速在规定范围内连续可调。

二、任务准备

1. 模拟量

在工业控制中，某些输入信号（如压力、温度、流量、转速等）是模拟量信号，某些执行机构（如变频器、调节阀、加热器等）需要使用模拟量信号进

变频器的
模拟量控制

行控制,而 PLC 只能处理数字量信号。模拟量信号模块的任务就是实现模/数转换(A/D)和数/模转换(D/A)。PLC 的模拟量输入模块是将传感器送来的标准电压和电流信号(如电压 0～5V、-5～5V、0～10V、-10～10V,电流 0～20mA、4～20mA 等)转换成数字信号,为 PLC 程序进行数字运算做准备。而模拟量输出模块是将 PLC 程序数字运算后的结果转换为电压或电流等模拟量,用于驱动执行装置。

A/D 和 D/A 的二进制位数决定了转换器精度的高低,位数越多,精度就越高。本任务用到了 SM1232,为 4 通道模拟量输出模块,该模块 -10～10V 电压输出信号的精度为 14 位,最小负载阻抗为 1000Ω。0～20mA 或 4～20mA 电流输出信号的精度为 13 位,最大负载阻抗为 600Ω。输出数字量 -27648～27648 对应满量程电压,输出数字量 0～27648 对应满量程电流。

2. 模拟值的处理

模拟量信号模块可以提供输入信号和表示电压范围或电流范围的输出值。这些范围是 ±10V、±5V、±2.5V 或 0～20mA。模块返回的值是整数值,其中,0～27648 表示电流的额定范围,-27648～27648 表示电压的额定范围,范围之外的值表示上溢或下溢。在控制程序中,很可能需要以工程单位使用这些值,例如表示体积、温度、重量或其他数量值。要以工程单位使用模拟量输入,必须首先将模拟值标准化为 0.0～1.0 的实数(浮点)值,然后将其标定为其表示的工程单位的最小值和最大值。

对于要转换为以工程单位表示的模拟量输出值,应首先将以工程单位表示的值标准化为 0.0～1.0 之间的值,然后将其标定为 0～27648 或 -27648～27648(取决于模拟模块的范围)之间的值。

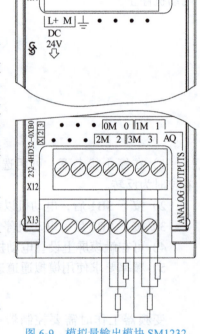

图 6-9 模拟量输出模块 SM1232 AQ4 的接线图

3. 模拟量输出模块的接线(以 SM1232 AQ4 为例)

分拣模块中使用了 1 个模块量输出模块 SM1232 AQ4,其接线图如图 6-9 所示。

4. 模拟量相关指令

来自电流输入型模拟量信号模块或信号板的模拟量输入的有效值在 0～27648 范围内。假设模拟量输入代表温度,其中 0 表示 -30.0℃,27648 表示 70.0℃。要将模拟量输入值转换为对应的工程单位,应将输入标准化为 0.0～1.0 之间的值,然后再将其标定为 -30.0～70.0 之间的值。结果值是用模拟量输入(以℃为单位)表示的温度。温度输入模拟量转换程序如图 6-10 所示。

电流输出型模拟量信号模块或信号板中设置的模拟量输出的有效值必须在 0～27648 范围内。假设模拟量输出表示温度,其中 0 表示 -30.0℃,27648 表示 70.0℃。要将存储器中的温度值(范围是 -30.0～70.0)转换为 0～27648 范围内的模拟量输出值,必须将以工程单位表示的值标准化为 0.0～1.0 之间的值,然后将其标定为 0～27648 范围内的模拟量输出值。温度输出模拟量转换程序如图 6-11 所示。

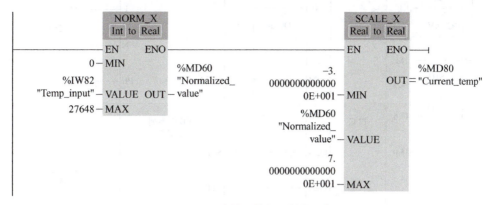

图 6-10　温度输入模拟量转换程序

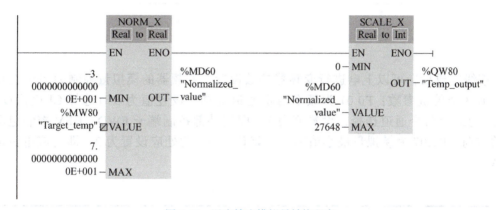

图 6-11　温度输出模拟量转换程序

三、任务实施

1. I/O 地址分配

根据任务要求进行 PLC I/O 地址分配，见表 6-7。模拟量输出模块 SM1232 上的 AQ2 连接到变频器的模拟量输入端 CI。

表 6-7　变频器的模拟量控制 I/O 地址分配表

输入		输出	
起动按钮 SB1	I4.5	变频器正转	Q2.4
停止按钮 SB2	I4.6	变频器反转	Q2.5
选择开关 SA	I5.0	模拟量输入端 CI	AQ2

2. 电气接线图设计及接线

I/O 地址分配完成后，按照变频器控制要求画出电气原理图，并根据该原理图进行接线，如图 6-12 所示。为减少外部干扰信号对模拟量信号的影响，PLC 与变频器间的信号连接建议使用双绞线。

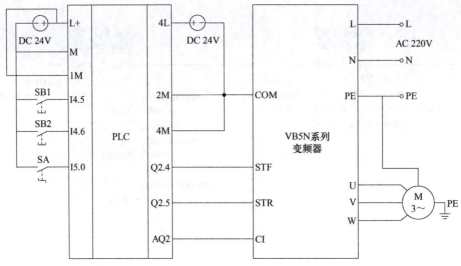

图 6-12 变频器的模拟量控制电气原理图

3. 变频器参数设置

接线完成后，可以上电进行变频器参数设置，变频器的模拟量控制频率见表 6-8。表中有 3 个关键参数：P0.01 为频率给定通道选择，设置值为 6 时选择 CI 模拟设定；P0.03 为运行命令通道选择，设置值为 1，即用外部控制端子 FWD、REV 控制电动机转动方向；P1.07 为模拟量最小值输入，默认为 0，此处应设置为 2，即对应电流值为 4mA。

表 6-8 变频器的模拟量控制频率

参数号	出厂值	设置值	说明
P3.01	00	10	参数初始化
P0.01	0	6	频率给定通道选择：CI 模拟设定（CI-GND）
P0.03	0	1	运行命令通道选择：端子运行命令通道。用外部控制端子 FWD、REV、X1～X6 等进行电动机的起停控制
P0.17	10	0.1	加速时间 1
P0.18	10	0.1	减速时间 1
P1.07	0	2	CI 最小给定 4mA
P1.09	10	10	CI 最大给定 20mA

变频器的模拟量输入端可以选择电流或电压信号，具体应根据表 6-9 进行设置，电流信号有更强的抗干扰能力，因此我们选择电流输入方式，将跳线帽连接 JP1 的 2 脚和 3 脚，将变频器的输入设置为 4～20mA 电流信号。

表 6-9 变频器的模拟量输入

序号	功能	设置	出厂设置
JP1	CI 电流／电压输入方式选择	1—2 脚连接：V 侧，0～10V 电压信号 2—3 脚连接：I 侧，4～20mA 电流信号	4～20mA

4. PLC 程序设计

根据任务要求，编写的参考程序如下：

1）程序段 1 为起停标志控制，设置一个运行标志。

```
▼ 程序段1：起停标志控制
        %I4.5         %I4.6                              %M2.0
       "起动SB1"      "停止SB2"                          "运行标志"
    ┬───┤ ├───────────┤/├──────────────────────────────────( )───
    │  %M2.0
    │ "运行标志"
    └───┤ ├───
```

2）程序段 2 为速度设置，使用 NORM_X 指令将 0 ~ 50Hz 的某一运行频率归一化为一个小于或等于 1 的实数，存放在 MD20 中，再使用 SCALE_X 指令将 M20 中的值转变为 0 ~ 27648 中的对应整数值，存放到 QW132，QW132 对应为 AQ2 的输出存储单元。

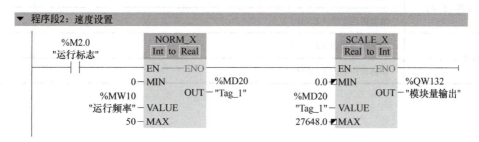

3）程序段 3 为正反转设置，与前一任务相同。

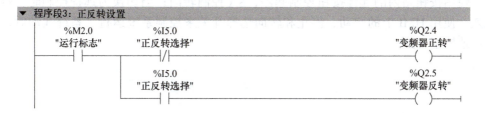

5. HMI 界面设计

根据任务要求设计 HMI 界面，如图 6-13 所示，使用一个编辑框控制用于输入变频器运行频率的目标值。

图 6-13　变频器模拟量控制参考 HMI 界面

6. 调试与运行

1）检查电气接线是否正确。

2）检查变频器参数设置是否正确。

3）将程序下载到 PLC 并运行，按下起动按钮 SB1，此时未设置频率，MW12 运行频率的初始值为 0，对应速度为 0，电动机静止；当在触摸屏中输入 10Hz 时，电动机开始运转；当在触摸屏中输入 50Hz 时，电动机加速运行，最后稳定工作在 50Hz。按下停止按钮 SB2 后，变频器停止运行。如不能实现以上要求，则监视程序运行，查找原因，修改程序。

四、任务评价

评分点		得分
硬件安装与接线（30 分）	I/O 接线图绘制（10 分）	
	元件安装（10 分）	
	硬件接线（10 分）	
编程与调试（50 分）	选择开关 SA 左位时为正转，右位时为反转（10 分）	
	变频器可按 HMI 上设置的频率运行（30 分）	
	按下 SB2 后，电动机停止（10 分）	
安全素养（10 分）	存在危险用电等情况（每次扣 5 分，上不封顶）	
	存在带电插拔工作站的电缆、电线等情况（每次扣 3 分）	
	穿着不符合生产要求（每次扣 5 分）	
6S 素养（5 分）	桌面物品和工具摆放整齐、整洁（2.5 分）	
	地面清理干净（2.5 分）	
发展素养（5 分）	表达沟通能力（2.5 分）	
	团队协作能力（2.5 分）	

五、任务拓展

为本任务升级 HMI 控制功能，要求如下：增加本地和远程控制开关，切换为本地控制时，使用按钮站内的起停按钮控制起停，SA 控制转向；当切换为远程控制时，本地按钮无效，使用 HMI 上的起动、停止和转向选择开关来控制系统运行。系统起动后，默认进入本地控制模式。

任务 6.3　变频器的通信控制

一、任务要求与分析

1. 任务要求

1）在停止状态下，可用选择开关 SA 进行电动机正转和反转选择，左位时为正转，右位时为反转。
2）按下 SB1 后，电动机以触摸屏上设置的速度运行。
3）按下 SB2 后，电动机停止。
4）可在触摸屏上设置电动机运行速度对应的变频器频率，范围为 0～50Hz。

2. 任务分析

变频器工作时需要控制器提供运行指令和速度指令。由于任务中要求电动机的运行频率在 0～50Hz 之间连续可调，显然用数字量多功能输入端子实现多段速已不能满足任务要求，此时只能采用模拟量控制或通信控制来实现。

通信控制是使用通信方式控制变频器，只需一根通信电缆，直接将各种控制和调频命令送给变频器，变频器根据 PLC 通信电缆送来的指令就能执行相应的功能控制。通信控制方式具有接线简单、抗干扰能力强、控制稳定及支持远距离控制等优点。YL-36A 的视觉分拣单元使用信捷 VB5N 系列通用变频器，该变频器支持 Modbus RTU 通信控制功能。

若采用通信控制，则首先需要将变频器的相关参数设置为通信控制模式；然后，根据外部按钮发出的控制信号及触摸屏上给出的速度指令，使用 RS-485 通信模块以串行数据的形式发给变频器。这样方可实现电动机转速在规定范围内连续可调。

二、任务准备

1. CB1241 通信板

变频器的通信控制

在西门子 S7-1200 PLC 的串口解决方案中，除使用通信模块 CM1241 外，还可以使用通信板 CB1241 来进行串口通信。通信模块（Communication Module，CM）是安装在轨道上的，通信板（Communication Board，CB）是插在 CPU 的板槽里的，外形不一样。CM1241 通信模块有 3 种，支持 RS-232\422\485 电气接口。而通信板只有一种 CB1241-RS485，仅支持 RS-485 电气接口，订货号为 6ES7 241-1CH30-1XB0。该通信板安装在 CPU 模块上，支持半双工二线制模式，外观如图 6-14a 所示。CB1241-RS485 没有使用标准的 9 针串口，而是使用接线端子（编号：X20），X20 与 9 针 RS-485 接口的比较见表 6-10。

表 6-10 X20 与 9 针 RS-485 接口比较

引脚	9 针 RS-485 接口	X20	功能说明
1	RS-485/逻辑接地	—	—
2	RS-485/未使用	—	—
3	RS-485/TxD+	4-T/RB	B（发送/接收）
4	RS-485/RTS	6-RTS	请求发送
5	RS-485/逻辑接地	—	—
6	RS-485/5V 电源	—	—
7	RS-485/未使用	—	—
8	RS-485/TxD-	3-T/RA	A（发送/接收）
9	RS-485/未使用	—	—
Shell	—	1-M	屏蔽接地

在 X20 中 T/RB 和 T/RA 为 RS-485 通信时差分信号线，这里面没有写 TA 和 TB，因为在 RS-485 中没有这两个引脚，用 T/RB 和 T/RA 连接终端电阻。CB1241 内部有终端电阻，可以通过接线实现终端电阻的 ON 和 OFF 状态。当设备位于首尾位置时（见图 6-14b 中通信设备①和③），需要连接终端电阻，则把 T/RA 连接到 TA，把 T/RB 连接到 TB，如图 6-14c～e 所示。当设备位于中间位置（见图 6-14b 中通信设备②），不需要连接终端电阻，则把 TA、TB 悬空不接，如图 6-14d 所示。

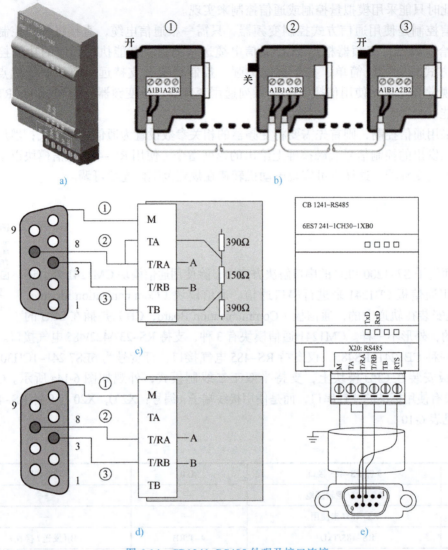

图 6-14 CB1241-RS485 外观及接口连接

要使用 CB1241-RS485 通信板，CPU 固件必须为 V2.0 或更高版本。CB1241-RS485 通信板收发数据时通信技术参数见表 6-11。

表 6-11 CB1241-RS485 通信板收发数据时通信技术参数

技术参数	CB1241-RS485
类型	RS-485（二线制半双工）
共模电压范围	−7～12V，1s，3V RMS 连续
发送器差动输出电压	R_L=100Ω 时，最小 2V；R_L=54Ω 时，最小 1.5V
端接和偏置	B 端通过 10kΩ 电阻上拉到 5V，A 端通过 10kΩ 电阻下拉到 GND
可选终端	短针 TB 对针 T/RB，有效终端阻抗为 127Ω，连接至 RS-485 3 脚 短针 TA 对针 T/RA，有效终端阻抗为 127Ω，连接至 RS-485 4 脚
接收器输入阻抗	最小 5.4kΩ，包括终端

（续）

技术参数	CB1241-RS485
接收器阈值/灵敏度	最低 ±0.2V，典型滞后 60mV
隔离 RS-485 信号与机壳接地 RS-485 信号与 CPU 逻辑公共端	DC 707V（型式测试）
电缆长度（屏蔽）	最长 1000m
波特率/（kbit/s）	0.3、0.6、1.2、2.4、4.8、9.6（默认值）、19.2、38.4、57.6、76.8、115.2
奇偶校验	无奇偶校验（默认）、偶数、奇数、传号（奇偶校验位始终设为 1）、空号（奇偶校验位始终设为 0）
停止位的数目	1（默认值）、2
流控制	不支持
等待时间	0～65535ms

2. Modbus 通信协议

Modbus 串口通信主要在 RS-485、RS-232 等物理接口上实现 Modbus 协议，传输模式有 RTU（远程终端单元）和 ASCII（美国标准信息交换代码）两种，这两种模式只是信息编码不同。RTU 模式采用二进制方式表示数据，而 ASCII 模式使用的字符是 RTU 模式的两倍，即在相同传输速率下，RTU 模式比 ASCII 模式传输效率要高一倍；但 RTU 模式对系统的时间要求较高，而 ASCII 模式允许两个字符发送的时间间隔达到 1s 而不产生错误。

Modbus RTU（远程终端单元）是一个标准的网络通信协议，它使用 RS-232 或 RS-485 在 Modbus 网络设备之间传输串行数据。可在带有一个 RS-232 或 RS-485 通信模块或一个 RS-485 通信板的 CPU 上添加 PtP（点对点）网络端口。

Modbus RTU 使用主/从网络，单个主站起动所有通信，而从设备只能响应主站的请求。主站向从站地址发送请求，然后该地址对应的从站对命令做出响应。

Modbus RTU 发送的信息帧一般包含地址域、功能代码、数据、差错校验等。

1）地址域：信息帧的第一个字节是地址域，这个字节表明由用户设置地址的从站将接收由主站发送的信息。每个从站都必须有唯一的地址码，并且只有符合地址码的从站才能响应回送：当从站回送信息时，相应的地址码表明该信息来自何处。地址域是一个在 0～247 范围内的数字，发送给地址 0 的消息可以被所有从站接收；但是数字 1～247 是特定设备的地址，相应地址的从站总是会对 Modbus 通信做出反应，这样主站就知道这条消息已经被从站接收。

2）功能代码：定义从站应该执行的命令，如读取数据、接收数据、报告状态等（见表 6-12），有些功能代码还拥有子功能代码。主站请求发送，通过功能代码告诉从站执行什么动作；作为从站响应，从站发送的功能代码与从主站得到的功能代码一样，并表明从站已响应主站进行操作。功能代码的范围是 1～255，有些代码适用于所有控制器，有些代码只能应用于某种控制器，还有些代码保留以备后用。

表 6-12　Modbus 通信功能代码

功能代码	作用	数据类型
01	读取开关量输出状态	位
02	读取开关量输入状态	位
03	读取保持寄存器	整型、字符型、状态字、浮点型
04	读取输入寄存器	整型、状态字、浮点型
05	写入单个线圈	位
06	写入单个寄存器	整型、字符型、状态字、浮点型
07	读取异常状态	—
08	回送诊断校验	重复回送信息
16	写入多个线圈	位
16	写入多个寄存器	整型、字符型、状态字、浮点型
××	根据设备的不同，最多可以有 255 个功能代码	—

3）数据：发送不同的功能代码，数据区的内容会有所不同。数据区包含从站执行的动作或由从站采集的返回信息，这些信息可以是数值、参考地址等。对于不同的从站，地址和数据信息都不相同。例如，功能代码告诉从站读取寄存器的值，则数据区必须包含要读取寄存器的起始地址及读取长度。

4）差错校验：Modbus RTU 模式采用循环冗余校验码（CRC），该校验方式包含两个字节的错误检测码，由传输设备计算后加入消息，接收设备重新计算收到消息的 CRC，并与接收到的 CRC 域中的值比较，如果两值不同，表明有错误。有些系统还需对数据进行奇偶校验，奇偶校验对每个字符都可用，而帧检测 CRC 应用于整条消息。

典型的 Modbus RTU 报文帧没有起始位，也没有停止位，而是以至少 3.5 个字符的时间间隔标志一帧的开始或结束。报文帧由地址域、功能域、数据域和 CRC 校验域构成。所有字符位由十六进制数 0～9、A～F 组成。需要注意的是，在 Modbus RTU 模式中，整个报文帧必须作为一个连续的数据流进行传输。如果在报文帧完成之前有超过 1.5 个字符的时间间隔发生，接收设备将刷新未完成的报文并假定下一个字节是新报文的地址域。同样地，如果一个新报文在小于 3.5 个字符时间内紧跟前一个报文开始，接收设备将认为它是前一个报文的延续。如果在传输过程中有以上两种情况发生的话，就会导致 CRC 校验产生一个错误消息，并反馈给发送方设备。

3. 相关通信指令介绍

Modbus RTU 通信指令如图 6-15 所示，它包含 3 条指令。

1) Modbus_Comm_Load 指令。Modbus_Comm_Load 指令通过 Modbus RTU 协议对通信模块进行组态。通过执行一次 Modbus_Comm_Load 指令，设置 PtP 端口参数，如波特率、奇偶校验和流控制。Modbus RTU 协议组态 CPU 端口后，该端口只能由 Modbus_Master 或 Modbus_Slave 指令使用。Modbus_Comm_Load 指令如图 6-16 所示，当在程序中添加 Modbus_Comm_Load 指令时，程序将自动分配背景数据块。Modbus_Comm_Load 指令参数说明见表 6-13。

项目 6　视觉分拣控制

图 6-15　Modbus RTU 通信指令

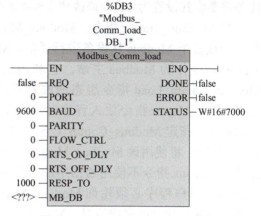

图 6-16　Modbus_Comm_Load 指令

表 6-13　Modbus_Comm_Load 指令参数说明

参数	声明	数据类型	标准	说明
REQ	IN	Bool	False	当此输入出现上升沿时，启动该指令
PORT	IN	Port	0	指定用于通信的通信模块对应的"硬件标志符"，可在 PLC 变量表的"系统常数（Systemconstants）"选项卡中进行查看
BAUD	IN	UDInt	9600	选择数据传输速率有效值为 300bit/s、600bit/s、1200bit/s、2400bit/s、4800bit/s、9600bit/s、19200bit/s、38400bit/s、57600bit/s、76800bit/s、115200bit/s
PARITY	IN	UInt	0	选择奇偶校验：0—无；1—奇校验；2—偶校验
FLOW_CTRL	IN	UInt	0	流控制参数，不适用于 RS-485 通信
RTS_ON_DLY	IN	UInt	0	
RTS_OFF_DLY	IN	UInt	0	
RESP_TO	IN	UInt	1000	响应超时时间：Modbus_Master 指令等待从站响应的时间，可设置范围为 5～65535ms。如果从站在此时间段内未响应，Modbus_Master 指令将重复请求，或者在指定数量的重试请求后取消请求并提示错误
MB_DB	IN/OUT	MB_BASE	—	对 Modbus_Master 指令或 Modbus_Slave 指令的背景数据块进行引用。MB_DB 参数必须与 Modbus_Master 指令或 Modbus_Slave 指令的 MB_DB 参数相连
DONE	OUT	Bool	False	如果上一个请求完成并且没有错误，DONE 位将变为 True，并保持一个周期
ERROR	OUT	Bool	False	如果上一个请求完成出错，则 ERROR 位将变为 True 并保持一个周期。STATUS 参数中的错误代码仅在 ERROR=True 的周期内有效
STATUS	OUT	Word	16#7000	错误代码

Modbus_Comm_Load 指令背景数据块中的静态变量 MODE 用于描述模块的工作模式，有效的工作模式包括 0 为 RS-232 全双工；1 为 RS-422 全双工四线制点对点模式；2 为 RS-422 全双工四线制多点主站模式；3 为 RS-422 全双工四线制多点从站模式；4 为 RS-485 半双工二线制模式，该静态变量 MODE 默认数据为 0（RS-232 全双工模式），本

任务需要将其设置为 4，即修改成 RS-485 半双工二线制模式。

2）Modbus_Master 指令。Modbus_Master 指令使 CPU 充当 Modbus RTU 主设备，并与一个或多个 Modbus 从设备进行通信。Modbus_Master 指令作为 Modbus 主站，它利用之前执行 Modbus_Comm_Load 指令组态的端口进行通信。将 Modbus_Master 指令放入程序时将自动分配背景数据块。指定 Modbus_Comm_Load 指令的 MB_DB 参数时，将使用该 Modbus_Master 指令背景数据块。Modbus 指令不使用通信中断事件来控制通信过程，用户程序必须轮询 Modbus_Master 指令以了解传送和接收的完成情况。Modbus_Master 指令如图 6-17 所示。

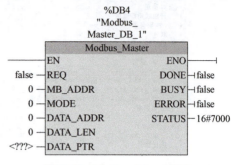

图 6-17　Modbus_Master 指令

Modbus_Master 指令参数说明见表 6-14。

表 6-14　Modbus_Master 指令参数说明

参数	声明	数据类型	说明
REQ	IN	Bool	0—无请求 1—请求将数据传送到 Modbus 从站
MB_ADDR	IN	V1.0：USInt V2.0：UInt	Modbus RTU 站地址：标准寻址范围（1～247），值 0 被保留用于将消息广播到所有 Modbus 从站
MODE	IN	USInt	模式选择：指定请求类型（读、写或诊断）
DATA_ADDR	IN	UDInt	从站中的起始地址：指定要在 Modbus 从站中访问的数据的起始地址
DATA_LEN	IN	UInt	数据长度：指定此请求中要访问的位数或字数
DATA_PTR	IN_OUT	Variant	数据指针：指向要写入或读取的数据的 M 或 DB 地址（未经优化的 DB 类型）
DONE	OUT	Bool	上一请求已完成且没有出错后，DONE 位将为 True，并保持一个扫描周期时间
BUSY	OUT	Bool	0—无 Modbus_Master 指令正在进行 1—Modbus_Master 指令正在进行
ERROR	OUT	Bool	上一请求因错误而终止后，ERROR 位将为 True，并保持一个扫描周期时间
STATUS	OUT	Word	执行条件代码

MB_ADDR 为从站地址，应与表 6-18 中变频器参数本机地址 P3.10 设置一致，即为 1；MODE 为模式选择；DATA_ADDR 为从站中的 Modbus 起始地址；DATA_LEN 为存取的数据长度，MODE、DATA_ADDR 和 DATA_LEN 三个参数应结合表 6-15 和表 6-16 来确定；DATA_PTR 参数指向要写入或读取的 DB 或 M 地址。如果使用数据块，则必须创建一个全局数据块为读写 Modbus 从站提供数据存储位置。

VB5N 系列变频器通信参数见表 6-15。变频器从站中运行命令参数地址为十六进制数 2000H，即十进制 8192，往此地址写入 2 即可让变频器正转；写入 8 则使变频器紧急停止。频率参数的地址 2001H 对应十进制 8193，往此地址写入 3000，因其单位为 0.01Hz，则变频器的目标频率设置为 30Hz。

项目 6 视觉分拣控制

表 6-15 VB5N 系列变频器通信参数

定义	参数地址	功能说明
内部设定参数	GGnnH	GG 代表参数群，nn 代表参数号码
对变频器命令（06H）	2000H	0001H：运行命令（正转）
		0002H：正转运行命令
		0003H：反转运行命令
		0004H：点动运行命令（正转）
		0005H：点动正转运行命令
		0006H：点动反转运行命令
		0007H：减速停机命令
		0008H：紧急停车命令
		0009H：点动停机命令
		000AH：故障复位命令
	2001H	串口设置频率命令
监控变频器状态（03H）	2100H	读变频器故障码
	2101H	读变频器状态
		BIT0：运行停止标志。0：停止；1：运行
		BIT1：欠电压标志。1：欠电压；0：正常
		BIT2：正反转标志。1：反转；0：正转
		BIT3：点动运行标志。1：点动；0：非点动
		BIT4：闭环运行控制选择。1：闭环；0：非闭环
		BIT5：摆频模式运行标志。1：摆频；0：非摆频
		BIT6：PLC 运行标志。1：PLC 运行；0：非 PLC 运行
		BIT7：端子多段速运行标志。1：多段速；0：非
		BIT8：普通运行标志。1：普通运行；0：非
		BIT9：主频率来源于通信界面。1：是；0：否
		BIT10：主频率来源于模拟量输入。1：是；0：否
		BIT11：运行指令来源于通信界面。1：是；0：否
		BIT12：功能参数密码保护。1：是；0：否
	2102H	读变频器设定频率
	2103H	读变频器输出频率
	2104H	读变频器输出电流
	2105H	读变频器母线电压
	2106H	读变频器输出电压
	2107H	读电动机转速
	2108H	读模块温度
	2109H	读 VI 模拟输入
	210AH	读 CI 模拟输入
	210BH	读变频器软件版本

183

通信协议中模式、功能码、数据长度及存取地址的组合关系见表 6-16，从表 6-16 已知，控制变频器只需要往运行和频率地址写一个字长控制信号，因此 MODE 取 1，功能取 06，数据长度为 1，起始地址为 40001。再叠加变频器参数地址，因此运行指令地址应取 40001+8192=48193，频率指令地址应取 48194。

表 6-16 通信协议中模式、功能码、数据长度及存取地址的组合关系

MODE	功能	数据长度	操作和数据	Modbus 地址
0	01	1～2000 1～1992	读取输出位 每个请求 1～1992 或 2000 个位	1～9999
0	02	1～2000 1～1992	读取输入位 每个请求 1～1992 或 2000 个位	10001～19999
0	03	1～125 1～124	读取保持寄存器 每个请求 1～124 或 125 字	40001～49999 或 400001～465535
0	04	1～125 1～124	读取输入字 每个请求 1～124 或 125 个字	30001～39999
104	04	1～125 1～124	读取输入字 每个请求 1～124 或 125 个字	00000～65535
1	05	1	写入一个输出位 每个请求一位	1～9999
1	06	1	写入一个保持寄存器 每个请求 1 个字	40001～49999 或 400001～465535
1	15	2～1968 2～1960	写入多个输出位 每个请求 2～1960 或 1968 个位	1～9999
1	16	2～123 2～122	写入多个保持寄存器 每个请求 2～122 或 123 个字	40001～49999 或 400001～465535
2	15	1～1968 2～1960	写入一个或多个输出位 每个请求 1～1960 或 1968 个位	1～9999
2	16	1～123 1～122	写入一个或多个保持寄存器 每个请求 1～122 或 123 个字	40001～49999 或 400001～465535
11	11	0	读取从站通信状态字和事件计数器。状态字指示忙闲情况（0—不忙，0xFFFF—忙）。每成功完成一条消息，事件计数器的计数值递增 对于该功能，Modbus_Master 指令的 DATA_ADDR 和 DATA_LEN 操作数都将被忽略	—
80	08	1	利用数据诊断代码 0x0000 检查从站状态 每个请求 1 个字	—
81	08	1	利用数据诊断代码 0x000A 重新设置从站事件计数器 每个请求 1 个字	—
3～10、 12～79、 82～255	—	—	保留	—

3) Modbus_Slave 指令。Modbus_Slave 指令使 CPU 充当 Modbus RTU 从设备,并与一个 Modbus 主设备进行通信。

三、任务实施

1. I/O 地址分配及硬件接线

根据任务要求进行 PLC I/O 地址分配,变频器的通信控制 I/O 地址分配表见表 6-17,起动按钮 SB1 连接到 I4.5,停止按钮 SB2 连接到 I4.6,选择开关 SA 连接到 I5.0。对变频器的控制都通过 RS-485 通信,不占用输出端子,但需要使用 CB1241-RS485 通信板。

表 6-17　变频器的通信控制 I/O 地址分配表

输入		RS-485 通信端子(CB1241 的 X20)	
起动按钮 SB1	I4.5	RS-485 差分信号正端	T/RB
停止按钮 SB2	I4.6	RS-485 差分信号负端	T/RA
选择开关 SA	I5.0		

I/O 地址分配完成后,按照控制要求画出变频器的通信控制电气原理图(见图 6-18),并根据 I/O 地址分配表进行接线。PLC 与变频器 T/RA 与 A 及 T/RB 与 B 间的 RS-485 通信线应使用双绞线。

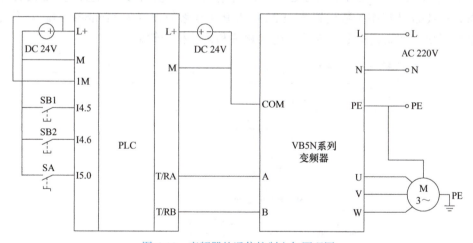

图 6-18　变频器的通信控制电气原理图

2. 设置变频器参数

接线完成后,可以上电进行变频器参数设置,变频器的通信控制频率见表 6-18。通过 Modbus RTU 控制变频器需要设置变频器的 3 个关键参数:P0.01、P0.03 和 P3.09。参数 P0.01 是变频器的运行频率给定通道选择,参数 P0.03 是变频器运行命令通道选择,参数 P3.09 是设置变频器通信的相关参数,包括通信的波特率、奇偶校验方式、停止位的位数和数据位的位数。例如,设置为 64 时,十位上的 6 表示 1-8-1 格式,无校验,即 1 位启动位、8 位数据位、1 位停止位,无奇偶校验;个位上的 4 表示设置波特率为 19200bit/s。

表 6-18 变频器的通信控制频率

参数号	出厂值	设置值	说明
P3.01	00	10	参数初始化
P0.01	0	4	频率给定通道选择：串行口给定（远控）
P0.03	0	2	运行命令通道选择：串行口运行命令通道。用 RS-485 接口控制起停
P0.17	10	0.1	加速时间 1
P0.18	10	0.1	减速时间 1
P3.09	54	64	通信配置
P3.10	1	1	本机地址

3. 编写程序

根据任务要求，编写的参考程序如下：

1) 程序段 1 为起停标志控制，以起保停方式控制运行标志。

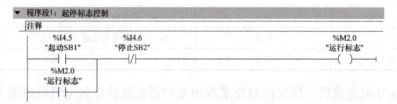

2) 程序段 2 为变频器通信准备。初始脉冲时设置 RS-485 通信模式为二线制半双工模式，并调用 Modbus_Comm_Load 指令进行通信初始化，PORT 设置为 CB1241 的硬件标志符，BAUD 波特率参数设置为 19200，MB_DB 参数设置为 Modbus_Master 指令对应的背景数据块。初始化指令完成后，进入频率和运行指令轮询。

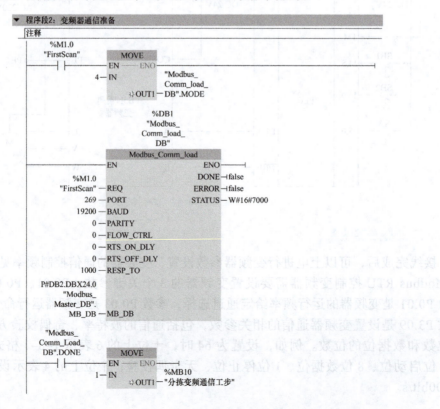

3）程序段 3 为轮询发送频率字，调用 Modbus_Master 指令进行主站通信，将 PLC 变量"分拣变频频率字"中存储数据写入地址 48194 中，设置为分拣变频器的运行频率值。发送完成后进入运行指令轮询。

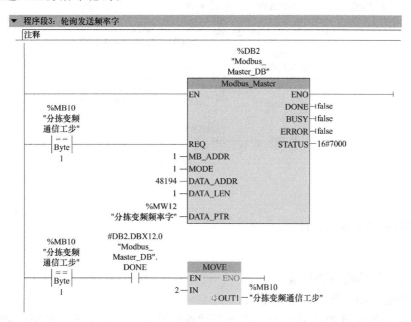

4）程序段 4 为轮询发送命令字。调用 Modbus_Master 指令进行主站通信，将 PLC 变量"分拣变频命令字"中存储数据写入地址 48193 中，设置为分拣变频器的运行状态。发送完成后，再次进入频率指令轮询。

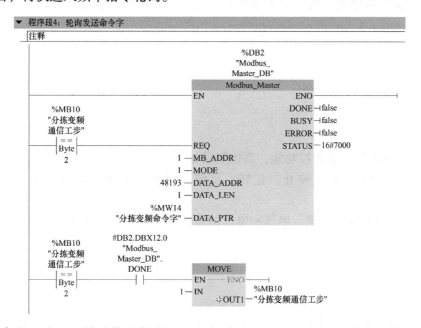

5）程序段 5 为正反转及停止控制。运行标志为 1 时，根据 I0.5 的值进行正反转选择，I0.5 为 1 时，设置"分拣变频命令字"变量为 2，即正转运行；I0.5 为 0 时，设置"分拣变频命令字"变量为 3，即反转运行。当运行标志为 0 时，设置"分拣变频命令字"变量为 8，即紧急停止。

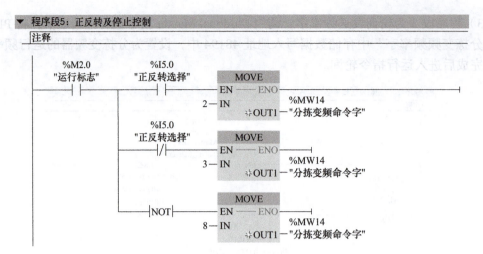

4. HMI 界面设计

可参照任务 6.2 进行设计。

5. 调试运行

1)检查电气接线是否正确。

2)检查变频器参数设置是否正确。

3)将程序下载到 PLC 并运行,按下起动按钮 SB1,此时未设置频率,MW12 运行频率的初始值为 0,对应速度为 0,电动机静止;当在触摸屏中输入 10Hz 时,电动机开始运转;当在触摸屏中输入 50Hz 时,电动机加速运行,最后稳定工作在 50Hz。按下停止按钮 SB2 后,变频器停止运行。如不能实现以上要求,则监视程序运行,查找原因,修改程序。

四、任务评价

可参照任务 6.2 进行评价。

五、任务拓展

请完善变频器的状态监控功能,具体要求如下:

1)增加变频器运行、停止、正转、反转监视控制功能,可以 HMI 中进行监视和控制。

2)增加变频器输出频率、电压和电流的监视功能,可以 HMI 中实时显示。

任务 6.4 视觉颜色识别系统的设计与调试

一、任务要求与分析

1. 任务要求

1)按下触摸屏上的拍照按钮,能手动触发拍照功能。

2）拍照完成后，视觉系统能自动识别工件颜色。

3）视觉系统能通过 Modbus TCP 通信协议将结果返回给 PLC，并在触摸屏上显示出来。

2. 任务分析

实现手动触发拍照，首先需要将视觉系统设置为外触发。有拍照需要时，PLC 输出端 Q3.1 给视觉系统触发输入端发送上升沿触发信号，完成拍照。

实现对工件的颜色的自动识别，可通过视觉系统 RGB 识别算法功能来实现。

实现对识别结果通过通信返回，需要在视觉系统和 PLC 中按 Modbus TCP 通信要求进行伙伴 IP 地址及通信端口设置，并将颜色进行编码，如红色为 1，绿色为 2，黄色为 3。当识别结果为红色时，视觉系统通过 Modbus TCP 通信协议给 PLC 发送数字 1，其他以此类推。

二、任务准备

视觉颜色识别系统设计

机器视觉系统在产品瑕疵检测、条码和二维码识别、工业机器人对物体准确抓取、物流机器人障碍避让等领域有着广泛的应用。

从字面意思来理解，"视"是将外界信息通过成像来转换成数字信号，并反馈给计算机，这需要依靠一整套的硬件解决方案；"觉"则是计算机对数字信号进行处理和分析，主要是软件算法。

因此，视觉系统主要分为硬件设备和软件算法两部分，其中硬件设备如图 6-19 所示，主要包括光源系统、摄像机、图像采集卡、工业计算机和控制机构；软件算法主要包括传统的数字图像处理算法和基于深度学习的图像处理算法。

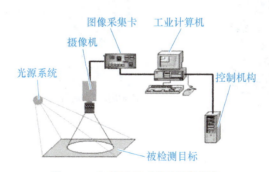

图 6-19　机器视觉系统的硬件设备

视觉系统包括光源、镜头、相机、图像处理单元、图像处理软件、监视器、通信及输入/输出单元等。分拣模块中的视觉系统硬件架构如图 6-20 所示。

其工作原理是：视觉系统通过工业相机将被检测的目标转换成图像信号，传送给专用的图像处理系统，根据像素分布和亮度、颜色等信息，转变成数字信号，图像处理系统对这些信号进行各种运算来抽取目标的特征，如面积、数量、位置、长度等，再根据预设的允许度和其他条件输出结果，包括尺寸、角度、个数、合格/不合格、有/无等，实现自动识别功能。

接下来对分拣模块中的视觉系统硬件进行逐一介绍。

可编程控制器技术

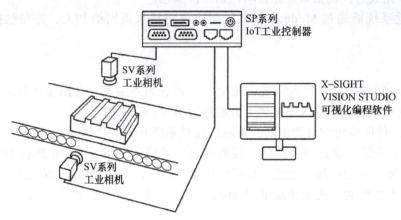

图 6-20 分拣模块中的视觉系统硬件架构

1. IoT 工业控制器

IoT 工业控制器即物联网工业控制器，分拣模块的工业控制器使用信捷 SP 系列 V210，其外观与接口如图 6-21 所示。该款控制器接口丰富，有 3 个以太网接口、4 个 USB 口、4 个串口及 HDMI、DP 显示端口等。

图 6-21 V210 外观与接口

2. 工业相机

工业相机是工业视觉系统中采集图像的组件，其最本质的功能是将光信号转变为有序的电信号。选择合适的工业相机也是工业视觉系统设计中的重要环节，工业相机不仅直接决定所采集图像的分辨率、质量等，同时也与整个系统的运行模式直接相关。分拣模块选用的是彩色、130 万分辨率的 SV-Cam 型工业相机。

3. 镜头

镜头的基本功能就是实现光束变换（调制），在工业视觉系统中，镜头的主要作用是将目标成像在图像传感器的光敏面上。镜头的质量直接影响到工业视觉系统的整体性能，合理地选择和安装镜头，是工业视觉系统设计的重要环节。

分拣模块选用 SL-DF12-C 镜头，如图 6-22 所示，该镜头焦距为 12mm，分辨率为

500万。拍照时可通过微调镜头上的对焦手柄和光圈调节手柄实现图片清晰度调节。

4. 光源

光源作为辅助成像器件，对成像质量的好坏起到至关重要的作用。在选择光源时，应考虑光源的形状和颜色，增加被测物体和背景的对比度。

分拣模块选用环形光源，如图 6-23 所示。环形光源可提供不同照射角度和不同颜色组合，更能突出被测物体的三维信息；采用高密度 LED 阵列、高亮度多种紧凑设计，节省安装空间，解决对角照射阴影问题；可选配漫射板导光，光线均匀扩散。

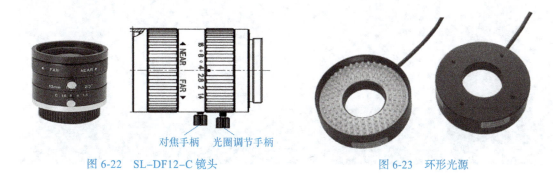

图 6-22　SL-DF12-C 镜头　　　　　　　图 6-23　环形光源

5. 光源控制器

光源控制器最主要的作用是给光源供电，控制光源的亮度及照明状态（亮灭），还可以通过给光源控制器触发信号来实现光源的频闪，进而大大延长光源的寿命。

分拣模块选用 2 通道光源控制器 SIC-Y242-A，如图 6-24 所示。它有两个光源亮度调节旋钮，一个为粗调，另一个为精调。

光源亮度调节旋钮　　光源接口　电源接口　电源开关

图 6-24　SIC-Y242-A 光源控制器

三、任务实施

1. 视觉算法编程

具体步骤如下：

1）打开视觉编程软件 X-SIGHT VISION STUDIO Edu，选择指令栏中"相机采集"，在弹出的"相机类型"对话框中选择"MV 工业相机"后，单击"确定"，如图 6-25 所示。

可编程控制器技术

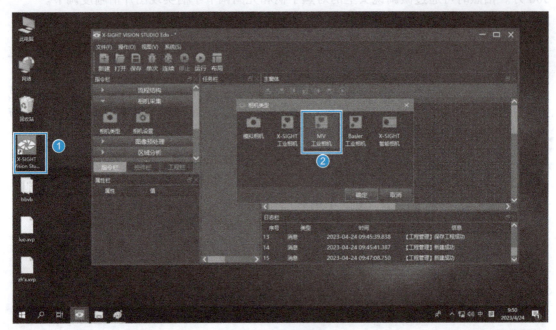

图 6-25 选择相机类型

2) 如图 6-26 所示, 在属性栏中单击"相机标识", 弹出"相机列表选择"对话框, 选择分拣模块上的相机 ID。

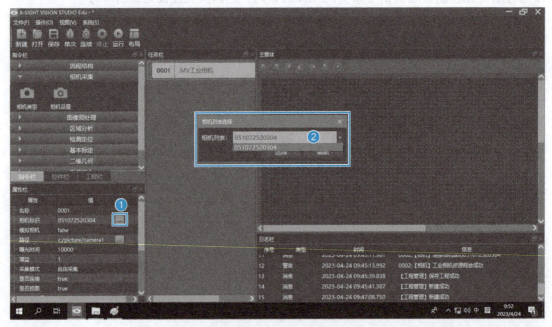

图 6-26 选择相机标识

3) 为了方便观察, 可将图片进行旋转。在指令栏中选择"图像预处理", 展开后单击"图像转换", 在弹出的"图像转换"对话框中选择"旋转图片", 单击"确定", 如图 6-27 所示。

项目 6　视觉分拣控制

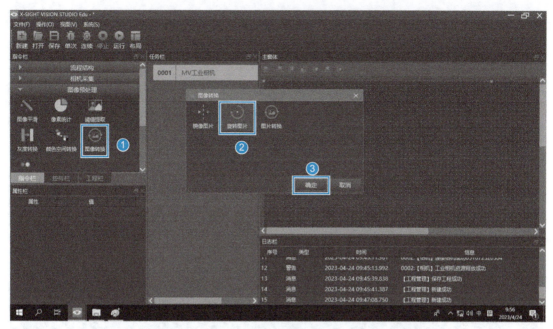

图 6-27　旋转图片

4）如图 6-28 所示，选择任务栏中"旋转图片"指令块，在左侧属性栏中，单击"输入图像"右侧的链接按钮，在弹出的菜单中依次选择"MV 工业相机"→"输出图像"，再在"旋转角度"的下拉菜单中选择"顺时针 270 度"。

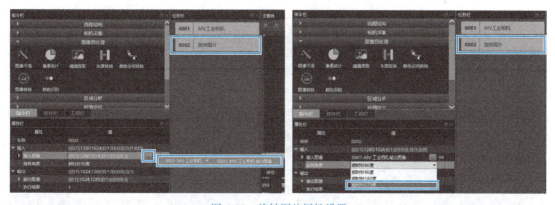

图 6-28　旋转图片属性设置

5）为增加直观性，在控件栏的特殊控件目录中，单击"图形显示"并将它拖入主窗体中，如图 6-29 所示。

6）如图 6-30 所示，先选中主窗体中图形显示控件，在左侧的属性栏中，单击"背景图"右侧链接按钮，在弹出菜单中依次选择"旋转图片"→"输出"→"输出图像"，再在"显示信息"下拉菜单中选择"TRUE"。

7）如图 6-31 所示，单击快捷工具栏中的"连续"按钮，可在主窗体的图形显示控件中显示当前视觉拍摄的图片。

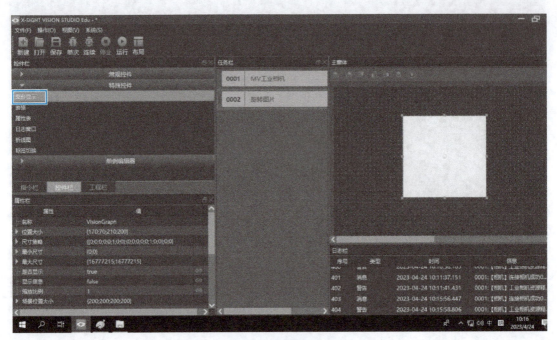

图 6-29 图形显示

图 6-30 图形显示属性设置

图 6-31 拍照运行

8）如图 6-32 所示，在指令栏选择"区域分析"，单击"创建区域"，在弹出的"创建区域"对话框中选择"矩形区域"，单击"确定"。

图 6-32 矩形区域创建

9）如图 6-33 所示，单击任务栏中的"矩形区域"，在属性栏中，单击"参考图像"右侧的链接按钮，依次选择"旋转图片"→"输出"→"输出图像"。

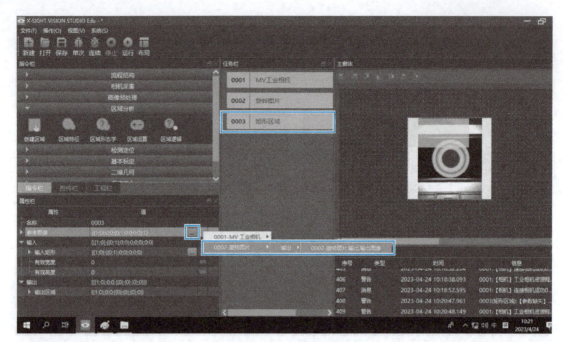

图 6-33 矩形区域图像关联

10）如图 6-34 所示，单击"输入矩形"右侧浏览按钮，弹出"图形编辑"对话框，在图形中选择"矩形"按钮并绘制检测的区域（红色方框），单击"确定"。

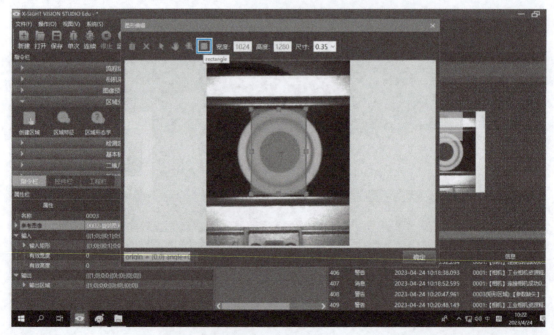

图 6-34 创建矩形区域

11）如图 6-35 所示，"有效宽度"和"有效高度"分别对应旋转图片输出图像的宽度和高度。

项目6 视觉分拣控制

图 6-35　矩形区域宽度和高度图像关联

12）如图 6-36 所示，单击主窗体中的图形显示窗口，单击属性栏中的"输入数据 1"，依次选择"003- 矩形区域"→"输出"→"输出区域"。

图 6-36　图形显示图像关联

13）如图 6-37 所示，在指令栏中选择"图像预处理"，单击"颜色识别"，在"颜色识别"对话框中选择"RGB 识别"，单击"确定"。如图 6-38 所示，在 RGB 识别的属性栏中，输入图像选择"旋转图片"→"输出"→"输出图像"，感兴趣区域选择"矩形区域"→"输出"→"输出区域"。

197

可编程控制器技术

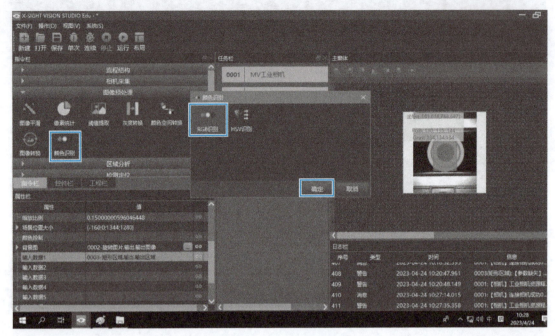

图 6-37　RGB 识别创建

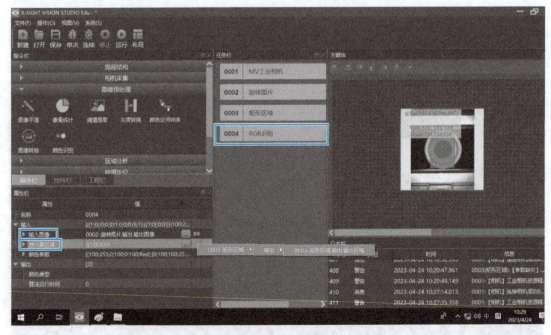

图 6-38　RGB 识别图像关联

14）如图 6-39 所示，在 RGB 识别属性栏中单击"颜色参数"，再选择"添加子项"，然后修改刚添加的子项 3 对应的参数（见图 6-40），1 通道最小值为 100，1 通道最大值为 255，2 通道最小值为 100，2 通道最大值为 255，3 通道最小值为 0，3 通道最大值为 100，颜色名称为 Yellow。

项目6 视觉分拣控制

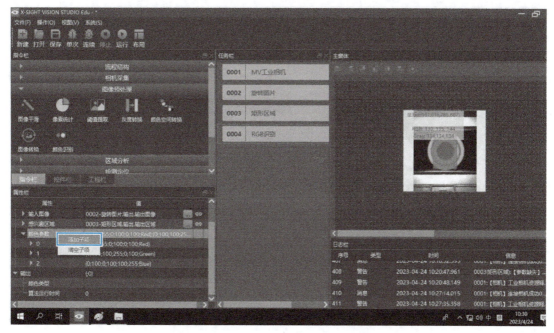

图 6-39 添加 RGB 通道参数

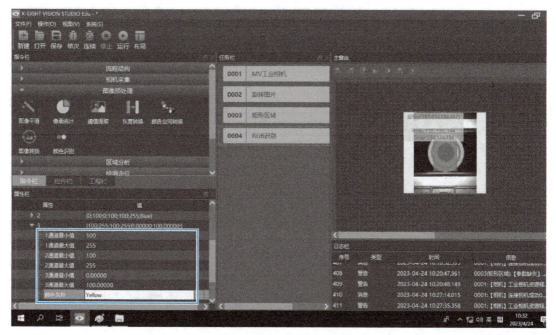

图 6-40 黄色 RGB 通道参数

15）如图 6-41 所示，在指令栏中选择"通信"并展开，选择"Modbus"。在弹出的"Modbus"对话框中选择"Modbus TCP"，单击"确定"。如图 6-42 所示，单击"Modbus TCP"，在属性栏中设置服务器（从站）的 IP 地址为 192.168.0.2，端口为 502。

199

图 6-41 Modbus TCP 通信创建

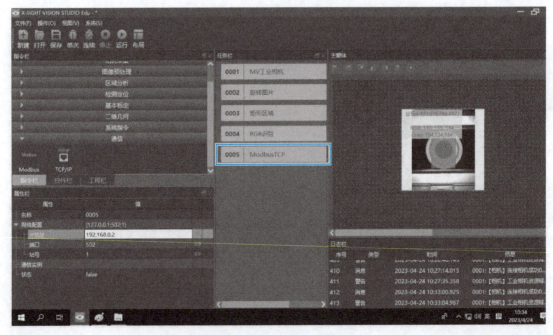

图 6-42 Modbus TCP 参数设置

16）如图 6-43 所示，在指令栏选择"系统指令"，单击"字符串"，在弹出的"字符串"对话框中选择"字符串比较"，单击"确定"。如图 6-44 所示，在字符串比较的属性栏中，字符串 1 选择"RGB 识别输出颜色类型"，字符串 2 选择 Red，是否区别大小写选择 false。

项目 6 视觉分拣控制

图 6-43 字符串比较创建

图 6-44 红色字符串比较

17）如图 6-45 所示，在指令栏中选择"流程结构"，单击"If 语句"，在"表达式编辑"对话框中单击"添加"，在"Main 入口函数"中选择"字符串比较"，再选择下级菜单"outValue 是否相等"，然后单击"选择"。如图 6-46 所示，创建表达式 x0==1，单击"确定"。

201

图 6-45 添加 If 语句和变量

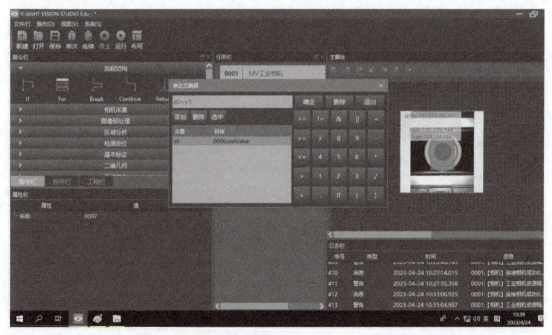

图 6-46 字符串比较输出

18）如图 6-47 所示，在指令栏中选择"通信"，再单击 Modbus，在弹出对话框中选择"写单字"，再单击"确定"。如图 6-48 所示，将任务栏中的"写单字"语句拖入到 If 语句下，单击"写单字"，在属性栏中单击"写入单字数组"，选择"添加子项"，并将子项值设置为 1。

项目 6　视觉分拣控制

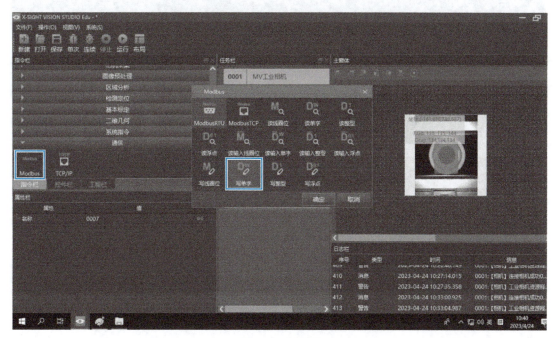

图 6-47　写单字

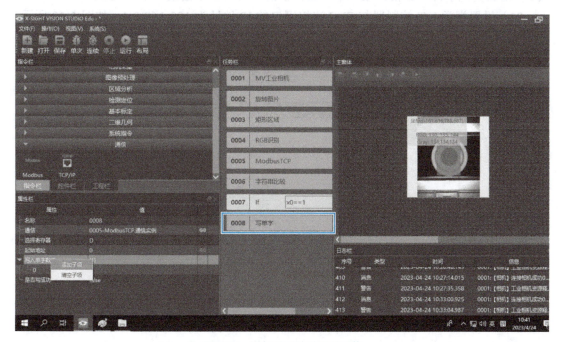

图 6-48　添加子项并设置子项值

19）如图 6-49 所示，在控件栏中选择"常规控件"，将编辑框拖入主窗体，选择编辑框，然后在属性栏文本选项中关联 RGB 识别输出颜色类型。

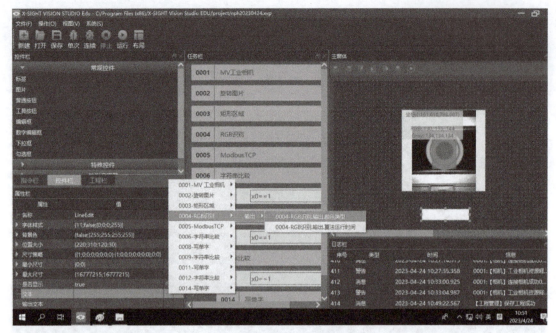

图 6-49　显示框创建与设置

20）采用相同的步骤增加绿色字符串比较，在写单字属性栏的"写入单字数组"中写入 2，增加黄色字符串比较，在写单字属性栏的"写入单字数组"中写入 3。

21）设置视觉 IoT 控制器与 PLC 连接网口的 IP 地址为 192.168.0.4，如图 6-50 所示。

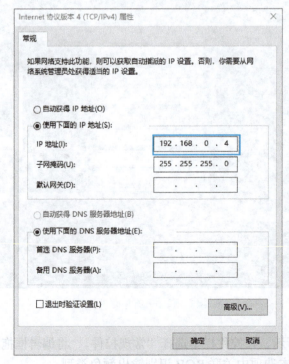

图 6-50　IP 地址设置

2. PLC 组态与编程

1）设置 S7-1200 PLC 的 IP 地址为 192.168.0.2，子网掩码为 255.255.255.0，如图 6-51 所示。

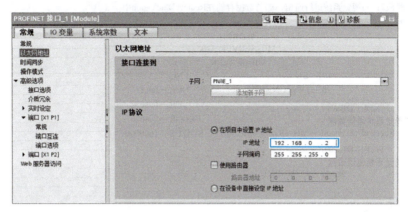

图 6-51　PLC IP 设置

2）S7-1200 PLC 与视觉系统的通信使用 Modbus TCP 协议，S7-1200 PLC 作服务器，程序中调用 MB_SERVER 指令块，创建一个与视觉系统通信的全局数据块，建立变量类型为 "TCON_IP_v4" 的变量 Server 和数据类型为 Word 的用于接收视觉反馈数据的变量 RecieveDataVision，如图 6-52 所示。将 Server 变量中接口号 Interfacedid 设置为 64，子站号 ID 设置为 1，连接类型 ConnectionType 设置为 11，即 TCP/IP 通信。再将远程伙伴 IP 地址设置为视觉系统的 IP 地址 192.168.0.4，PLC 的本址端口 LocalPort 设置为 502。

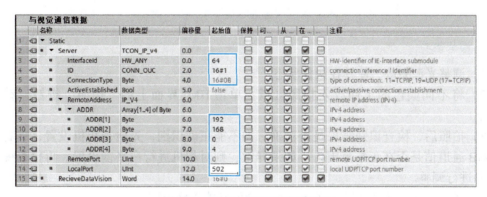

图 6-52　Modbus TCP 服务器设置

3）首先在视觉编程软件中，将视觉相机的触发模式改成"外触发"，再在 PLC 的 Main 组织块程序段 1 中编写手动触发拍照程序，当 HMI 中的"拍照"按钮被按下时，将使 PLC Q3.1 触点闭合，触发视觉相机拍照（上升沿触发）。

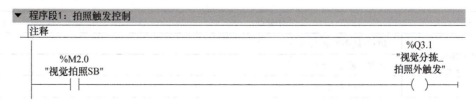

4）在程序段 2 中添加 MB_SERVER 指令块，并将前面定义的视觉系统通信的数据块中的 Server 和 RecieveDataVision 分别与 MB_SERVER 指令的 CONNECT 和 MB_HOLD_REG 参数关联。

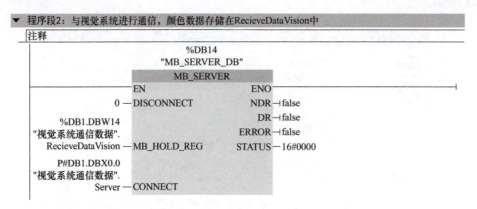

3. HMI 界面设计

按照任务要求，在 HMI 界面中设计一个拍照按钮和一个视觉反馈数据显示控件，并与 PLC 变量进行正确关联，如图 6-53 所示。

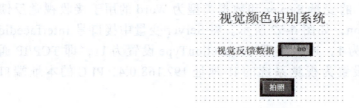

图 6-53　颜色识别系统参考 HMI 界面

4. 调试运行

1）调整光源亮度，使其在最佳状态。

2）将不同颜色的工件放入拍照区域，单击 HMI 界面上的"拍照"按钮，看是否拍照。

3）拍照后，检查识别结果是否正确。如不能正确识别，先检查相机设置，查看各工件 RGB 通道值是否在正常范围内。如果异常，则对相机进行白平衡设置。再检查视觉算法，并进行调整。

4）多次验证，必要时优化视觉算法，确保都能正确识别。

5）最后，监视 RecieveDataVision 变量中的数据是否正确，如不正确，应检查前述通信参数是否已按要求进行配置。

四、任务评价

	评分点	得分
硬件安装与接线 （15 分）	I/O 接线图绘制（5 分）	
	元件安装（5 分）	
	硬件接线（5 分）	

(续)

评分点		得分
编程与调试（65 分）	按下触摸屏上的"拍照"按钮后，能手动触发拍照（5 分）	
	视觉算法能正确识别红、绿、黄 3 种工件颜色（每种 10 分，共 30 分）	
	PLC 能收到红、绿、黄 3 种颜色的正确反馈值（每种 10 分，共 30 分）	
安全素养（10 分）	存在危险用电等情况（每次扣 5 分，上不封顶）	
	存在带电插拔工作站的电缆、电线等情况（每次扣 3 分）	
	穿着不符合生产要求（每次扣 5 分）	
6S 素养（5 分）	桌面物品和工具摆放整齐、整洁（2.5 分）	
	地面清理干净（2.5 分）	
发展素养（5 分）	表达沟通能力（2.5 分）	
	团队协作能力（2.5 分）	

五、任务拓展

请查找资料，设计一个利用机器视觉自动检测物体形状的系统，要求至少能检测出圆形、正方形和三角形 3 种物料，请设计算法，并调试验证。

任务 6.5　视觉分拣系统的设计与调试

一、任务要求及分析

视觉分拣系统的设计与调试

视觉分拣系统是自动化生产线中常见的自动化装置，该系统集成了多种传感器、工业相机、气缸推杆以及变频器等。通过本任务，可以掌握如何使用机器视觉系统实现颜色识别和自动分拣。

1. 任务要求

视觉分拣系统是将上一单元送来的工件进行分拣，通过视觉检测，使不同颜色或形状的工件从不同的位置分流。

具体要求如下：

1）按下复位按钮，分拣模块复位到初始状态（推料气缸活塞杆缩回到位）。

2）按下起动按钮，分拣模块起动运行。当工件放到传送带上并被入料口漫射式光电传感器检测到时，传感器将信号传输给 PLC，延时 2s，变频器以 30Hz 频率开始运行，电动机运转，驱动传送带工作，把工件送入分拣区。若是红色物料，则认为是次品，使用推料气缸将其推入废料槽，并停止传送带运转；若是其他颜色，则认为是合格品，则传送到传送带出口位置，并停止传送带运转，等待取走工件，如此循环。

3）如果在运行期间按下停止按钮，该工作单元在本工作周期结束后停止运行。拍照图片和颜色识别结果可在视觉工控机中显示出来。

2. 任务分析

本任务使用亚龙 YL-36A 实训设备的视觉分拣模块完成。由于拍照和推料处都未安装位置传感器，需要使用光电编码器将电动机运转产生的脉冲送入 PLC 高速计数器，通过脉冲数值来确定物料当前所在的位置，从而控制机器视觉拍照和识别以及推料气缸进行相应的动作。视觉系统根据外部信号采集图像，通过颜色对物料进行识别并判定结果。当判定结果为次品时，使用气缸剔除次品。

二、任务准备

1. 增量式编码器

旋转编码器是通过光电转换，将输出至轴上的机械、几何位移量转换成脉冲或数字信号的传感器，主要用于速度或位置（角度）的检测。一般来说，根据旋转编码器产生脉冲的方式不同，可以分为增量式、绝对式以及复合式 3 大类。

视觉分拣系统上采用的是增量式编码器。增量式编码器提供了一种对连续位移量离散化、增量化以及位移变化（速度）的传感方法。其特点是每产生一个输出脉冲信号就对应于一个增量位移，它能够产生与位移增量等值的脉冲信号。增量式编码器测量的是相对于某个基准点的相对位置增量，而不能够直接检测出绝对位置信息。

如图 6-54 所示，增量式编码器主要由光源、码盘、检测光栅、光电检测器件和转换电路组成。码盘上刻有节距相等的辐射状透光缝隙，相邻两个透光缝隙之间代表一个增量周期。检测光栅上刻有 A、B 两组与码盘相对应的透光缝隙，用以通过或阻挡光源与光电检测器件之间的光线，它们的节距和码盘上的节距相等，并且两组透光缝隙错开 1/4 节距，使得光电检测器件输出的信号在相位上相差 90°。当码盘随着被测转轴转动时，检测光栅不动，光线透过码盘和检测光栅上的透光缝隙照射到光电检测器件上，光电检测器件就输出两组相位相差 90° 的近似于正弦波的电信号，电信号经过转换电路的信号处理，就可以得到被测轴的转角或速度信息。

增量式编码器是直接利用光电转换原理输出 3 组方波脉冲 A、B 和 Z，如图 6-55 所示。A、B 两相脉冲相位相差 90°，用于辨向。当 A 相脉冲超前 B 相时为正转方向，而当 B 相脉冲超前 A 相时则为反转方向。Z 相为每转一个脉冲，用于基准点定位。

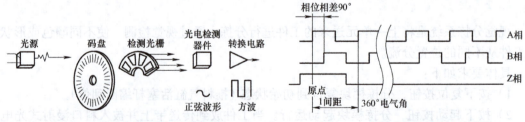

图 6-54　增量式编码器原理示意图　　图 6-55　增量式编码器输出波形图

视觉分拣系统使用了这种具有 A、B 两相存在 90° 相位差的通用型旋转编码器，用于计算工件在传送带上的位置。编码器直接连接到传送带主动轴上。该旋转编码器的三相脉冲采用 NPN 型集电极开路输出，分辨率为 500p/r（脉冲/旋转），工作电源为 DC 12～24V。

2. 高速计数器（HSC）

S7-1200 PLC 的普通计数器的计数过程与扫描工作方式有关，CPU 通过每一个扫描周期读取一次被测信号的方法来捕捉被测信号的上升沿，当被测信号的频率较高时，会丢失计数脉冲，因此普通计数器的最高工作频率一般仅有几十赫兹。高速计数器可以对普通计数器无能为力的高速事件进行计数。

（1）高速计数器（HSC）的功能　S7-1200 PLC V4.0 CPU 提供了最多 6 个高速计数器，CPU 1211C 可以使用 HSC1～HSC3，CPU 1212C 可以使用 HSC1～HSC4，使用信号板 DI2/DO2 时，还可以使用 HSC5。CPU 1214C 及以上型号可以使用 HSC1～HSC6。

在用户程序使用高速计数器之前，需要对高速计数器进行组态，设置高速计数器的计数模式。大多数高速计数器的参数只能在项目的设备组态中设置，某些高速计数器的参数在设备组态初始化后可以用程序来修改。

高速计数器有 4 种工作模式：内部方向控制的单相计数器、外部方向控制的单相计数器、两路计数脉冲输入的双向计数器和 A/B 相计数器。

（2）高速计数器的默认地址　表 6-19 给出了用于高速计数器的计数脉冲、方向控制和复位的输入点的地址。同一个输入点不能同时用于两种不同的功能，但是高速计数器当前模式未使用的输入点可以用于其他功能。例如 HSC1 未使用外部复位输入 I0.3 时，可以将 I0.3 用于边沿中断或用于 HSC2。

表 6-19　高速计数器的输入点

	描述		默认输入地址		功能
HSC	HSC1	I0.0, I4.0 监视 PTO0 脉冲	I0.1, I4.1 监视 PTO0 方向	I0.3	—
	HSC2	I0.2, I4.2 监视 PTO1 脉冲	I0.3, I4.3 监视 PTO1 方向	I0.1	
	HSC3	I0.4	I0.5	I0.7	
	HSC4	I0.6	I0.7	I0.5	
	HSC5	I1.0 或 I4.0	I1.1 或 I4.1	I1.2	
	HSC6	I1.3	I1.4	I1.5	
模式	内部方向控制的单相计数器	计数脉冲	—	计数复位	计数或测频
	外部方向控制的单相计数器	计数脉冲	方向	计数复位	计数或测频
	两路计数脉冲输入的计数器	加计数脉冲	减计数脉冲	计数复位	计数或测频
	A/B 相计数器	A 相脉冲	B 相脉冲	Z 相脉冲	计数或测频
	监视脉冲列输出（PTO）	计数脉冲	方向	—	—

HSC1 和 HSC2 可以分别用来监视脉冲列输出 PTO0 和 PTO1。I4.0 和 4.1 是 2DI/2DO 信号板的输入点，I0.0～I1.5 是 CPU 集成的输入点，复位信号和 Z 相脉冲仅用于计数模式。

数字量 I/O 点指定给 HSC、PWM（脉冲宽度调制）和 PTO（脉冲列输出）后，不能用监视表的强制功能来修改这些 I/O 点。

HSC1～HSC6当前值的数据类型为DInt，默认的地址为ID1000～ID1020（见表6-20），可以在组态时修改地址。

表6-20　高速计数器默认地址

高速计数器（HSC）	当前值数据类型	当前值默认地址
HSC1	DInt	ID1000
HSC2	DInt	ID1004
HSC3	DInt	ID1008
HSC4	DInt	ID1012
HSC5	DInt	ID1016
HSC6	DInt	ID1020

（3）高速计数器输入滤波器时间　高速计数器输入滤波器时间与可检测到的最大输入频率关系见表6-21。按视觉分拣单元三相异步电动机同步转速1500r/min，即25r/s，考虑减速比1∶20，所以分拣站主动轴转速理论最大值1.25r/s，编码器500线（500Hz），所以PLC脉冲输入的最大频率为1.25×500Hz=625Hz，即625Hz，实际运行达不到此速度，故可选0.8ms。

表6-21　高速计数器输入滤波器时间与可检测到的最大输入频率关系

输入滤波器时间/μs	可检测到的最大输入频率	输入滤波器时间/ms	可检测到的最大输入频率
0.1	1MHz	0.05	10kHz
0.2	1MHz	0.1	5kHz
0.4	1MHz	0.2	2.5kHz
0.8	625kHz	0.4	1.25kHz
1.6	312kHz	0.8	625Hz
3.2	156kHz	1.6	312Hz
6.4	78kHz	3.2	156Hz
10	50kHz	6.4	78Hz
12.8	39kHz	10	50Hz
20	25kHz	12.8	39Hz

（4）高速计数器组态（以视觉分拣模块为例）

1）在设备组态界面中，选择CPU的"属性"选项卡，并选择"DI14/DO10"→"数字量输入"→"通道0"，设置输入滤波器时间为0.8ms，如图6-56所示。

图6-56　输入滤波器时间设置

2）在设备组态界面中，选择 CPU 的"属性"选项卡，并选择"高速计数器"→"HSC1"在"常规"选项中勾选"启用该高速计数器"复选项，如图 6-57 所示。

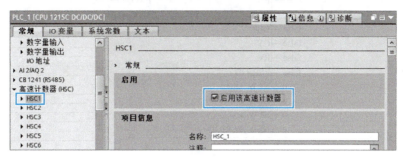

图 6-57 勾选"启用该高速计数器"复选项

3）在"功能"选项中，保持默认设置，即计数类型为"计数"，工作模式为"单相"，计数方向取决于为"用户程序（内部方向控制）"，初始计数方向为"加计数"，如图 6-58 所示。

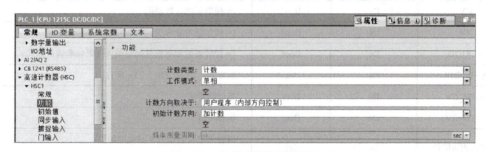

图 6-58 高速计数器功能设置

4）在"硬件输入"选项中，时钟发生器输入采用默认值 I0.0，如图 6-59 所示。

5）在"I/O 地址"选项中，可以设定起始地址，系统提供默认值 1000，如图 6-60 所示。

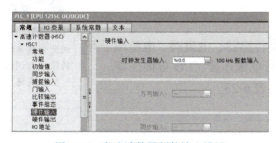

图 6-59 高速计数器硬件输入设置

图 6-60 高速计数器 I/O 地址设置

6）其他均使用默认设置。

（5）高速计数器指令 高速计数器指令如图 6-61 所示，需要使用指定背景数据块存储参数。必须先在项目的 PLC 设备配置中组态高速计数器，然后才能在程序中使用高速计数器指令。高速计数器指令各参数功能说明见表 6-22。

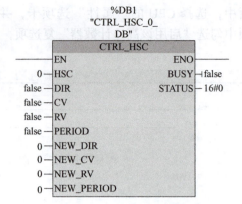

图 6-61 高速计数器指令

表 6-22 高速计数器指令各参数功能说明

参数	参数类型	数据类型	说明
HSC	IN	HW_HSC	高速计数器硬件标志符
DIR	IN	Bool	1=使能新方向请求
CV	IN	Bool	1=使能新的计数器值
RV	IN	Bool	1=使能新的参考值
PERIOD	IN	Bool	1=使能新的频率测量周期值（仅限频率测量模式）
NEW_DIR	IN	Int	新方向：1=正方向，-1=反方向
NEW_CV	IN	DInt	新计数器值
NEW_RV	IN	DInt	新参考值
NEW_PERIOD	IN	Int	以秒为单位的新频率测量周期值：0.01s、0.1s、1s
BUSY	OUT	Bool	处理状态
STATUS	OUT	Word	功能状态，显示错误代码

三、任务实施

1. 装置侧及 PLC 的 I/O 接线

电气接线包括在工作单元装置侧完成各类传感器、电磁阀、电源端子等与装置侧接线端口之间的接线；在 PLC 侧进行电源连接、I/O 点接线等。视觉分拣模块装置侧的接线端子的分配见表 6-23。

视觉分拣系统的设计与调试任务实施

表 6-23 视觉分拣模块装置侧的接线端子的分配

端子号	设备符号	信号线
1	PG	编码器 B 相
2	PG	编码器 A 相
3	SC1	入料检测
4	1B	气缸活塞杆伸出到位

(续)

端子号	设备符号	信号线
5	SC2	物料到达检测
6	空	未接
7	1Y	推料电磁阀
8	0V	电源
9	24V	电源

接线时应注意:装置侧接线端口中 8、9 端子接 24V 电源,接线完成后,应用扎带绑扎,力求整齐美观;电气接线的工艺应符合国家职业标准的规定,例如,导线连接到端子时,采用端子压接方法,连接线须有符合规定的标号。根据工作单元装置的 I/O 地址分配和工作任务的要求,视觉分拣模块 PLC 的 I/O 地址分配表见表 6-24。

表 6-24 视觉分拣模块 PLC 的 I/O 地址分配表

输入信号				输出信号			
序号	PLC 输入点	信号名称	信号来源	序号	PLC 输出点	信号名称	信号来源
1	I0.0	编码器 B 相	装置侧	1	Q2.4	变频器正转	PLC 侧
2	I2.5	入料检测		2	Q2.5	变频器反转	
3	I2.6	气缸活塞杆伸出到位		3	Q2.6	多段速 1	
4	I2.7	物料到达检测		4	Q2.7	多段速 2	
5	I4.5	起动按钮	按钮/指示灯模块	5	Q3.0	多段速 3	
6	I4.6	停止按钮		6	Q3.1	视觉拍照触发	
7	I4.7	复位按钮		7	Q3.2	推料电磁阀	
8	I5.0	转换开关		8	Q4.1	黄色指示灯	按钮/指示灯模块
9	I5.1	急停按钮		9	Q4.2	绿色指示灯	
				10	Q4.3	红色指示灯	
				11	Q4.4	蜂鸣器	

2. 变频器参数设置

模拟量控制响应速度快、编程简单,因此视觉分拣模块程序采用模拟量控制,变频器参数设置参考任务 6.2 进行设置。

3. 工业视觉程序设计

参考任务 6.4 进行设置。

4. PLC 程序设计

1)编程思路。按下复位按钮,设备复位到原点(推料气缸活塞杆缩回到位)。按下起动按钮，设备起动运行。当入料口漫射式光电传感器检测到工件放入时，传感器将信号传输给 PLC，延时 2s，变频器以 30Hz 频率开始运行，电动机运转驱动传送带工作，把工件送入分拣区。如果进入分拣区的工件为非成品（用红色表示），则推料气缸动作，推料完成；如果进入分拣区工件为成品（其他颜色表示），则变频器运行，将工件送至到达检测位置，取走工件，如此循环。如果在运行期间按下停止按钮，该工作单元在本工作周期结束后停止运行。图 6-62 所示为视觉分拣模块流程图。

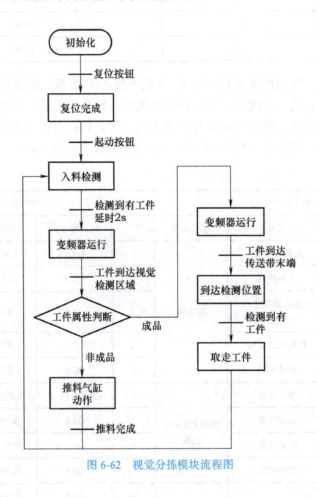

图 6-62　视觉分拣模块流程图

2）编写程序。

程序段 1 为分拣自动控制步 0，即初始步。等待运行、入料口有料和出料口无料等条件都满足后延时 2s 进入步 1。

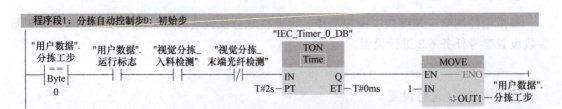

程序段 2 为分拣自动控制步 1，即起动传送带正转步。置位变频器正转输出，并设置变频器频率为 30Hz，待高速计数器计数值大于 200 时进行步 2。

项目 6 视觉分拣控制

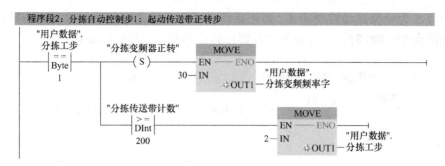

程序段 3 为分拣自动控制步 2，即拍照步及正次品分支选择步。高速计数值大于 450 的上升沿时，置位拍照输出信号，触发相机拍照；高速计数值大于 650 时，复位拍照输出信号。视觉反馈值为 1（红色次品）时，进入步 3；否则，进入步 4。

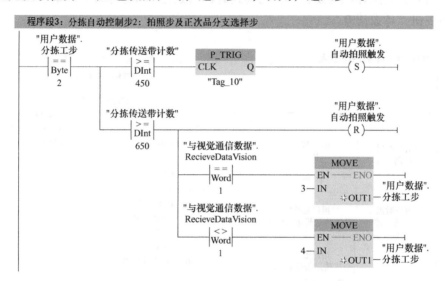

程序段 4 为分拣自动控制步 3，即次品剔除步。当高数计数值大于 890 时，上升沿设置变频器正转信号为 0，0.5s 后等物料静止再置位推料输出，将其推入料槽；等推料气缸活塞杆伸出到位后复位推料输出，随后返回步 0。

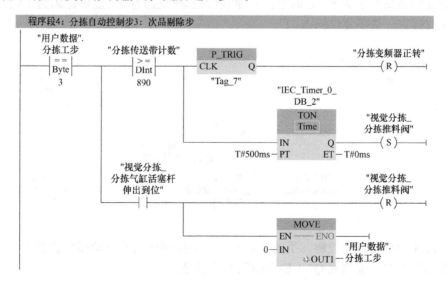

215

程序段5为分拣自动控制步4，即正品传送步。末端光纤传感器检测到物料且分拣传送带计数值大于1900时，设置分拣变频器正转信号为0，并返回步0。

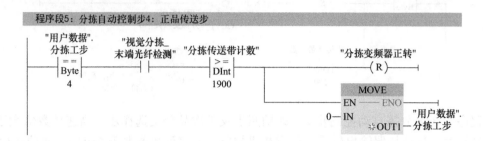

程序段6为高速计数器设置。自动模式时，当处在步0或手动模式时，按下传送带正转或反转按钮，计数清0。

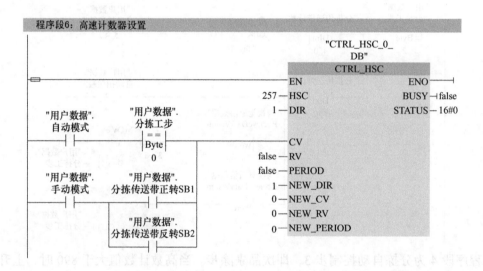

程序段7为急停和复位操作。急停按钮被按压或复位标志为1时，推料气缸活塞杆缩回，设置变频器命令字为8（立即停止），将分拣工频设置为0。复位标志为1时，还将置位复位完成标志，清零复位标志。

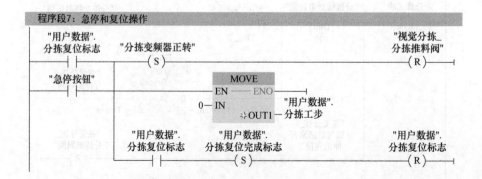

程序段8为拍照触发控制。手动模式时，按下拍照按钮或自动模式状态下，待自动拍照触发标志为1时，输出端Q3.1输出拍照触发信号。

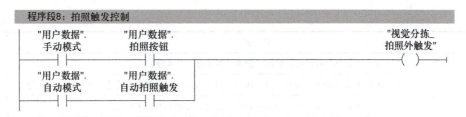

视觉分拣模块参考 HMI 界面如图 6-63 所示，设置有复位、伸出、缩回、拍照、正转、反转和停止等按钮，还有变频器手动模式时输出频率设置窗口，及高速计数器当前计数值、视觉反馈值等监测显示控件。

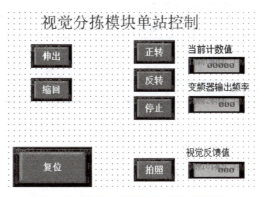

图 6-63　视觉分拣模块参考 HMI 界面

5. 运行调试

1）调整气动部分，检查气路是否正确，气压是否合理、恰当，气缸活塞杆的动作速度是否合适。

2）检查磁性开关的安装位置是否到位，磁性开关工作是否正常。

3）检查 I/O 接线是否正确。

4）检查光电传感器安装是否合理，灵敏度是否合适，保证检测的可靠性。

5）放入工件，运行程序，观察视觉分拣模块动作是否满足任务要求。

6）调试各种可能出现的情况，如在任何情况下加入工件，系统都要能可靠工作。

7）优化程序。

四、任务评价

评分点		得分
硬件安装与接线 （25 分）	I/O 接线图绘制（5 分）	
	元件安装（10 分）	
	硬件接线（10 分）	
编程与调试（55 分）	按下复位按钮，视觉分拣模块复位到初始状态（5 分）	
	按下起动按钮，入料口有工件，延时 2s，起动传送带（5 分）	
	工件进入拍照区域后能自动拍照（5 分）	
	工控机上显示出识别颜色（红、绿、黄）结果（各 5 分，共 15 分）	
	红色工件能自动推入废料槽（5 分）	

(续)

评分点		得分
编程与调试（55分）	绿色、黄色工件能传送到出口位置（各2分，共4分）	
	废料入槽或绿色、黄色工件传送到出口位置后传送带能自动停止（各3分，共6分）	
	未按停止按钮前，再次在入料口放入工件，系统能循环（5分）	
	按下停止按钮后，系统在本工作周期结束后停止运行（5分）	
安全素养（10分）	存在危险用电等情况（每次扣5分，上不封顶）	
	存在带电插拔工作站的电缆、电线等情况（每次扣3分）	
	穿着不符合生产要求（每次扣5分）	
6S素养（5分）	桌面物品和工具摆放整齐、整洁（2.5分）	
	地面清理干净（2.5分）	
发展素养（5分）	表达沟通能力（2.5分）	
	团队协作能力（2.5分）	

五、任务拓展

请使用通信方式控制变频器，完成本任务要求。

项目 7　液位和温度控制

■ 项目导入

我们经常可以在工业现场看到各种类型的传感器，这些传感器输出的信号大多不是数字量，而是连续变化的一个电压或者电流信号，这就是我们说的模拟量。模拟量是区别于数字量的一个连续变化的电压或电流信号，可作为 PLC 的输入或输出，PLC 通过传感器或控制设备对系统的温度、压力、流量等模拟量进行检测或控制。通过模拟量转换模块或变送器可将传感器提供的电量或非电量转换为标准的直流电流（0～20mA、4～20mA、±20mA 等）信号或直流电压信号（0～5V、0～10V、±10V 等）。本项目主要讨论如何运用 PLC 对模拟量输入/输出信号进行处理。

■ 项目目标

知识目标	掌握模拟量的基本概念和常见的输出类型 熟悉 S7-1200 PLC 模拟量信号模块的类型及功能 熟悉 S7-1200 PLC 模拟量信号模块的配置方法 掌握 Factory I/O 软件的安装和使用方法 掌握 Factory I/O 软件的配置方法
能力目标	能进行 PLC 模拟量信号模块的选型 能进行 PLC 模拟量信号模块的配置 能安装 Factory I/O 软件 能配置博途软件和 Factory I/O 软件之间的通信并进行仿真 能通过互联网获取所需要信息
素质目标	培养学生的职业素养、职业道德 培养学生按 6S（整理、整顿、清扫、清洁、素养、安全）标准工作的习惯

■ 实施条件

	名称	型号或版本	数量或备注
硬件准备	计算机	可上网、符合博途软件最低安装要求	1 台
	PLC	CPU 1215C DC/DC/DC 或相当型号	1 台
	物料传感器	GRTE18S-N1317 或 GTB6-N1211	1 个
	起动按钮	正泰 LAY39B（LA38）-11BN 绿色	1 个
	停止按钮	正泰 LAY39B（LA38）-11BN 红色	1 个
	方向选择旋钮	正泰 NP2-BD 25	1 个
	三极断路器	正泰 NXB-63-3P-C32	1 个
	单极断路器	正泰 NXB-63-1P-C10	1 个
	温度控制模块	YL-36A	1 套
	通信导线	—	1 根
软件准备	博途软件	15.1 或以上	—
	Factory I/O	2.5.4	—

任务 7.1 水箱的液位控制

一、任务要求及分析

1. 任务要求

在 Factory I/O 软件中模拟循环水箱控制系统，通过进水电动调节阀和出水电动调节阀控制水箱水位，电动调节阀开度的工程量为 0～10，0 对应全关，10 对应全开，控制信号为 4～20mA 的电流信号。水箱内装有液位检测传感器，用于检测水箱水位；出口处有流量检测传感器，用于检测水箱出口流量，传感器的输出信号都为 4～20mA 的电流信号，传感器量程为 0～10。现要求系统工作时出口电动调节阀开度为总开度的 30%，出口流量仅用于监控；为保持出口流量平稳，通过进水电动调节阀控制水箱水位位于水箱高度的 50%～70% 区间。水箱水位低于 50% 时，进水阀开启至总开度的 70% 并进水；水箱水位高于 70% 时，进水阀关闭。请根据任务要求完成 PLC 程序的编写与调试，以及博途软件与 Factory I/O 软件之间的仿真与调试任务，循环水箱控制系统结构示意图如图 7-1 所示。

图 7-1 循环水箱控制系统结构示意图

2. 任务分析

此任务的关键点有以下两点：①如何将模拟量信号采集到 PLC 内部并转换成工程量，方便用户使用？②如何将工程量的控制要求转换成模拟量，最终控制电动调节阀的开度？通过分析可知，以上问题是互为逆向的转换过程，只有掌握 S7-1200 PLC 模拟量处理的规则方可解决以上问题。

二、任务准备

1. 模拟量信号模块基础知识及组态

S7-1200 PLC 的模拟量信号模块包括模拟量输入模块 SM1231、模拟量输出模块

SM1232、模拟量输入/输出模块 SM1234。

(1) 模拟量输入模块　模拟量输入模块 SM1231 用于将现场各种模拟量测量传感器输出的直流电压或电流信号转换为 S7-1200 PLC 内部处理用的数字信号。模拟量输入模块 SM1231 可选择的输入信号类型有电压型、电流型、电阻型、热电阻型和热电偶型等。目前，模拟量输入模块 SM1231 主要有 AI4×13/16bit、AI4/8×RTD、AI4/8×TC 三种类型，直流信号主要有 ±1.25V、±2.5V、±5V、±10V、0～20mA、4～20mA。模块的输入路数、分辨率、信号类型及大小，都要根据每个模拟量输入模块的订货号而定。

在此以 SM1231 AI4×13bit 为例进行介绍。该模块的输入量范围可选 ±2.5V、±5V、±10V 或 0～20mA；分辨率为 12 位加上符号位；电压型的输入电阻≥9MΩ，电流型的输入电阻为 250Ω；模块有中断和诊断功能，可监控电源电压和断线故障；所有通道的最大循环时间为 625μs；额定范围的电压转换后对应的数字为 −27648～27648；25℃或 0～55℃满量程的最大误差为 ±0.1% 或 ±0.2%。

可按无、弱、中、强 4 个级别对模拟量信号做平滑（滤波）处理，"无"表示不做平滑处理。模拟量输入模块的电源电压均为 DC 24V。

S7-1200 PLC 的紧凑型 CPU 模块已集成 2 通道模拟量信号输入，其中 CPU 1215C 和 CPU 1217C 还集成有 2 通道模拟量信号输出。

(2) 模拟量输出模块　模拟量输出模块 SM1232 用于将 S7-1200 PLC 的数字量信号转换成系统所需要的模拟量信号，控制模拟量调节器或执行设备。目前，模拟量输出模块 SM1232 主要有 AQ2×14bit 和 AQ4×14bit 两种，其输出电压为 ±10V，输出电流为 0～20mA。

在此以模拟量输出模块 SM1232 AQ2×14bit 为例进行介绍。该模块的输出电压为 −10～10V 时，分辨率为 14 位，最小负载阻抗为 1000MΩ；输出电流为 0～20mA 时，分辨率为 13 位，最大负载阻抗为 600Ω；有中断和诊断功能，可监控电源电压短路和断线故障。数字 −27648～27648 被转换为 −10～10V 的电压，数字 0～27648 被转换为 0～20mA 的电流。

电压输出负载为电阻时，转换时间为 300μs；负载为 1μF 电容时，转换时间为 750μs。

电流输出负载电感为 1mH 时，转换时间为 600μs；负载电感为 10mH 时，转换时间为 2ms。

(3) 模拟量输入/输出模块　模拟量输入/输出模块 SM1234 目前只有 4 通道模拟量输入/2 通道模拟量输出模块。SM1234 的模拟量输入和模拟量输出通道的性能指标分别与 SM1231 AI4×13bit 和 SM1232 AQ2×14bit 的相同，相当于这两种模块的组合。

在控制系统需要模拟量通道较少的情况下，为不增加设备占用空间，可通过信号板来增加模拟量通道。目前，主要有 AI1×12bit、AI1×RTD、AI1×TC 和 AQ1×12bit 等几种信号板。

(4) 模拟量信号模块的地址分配　模拟量信号模块以通道为单位，一个通道占一个字（2B）的地址，所以在模拟量地址中只有偶数。S7-1200 PLC 的模拟量信号模块的系统默认地址为 I/QW96～I/QW222。一个模拟量信号模块最多有 8 个通道，从 96 号字节开始，S7-1200 给每一个模拟量信号模块分配 16B（8 个字）的地址。N 号槽的模拟量信号模块的起始地址为 $(N-2)\times16+96$，其中 $N\geq2$。集成的模拟量输入/输出系统默认地址是 I/QW64 和 I/QW66；信号板上的模拟量输入/输出系统默认地址是 I/QW80。

对模拟量信号模块组态时，CPU 将会根据模块所在的槽号，按上述原则自动地分配模块的默认地址。双击设备组态窗口中相应模块，其"常规"属性中列出每个通道的输入或输出起始地址。

在模块的属性对话框的"地址"选项卡中，可以通过编程软件修改系统自动分配的地址，但用户一般采用系统分配的地址，因此没必要严格按照上述的地址分配原则。但是必须根据组态时确定的 I/O 点的地址来编程。

模拟量输入地址的标志符是 IW，模拟量输出地址的标志符是 QW。

（5）模拟量信号模块的组态　由于模拟量输入或输出模块提供不止一种类型信号的输入或输出，每种信号的测量范围又有多种选择，因此必须对模块信号类型和测量范围进行设定。

CPU 上集成的模拟量信号模块均为模拟量输入电压（0～10V）通道和模拟量输出电流通道（0～20mA），无法对其更改。通常每个模拟量模块都可以更改其测量信号的类型和范围，在参考硬件手册正确地进行接线的情况，再利用编程软件进行更改。

注意：必须在 CPU 为 STOP 模式时才能设置参数，且需要将参数进行下载。当 CPU 从 STOP 模式切换到 RUN 模式后，CPU 将设定的参数传送到每个模拟量信号模块中。

在此以第 1 号槽上的 SM1234 AI4×13bit/AQ2×14bit 为例进行介绍。

在项目视图中打开"设备组态"，选中第 1 号槽上的模拟量信号模块，再单击巡视窗口上方最右边的 按钮，便可展开其模拟量输入的通道设置对话框（或双击第 1 号槽上的模拟量信号模块，便可直接打开其模拟量输入的通道设置对话框），如图 7-2 所示。其"常规"选项中包括常规和 AI4/AQ2 两个选项，"常规"选项给出了该模块的名称、描述、注释、订货号及固件版本等。

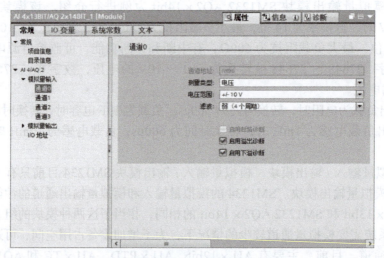

图 7-2　模拟量输入的通道设置对话框

在 AI4/AQ2 的"模拟量输入"选项中可设置信号的测量类型、电压范围及滤波级别（一般选择"弱"级，可以抑制工频信号对模拟量信号的干扰），单击测量类型后面的 按钮，可以看到测量类型有电压和电流两种。单击电压范围后面的 按钮，若测量类型选为"电压"，则电压范围为 ±2.5V、±5V、±10V；若测量类型选为"电流"，则电流范围为 0～20mA 和 4～20mA。在此对话框中可以激活输入信号的启用断路诊断、启用溢出诊断和启用下溢出诊断等功能。

在"模拟量输出"选项中可设置输出模拟量输出的类型（电压和电流）及范围（若输

出为电压信号,则范围为 0 ～ 10V;若输出为电流信号,则范围为 0 ～ 20mA),还可以设置 CPU 进入 STOP 模式后,各输出点保持最后的值,或通道的替代值,如图 7-3 所示。选中后者时,可以设置各点的替代值。可以激活电压输出的短路诊断功能、电流输出的断路诊断功能以及超出上限值 32511 或低于下限值 −32512 的诊断功能(模拟量的上限值为 32767,下限值为 −32768)。

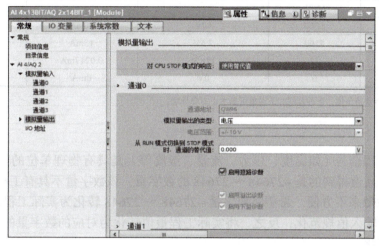

图 7-3 模拟量输出的通道设置对话框

在 AI4/AQ2 下的"I/O 地址"选项中可设置输入/输出通道的起始和结束地址,用户可以自定义通道地址(这些地址可在设备组态中更改,范围为 0 ～ 1022),如图 7-4 所示。

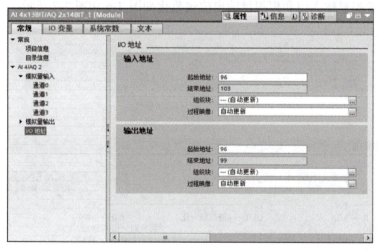

图 7-4 模拟量输出的 I/O 地址设置对话框

(6) 模拟值的表示　模拟值用二进制补码表示,宽度为 16 位,符号位总在最高位。模拟量信号模块的精度最高位为 15 位,如果少于 15 位,则模拟值左移调整,然后再保存到模块中,未用的低位填入"0"。若模拟值的精度为 12 位加符号位,左移 3 位后未使用的低位(第 0 ～ 2 位)为 0,相当于实际的模拟值乘以 8。

电压 0 ～ 10V 和电流 0 ～ 20mA 测量范围见表 7-1,其他类型的输出/输入特性可参考此表格进行界定。

表 7-1 电压 0～10V 和电流 0～20mA 测量范围

系统		测量范围		范围
十进制	十六进制	0～10V	0～20mA	
32767	7FFF	11.852V	23.7030mA	上溢
32512	7F00	—	—	
32511	7EFF	11.759V	23.5178mA	过冲范围
27649	6C01	—	—	
27648	6C00	10V	20mA	额定范围
20736	5100	7.5V	15mA	
34	22	12mV	0.0247mA	
0	0	0V	0mA	

注：若传感器支持负值，下冲范围和下溢值可参考正方向界定。

2. 标定指令 SCALE_X 和标准化指令 NORM_X

现场的过程信号（如温度、压力、流量、湿度等）是具有物理单位的工程量值，模/数转换后输入通道得到的是 –27648～27648 的数字量，该数字量不具有工程量值的单位，在程序处理时带来不方便。希望将数字量 –27648～27648 转化为实际工程量值，这一过程称为模拟量输入值规范化；反之，将实际工程量值转化为对应的数字量的过程称为模拟量输出值规范化。

为解决工程量值规范化问题，可以使用标定指令 SCALE_X 和标准化指令 NORM_X。例如，修改"归一化"程序 FC1 中的程序段 1～程序段 4，使用 SCALE_X 和 NORM_X 指令实现模拟量值的规范化，将编程过程中用到 4 个中间变量定义为临时变量 Temp，如图 7-5 所示，模拟量输入值和模拟量输出值规范化如图 7-6 和图 7-7 所示。

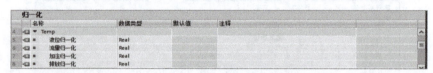

图 7-5 定义临时变量

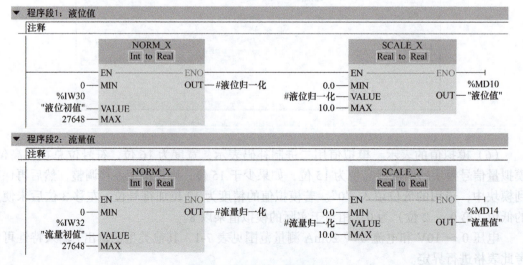

图 7-6 模拟量输入值规范化

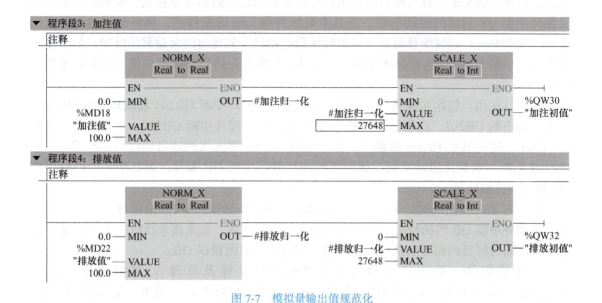

图 7-7　模拟量输出值规范化

在模拟量输入值规范化过程中，使用 NORM_X 指令将 VALUE 参数处模拟量输入通道（如 IW30 或 IW32）采样的值转换成 0.0～1.0 之间的浮点数，结果于 OUT 参数处输出，再使用 SCALE_X 指令将该中间结果转换成具有工程量纲的实际值（如实际流量值或实际液位）。NORM_X 指令的 MIN 和 MAX 参数分别对应模拟量输入通道经过模/数转换后的数字量量程的最小值和最大值（单极性为 0 和 27648，双极性为 −27648 和 27648），SCALE_X 指令的 MIN 和 MAX 参数分别对应带工程量纲的实际值量程的最小值和最大值（例如，实际流量：0.0，10.0；实际液位：0.0，10.0）。

在模拟量输出值规范化过程中，使用 NORM_X 指令将 VALUE 参数处带工程量纲的数据（如加注阀门开度，单位为 %）转换成 0.0～1.0 之间的浮点数，结果于 OUT 参数处输出，再使用 SCALE_X 指令将该中间结果转换成数字量通过模拟量输出通道（如 QW30）进行输出。NORM_X 指令的 MIN 和 MAX 参数分别对应带工程量纲的实际值量程的最小值和最大值（例如，进料阀门开度：0.0%，100.0%），SCALE_X 指令的 MIN 和 MAX 参数分别对应通过模拟量输出通道输出的数字量量程的最小值和最大值（单极性为 0 和 27648，双极性为 −27648 和 27648）。

使用 SCALE_X 和 NORM_X 指令进行编程时，需要注意转换前和转换后数据类型的设置及指令参数中数据类型的匹配。SCALE_X 和 NORM_X 指令通用性强，不仅可以实现模拟量的规范化，还可以应用在其他场合的数据转换。

模拟量值规范化后，就可以对模拟量数据进行下一步处理了。

3. 循环中断

对于模拟量信号，通常需要固定间隔进行采样或处理，故程序中可以使用循环中断实现固定间隔采样或处理。

例如，在本液位控制系统中，考虑到实际液位的变化情况，对成品流量和液位值每 500ms 采集一次（加注阀门和排放阀门的控制也每 500ms 执行一次）。

循环中断 OB 用于按一定时间间隔循环执行中断程序，循环中断 OB 与循环程序执行无关。循环中断 OB 的启动时间通过循环时间基数和相位偏移量来指定。循环时间基数定义循环中断 OB 启动的时间间隔，是基本时钟周期 1ms 的整数倍，循环时间的设置范围为 1～60000ms；相位偏移量是与基本时钟周期相比，启动时间所偏移的时间。如果使用多个循环中断 OB，当这些循环中断 OB 的时间基数有公倍数时，可以使用该偏移量防止同时启动。

假设已在用户程序中插入两个循环中断 OB，即循环中断 OB201 和循环中断 OB202。对于循环中断 OB201，已设置时间基数为 20ms；对于循环中断 OB202，已设置时间基数为 100ms。时间基数 100ms 到期后，循环中断 OB201 第五次到达启动时间，而循环中断 OB202 是第一次到达启动时间，此时需要执行循环中断 OB 偏移，为其中一个循环中断 OB 输入相位偏移量。

用户定义时间间隔时，必须确保两次循环中断之间的时间间隔足以处理循环中断程序。各循环中断 OB 的执行时间必须明显小于其时间基数。如果尚未执行完循环中断 OB，但由于周期时钟已到而导致执行再次暂停，则将启动时间错误 OB。

新建组织块，组织块名称定义为"模拟量采样及处理"，类型选择"Cyclic interrupt"，编号为 30，时间间隔设置为 500ms，如图 7-8 所示。另外，组织块的名称、编号和时间间隔等参数也可以在属性窗口中进行修改。

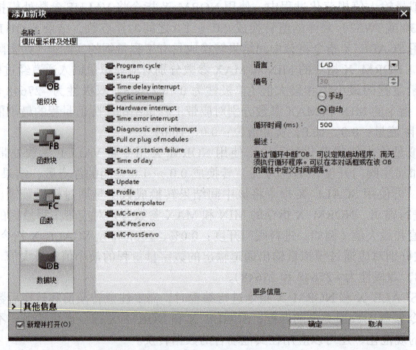

图 7-8　循环组织块创建及基本参数设置

然后，打开 OB30，直接调用 FC1，即可实现在液位控制系统中，对液位值和流量值每 500ms 采集一次，对加注阀门和排放阀门的控制每 500ms 执行一次。

4. Factory I/O

Factory I/O 是用于学习工厂自动化技术的 3D 模拟软件，易于使用，可以使用一系列常见的工业零件快速地构建虚拟工厂。Factory I/O 还包括许多受典型工业应用启发的场景，包括从初学者到高级难度级别。Factory I/O 虚拟仿真实验室提供超过 20 个典型的工业应用场景，可选择一种场景直接使用或以其作为一个新项目的开端；也可以使用高度虚拟仿真实验室的各种工业部件，包括传感器、传送机、升降机、工作站等，来创造一座虚拟工厂。

最常见的场景是使用 Factory I/O 作为 PLC 培训平台，因为 PLC 是工业应用中常见的控制器。Factory I/O 通过驱动与 PLC、SoftPLC、Modbus 和其他技术进行连接。每一个版本都包含了支持特定技术的一组驱动程序。

三、任务实施

1. TIA 与 Factory 连接前的准备

请注意，在连接到 S7-PLCSIM V13～16 时，必须使用 Factory 官方提供的 TIA 博途模板项目。否则，Factory I/O 将无法与 S7-PLCSIM 通信。

（1）使用 TIA 设置 S7-PLCSIM 下载并打开与要模拟的 TIA 版本和 PLC 系列相对应的模板项目，可以重命名或者另存为自己需要的项目名称。另存后可以根据项目需要设置好变量表进行编程，注意在现有的 OB1 中，已经有一个网络 1，请勿删除此网络，否则连接将不起作用。程序编辑完毕后选择设备，然后单击"开始模拟"，打开模拟。选择"网络/输入以太网"作为 PG/PC 接口的类型，在 PG/PC 接口上选择 PLCSIM S7-1200/S7-1500，单击"开始搜索"，扫描完成后，选择设备，然后单击"加载"，如图 7-9 所示。下载完毕后启动 S7-PLCSIM 并将其置于 RUN 模式即可。

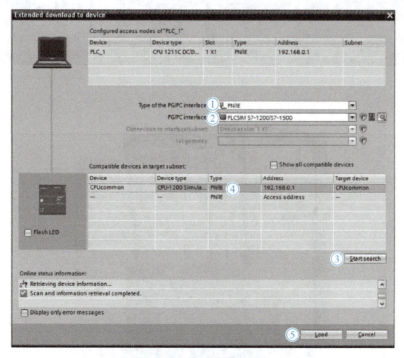

图 7-9　TIA 下载设置界面

（2）将 Factory I/O 连接到 S7-PLCSIM 打开 Factory I/O 软件，选择场景菜单，如图 7-10 所示，打开系统中提供的 Filling Tank 模型。

右击模型，将其配置为 Analog 模式，如图 7-11 所示。

图 7-10　场景选择

图 7-11　配置信号类型

选择文件菜单中驱动选项,打开驱动设置界面,在驱动程序下拉列表中选择西门子 S7–PLCSIM,如图 7-12a 所示。

单击"配置",打开驱动程序配置面板,并进行配置,如图 7-12b 所示。

按 Esc 键返回到主驱动程序窗口。单击"连接"以连接到模拟器。连接是否成功由所选驱动程序旁边的绿色图标以及状态栏上显示的驱动程序名称进行指示,如图 7-12c 所示。

a)

b)

c)

图 7-12 仿真驱动配置

2. PLC 与 Factory 对应表

PLC 与 Factory I/O 变量的对应关系见表 7-2。

表 7-2 PLC 与 Factory I/O 变量的对应关系

PIC 地址	Factory I/O 地址	数据类型	功能
I0.0	Fill	Bool	起动
I0.1	Discharge	Bool	停止
Q0.0	Filling	Bool	运行指示
Q0.1	Discharging	Bool	暂停指示
IW30	Level Meter	Int	液位初值
IW32	Flow Meter	Int	流量初值

(续)

PIC 地址	Factory I/O 地址	数据类型	功能
QW30	Fill Value	Int	加注初值
QW32	Discharge Value	Int	排放初值
QW34	Timer	Int	运行时长

3. 硬件组态与变量设置

1) 在博途软件中新建一个项目，命名为"液位控制"。

2) 在项目硬件组态中根据具体情况添加与现场一致的 PLC 控制器，此处以 CPU 1215C DC/DC/DC 为例，订货号也应与现场保持一致。

3) 编辑变量表：可在默认变量表中编辑，也可新建一个变量表，将需要用到的变量进行定义，变量名应尽量简洁易懂，增加程序的易读性，如图 7-13 所示。

图 7-13 变量表

4. 程序设计

在项目视图中，选择"项目树"→"PLC_1"→"程序块"，找到"Main[OB1]"并双击，打开编程窗口，在编程窗口中进行编程。系统自动运行部分的参考程序如下：

1) 程序段 1 主要实现 PLC 与 Factory I/O 之间通信功能。

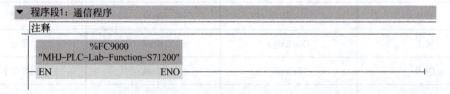

2) 程序段 2 为实现系统起动及停止部分数据处理和系统工作标志位控制功能。按下起动按钮后系统运行，标志位起动，同时赋值排放阀以 30% 的开度进行液体排放。按下停止按钮后系统工作，标志位停止，同时赋值排放值和加注值为 0，关闭加注阀和排放阀。

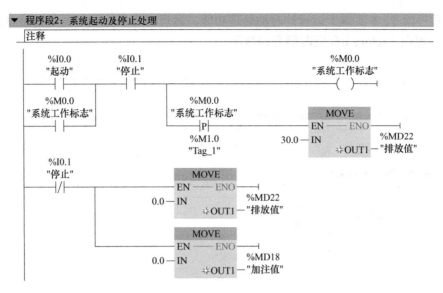

3）程序段 3 实现系统工作过程中加注阀的控制功能。在系统工作标志为允许状态且实时液位值大于 7.0 时关闭加注阀，液位值小于 5.0 时开启开度为 70% 的加注阀进行加注。

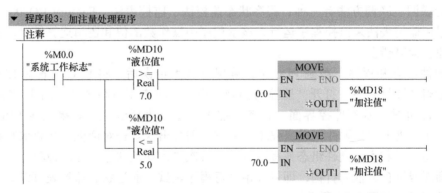

4）程序段 4 实现系统工作过程中控制柜面板指示灯和运行时长的控制功能。系统加注时指示灯 Q0.0 点亮，运行时间通过定时器进行计时，系统未加注时 Q0.1 点亮，计时停止。

5）程序段 5、6 实现了运行计时的处理功能，运行时将系统计时器的计时总量单位转换为 s，以便在 Factory I/O 定时器界面显示。

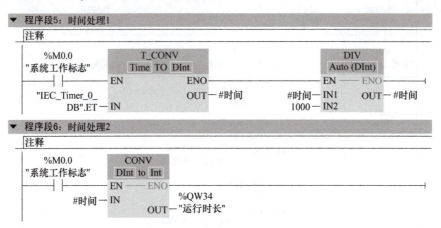

5. 项目调试

项目调试目标是通过调试发现仿真过程中存在的问题，并加以解决。通常可分为三步：首先启动博途软件仿真环境 S7–PLCSIM，然后启动 Factory I/O 并连接 S7–PLCSIM，最后进行联调。联调方法有三种：程序状态监控法、监控表法、Factory I/O 状态强制法。本项目采用监控表法来监控程序运行，显示程序中操作数的值和逻辑运算结果，从而发现并修改逻辑运算错误。

将硬件组态和程序下载到 PLC 中，确保下载无错误后，将 PLC 设置为 RUN 模式，运行指示灯（绿灯）亮。打开"监控与强制"窗口，单击工具栏中的"启用 / 禁用监视"按钮，即可进入状态监控界面，状态监控表标题栏为橘红色。如果在线（PLC 中的）和离线（计算机中的）硬件组态或程序不一致，则会出现警告对话框，需要保存和重新下载站点，使在线和离线硬件组态或程序一致，再次进入在线状态，在左边项目树中出现的绿色小圆圈或绿色方框内打钩，即可开始进行程序调试，通过状态监控表可以直接修改需要调整的变量，如图 7-14 所示。

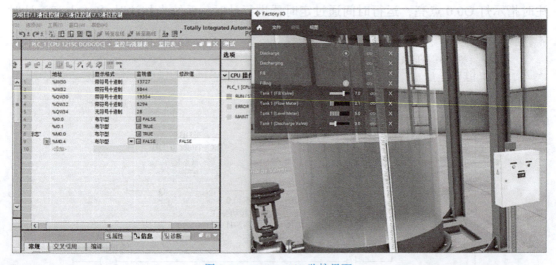

图 7-14　Factory I/O 监控界面

同时 Factory I/O 监控界面可以实时显示程序运行的动态效果,浮动的监视工具条也可实时显示各变量的工程值和对应指示灯的状态信息。通过调试验证,系统按照设计要求正常工作,各部件能够实现项目要求的功能。

四、任务评价

	评分点	得分
仿真界面设计 (30 分)	场景搭建符合任务要求(10 分)	
	仿真接口配置正确(10 分)	
	I/O 配置正确(10 分)	
编程与调试(50 分)	按下起动按钮,仿真系统工作,绿色指示灯亮(5 分)	
	按下停止按钮,仿真系统暂停,红色指示灯亮(5 分)	
	系统工作时,出水阀开度能自动设置为 30%(10 分)	
	当液位低于水箱高度的 50% 时,进水阀开度自动调整为 70%(15 分)	
	当液位高于水箱高度的 70% 时,进水阀自动关闭(15 分)	
安全素养(10 分)	存在危险用电等情况(每次扣 5 分,上不封顶)	
	存在带电插拔工作站的电缆、电线等情况(每次扣 3 分)	
	穿着不符合生产要求(每次扣 5 分)	
6S 素养(5 分)	桌面物品和工具摆放整齐、整洁(2.5 分)	
	地面清理干净(2.5 分)	
发展素养(5 分)	表达沟通能力(2.5 分)	
	团队协作能力(2.5 分)	

五、任务拓展

本任务通过液位值对加注阀实现了开关的控制,从而保证了液位的区间控制功能。但由于液位变化过大容易造成出口流量的波动,为了保证出口流量的稳定,能否通过加注阀的调节功能实现液位的精确控制呢?

任务 7.2　温度的精确控制

一、任务要求及分析

在工业现场中,温度是经常需要进行控制的关键参数,温度控制的稳定程度在很大程度上影响到产品的质量,本任务通过 YL-36A 设备的温控模块来学习如何运用 PLC 对温度量进行精确控制。

1. 任务要求

1)手动模式下,可通过 HMI 上的按钮来控制物料台的伸出和缩回,伸出、缩回及入料状态有相应指示灯。

2)手动模式下可通过 HMI 设置目标温度值。

3）按下 HMI 上的复位键，物料台缩回，加热指示灯熄灭，停止加热。

4）自动模式下，按下运行按钮，温控模块所在的物料台伸出，等待物料进入，当有物料放入时，物料台缩回。系统能自动通过 PID 控制算法进行温度控制，加热指示灯亮。温度控制 PID 超调量误差应控制在 5% 之内，PID 稳态温差应控制在 ±0.5℃之间，物料在目标温度下稳定加热 5s 后，将物料推出。

2. 任务分析

YL-36A 温控模块是一种模拟实际工件热处理的恒温加热模块，如图 7-15 所示。具体动作要求如下：当输送模块送来工件放到物料台上并被入料口光电传感器检测到时，物料台气缸活塞杆缩回并开始进行恒温加热，加热完毕后通过人工的方式取走物料。温控模块主要由数显表、物料台、伸缩气缸、光电传感器、电磁阀、工控板、接线端子等组成。其中温度设定值数显表：输入 4～20mA，DC 24V 供电，温度显示范围为 0～100℃；温度反馈值数显表：输出 0～10V，DC 24V 供电，温度显示范围为 0～100℃。

图 7-15　YL-36A 温控模块

通过对设备的控制功能分析，此任务的关键点主要有以下两方面：①光电开关检测到物料后和加热完毕后的动作实现。②如何按照设定温度要求迅速准确地将工件加热到所需温度。通过分析可知，光电传感器检测到物料后和加热完毕后的动作采用常规数字量控制方式可方便地实现，难点在于如何对工件进行准确迅速地加温。

针对此类问题，在工业自动化控制应用中，经常使用闭环控制技术。闭环控制技术是基于反馈的概念，以减少误差，通常是通过测量反馈信号获得被控变量的实际值，与设定值进行比较得到偏差，并用这个偏差来纠正系统的响应，执行调解控制。在工程实际中，应用最为广泛的调节器控制规律为比例、积分和微分控制，简称 PID 控制，又称 PID 调节。PID 控制器作为最早实用化的控制器已有近百年历史，现在仍然是应用广泛的工业控制器。如果 PID 控制器的参数设置正确，则会尽快达到此设定值，然后使其保持为常数值。

在本任务中，可对温度加热元件的加热功率进行控制，使温度稳定在设定值。可以使用温度反馈传感器测量温度并将温度值（过程值）传送给 PID 控制器，PID 控制器将当前温度与设定值进行比较，计算出执行器（加热器）的输出值，从而实现将温度稳定在设定值。

二、任务准备

1. PID 基础知识及组态

PLC 通过 PID 指令、模拟量输入、模拟量输出组成一个 PID 控制器。

温度控制
系统设计

PID 控制器由比例单元、积分单元和微分单元组成，可以通过调整这三个单元的 Kp、Ti、Td 来调定其特性。PID 控制器主要适用于线性且动态特性不随时间变化的系统。PID 控制器是一个在工业控制应用中常见的反馈回路部件，它把收集到的数据和一个参考值进行比较，然后把这个差值用于计算新的输入值，这个新的输入值可以让系统的数据达到或者保持在参考值。PID 控制器可以根据历史数据和差别的出现率来调整输入值，使系统更加准确和稳定。温控模块是一个完整的温度 PID 模型。温度 PID 控制框图如图 7-16 所示。

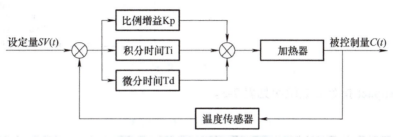

图 7-16　温度 PID 控制框图

2. S7-1200 PID 控制

（1）PID 控制器　S7-1200 PLC CPU 提供的 PID 控制器回路数量受 CPU 的工作内存及支持 DB 块数量限制，建议不要超过 16 路 PID 回路。博途软件中还提供了调试面板，用户可以直观地了解控制器及被控对象的状态。

PID 控制器的功能主要依靠三部分实现：循环中断块、PID 指令块和工艺对象背景数据块。用户在调用 PID 指令块时需要定义其背景数据块，而此背景数据块需要在工艺对象中添加，故称为工艺对象背景数据块。PID 指令块与其相对应的工艺对象背景数据块组合使用，形成完整的 PID 控制器。PID 控制器结构如图 7-17 所示。

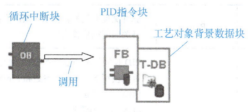

图 7-17　PID 控制器结构

循环中断块可按一定周期产生中断，执行其中的程序。PID 指令块定义了控制器的控制算法，随着循环中断块产生中断而周期性执行，其背景数据块用于定义输入/输出参数、调试参数以及监控参数。此背景数据块并非普通数据块，需要在目录树视图的工艺对象中找到并定义。

（2）PID_Compact 指令参数及使用　PID_Compact 指令通过连续输入变量和输出变量控制工艺过程，提供可在自动模式和手动模式下自我调节的 PID 控制器。PID_Compact 指令是具有抗积分饱和功能且对 P 分量和 D 分量加权的 PID T1 控制器。博途软件会在插入指令时自动创建工艺对象和背景数据块，该背景数据块包含工艺对象的参数。PID_Compact 指令如图 7-18 所示。

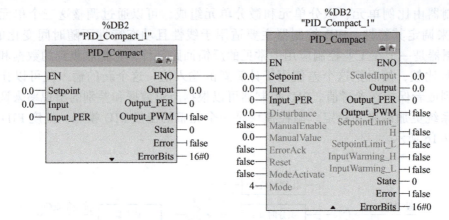

图 7-18 PID_Compact 指令

PID_Compact 指令参数说明见表 7-3。

表 7-3 PID_Compact 指令参数说明

参数和类型		数据类型	说明
Setpoint	IN	Real	PID 控制器在自动模式下的设定值（默认值：0.0）
Input	IN	Real	用户程序的变量用作过程值的源（默认值：0.0）如果正在使用 Input 参数，则必须设置 Config.InputPerOn=False
Input_PER	IN	Word	模拟量输入用作过程值的源（默认值：W#16#0）如果正在使用 Input_PER 参数，则必须设置 Config.InputPerOn=True
Output	OUT	Real	Real 格式的输出值（默认值：0.0）
Output_PER	OUT	Word	模拟量输出值（默认值：W#16#0）
Output_PWM	OUT	Bool	脉冲宽度调制的输出值（默认值：False）开关时间构成输出值
State	OUT	Int	PID 控制器的当前操作模式（默认值：0）可以使用 Mode 输入参数和 ModeActivate 的上升沿更改工作模式 State=0：未激活 State=1：预调节 State=2：手动精确调节 State=3：自动模式 State=4：手动模式 State=5：通过错误监视替换输出值
Error	OUT	Bool	如果 Error=True，则该周期内至少有一条错误消息未解决（默认值：False）注：V1.× PID 中的 Error 参数是包含错误代码的 ErrorBits 字段。它现在是一个布尔标记，说明有错误发生
ErrorBits	OUT	DWord	PID_Compact 指令 ErrorBits 参数表定义未决的错误消息 [默认值：DW#16#0000（无错误）]

3. PID 处理程序示例

1)创建循环中断块"Cyclic interrupt OB30",在工艺指令中将 PID_Compact 指令拖入到循环中断块中,并自动创建工艺对象,如图 7-19 所示。

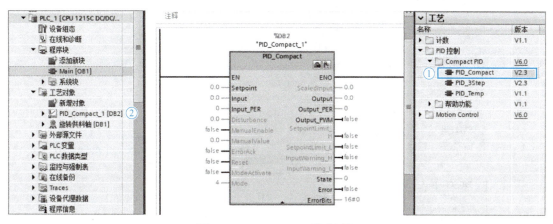

图 7-19 PID_Compact 指令添加

2)在工艺对象的"基本设置"选项中,控制器类型选择"温度",勾选"CPU 重启后激活 Mode",将 Mode 设置为选择"自动模式",其他设置保持默认值,如图 7-20 所示。

图 7-20 "基本设置"选项

3)在工艺对象的"高级设置"选项下的"PID 参数"中,比例增益设为 3.9,积分作用时间设为 20s,PID 算法采样时间设为 0.5s,控制器结构选择 PID,如图 7-21 所示。

图 7-21 PID 参数设置

注意：在 PID_Compact 组态界面中可以修改 PID 参数，通过此处修改的参数对应工艺对象背景数据块 >Static>Retain>PID 参数。通过组态界面修改参数需要重新下载组态并重启 PLC。建议直接对工艺对象背景数据块进行操作，如图 7-22 所示。

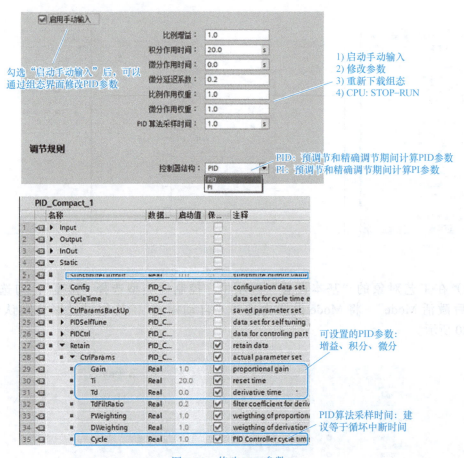

图 7-22　修改 PID 参数

4）PID_Compact 指令通过循环中断块 OB30 调用，共两个程序段，如图 7-23 所示。程序段 1 是将系统静态误差值（如果直接将温控模块的测温传感器输出作为 PID 的 Input_PER 输入，将存在 4.35℃左右的误差）作为 PID 的修正因素，将用户在 HMI 中输入的两个表头的温度差值先转换为 0～27648 范围内的标准值后，再与传感器输入的模拟量 IW64 值取差，最后得到 PID 反馈值修改量。程序段 2 是调用 PID_Compact 指令块，其中 Setpoint 引脚关联的是通过 HMI 输入的目标温度值，Input_PER 关联的是前一程序段得到的 PID 反馈值修正量。

三、任务实施

1. 装置侧及 PLC 的 I/O 接线

电气接线包括装置侧各传感器、电磁阀、电源端子等与装置侧接线端口之间的接线；在 PLC 侧进行电源连接、I/O 点接线等。温控模块装置侧的接线端子的分配见表 7-4。

温度控制系统调试

项目 7　液位和温度控制

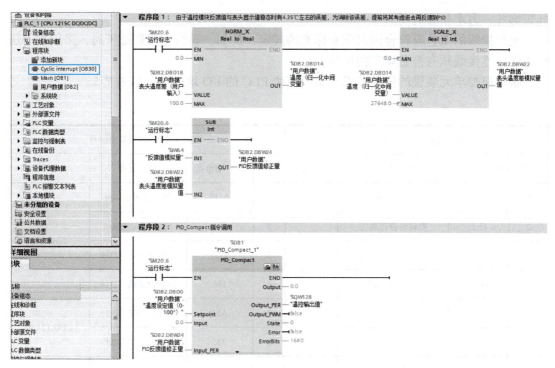

图 7-23　PID 指令参数输入

表 7-4　温控模块装置侧的接线端子的分配

数字量输入/输出端口			模拟量输入/输出端口		
端子号	设备符号	信号线	端子号	设备符号	信号线
1	1B1	入料检测	1	MV	给定输入 AD0+
2	3B1	物料台伸出到位	2	MV	给定输入 AD0−
3	2B2	物料台缩回到位	3	SV	温度设定值 AD1+
4	1YV	物料台伸出阀	4	SV	温度设定值 AD1−
5	—	—	5	PV	温度反馈值 DA1+
6	—	—	6	PV	温度反馈值 DA1−
7	—	—	7	—	—
8	0V	电源	8	0V	电源
9	24V	电源	9	24V	电源
DB6 端子排			DB7 端子排		

接线时应注意，装置侧接线端口中 8、9 端子接 24V 电源，装置侧接线完成后，应用

239

扎带绑扎，力求整齐美观。

电气接线的工艺应符合国家职业标准的规定，例如，导线连接到端子时，采用端子压接方法；连接线须有符合规定的标号。

根据温控单元装置的任务要求，温控模块 PLC 的 I/O 地址分配见表 7-5。

表 7-5 温控模块 PLC 的 I/O 地址分配

数字量输入/输出信号				模拟量输入/输出输出信号				
序号	PLC 输入点	信号名称	信号来源	序号	PLC 输出点	信号名称	信号来源
1	I3.0	入料检测	装置侧	1	AQ0	给定输入 AD0+	SM1232
2	I3.1	物料台伸出到位		2	0M	给定输入 AD0-	
3	I3.2	物料台缩回到位		3	AQ1	温度设定值 AD1+	
4	Q3.3	物料台伸出阀		4	1M	温度设定值 AD1-	
5	—	—		5	AI0	温度反馈值 DA1+	CPU 1215C
6	—	—		6	3M	温度反馈值 DA1-	
7	I4.5	起动按钮	按钮/指示灯模块	7	Q4.1	黄色指示灯	按钮/指示灯模块
8	I4.6	停止按钮		8	Q4.2	绿色指示灯	
9	I4.7	复位按钮		9	Q4.3	红色指示灯	
10	I5.0	转换开关		10	Q4.4	蜂鸣器	
11	I5.1	急停按钮		11			

2. 气动回路原理图

温控模块的气动控制回路采用二位五通单电控电磁换向阀，它们集中安装成阀组固定在冲压支撑架后面。

温控模块的气动回路图如图 7-24 所示。1B1 和 1B2 为安装在伸缩气缸的两个极限工作位置的磁感应接近开关，1Y 控制伸缩气缸的电磁阀的电磁控制端。

3. 程序实现

（1）编程思路　本任务只考虑温控模块作为独立设备运行时的情况，工作时的主令信号和工作状态显示信号来自控制面板的按钮/指示灯模块。具体的控制要求如下：

1）设备上电和气源接通后，若伸缩气缸活塞杆处于缩回状态，则代表正常工作的黄色指示灯常亮，表示设备准备好。否则，该指示灯以 1Hz 频率闪烁。

2）若设备已准备好，按下起动按钮，工作单元起动，代表设备运行的绿色指示灯常亮。这时，物料台伸缩气缸活塞杆伸出，人工放入工件，延时 2s，物料台伸缩气缸活塞杆缩回，此时可在触摸屏输入温度目标值，等待温度达到设定值后，进行模拟加热 5s，加热完成后物料台伸缩气缸活塞杆伸出，人工取走工件，并进行下一周期动作。

3）若在运行中按下停止按钮，工作单元停止工作，绿色指示灯熄灭。

项目 7 液位和温度控制

温控模块工作流程图如图 7-25 所示。

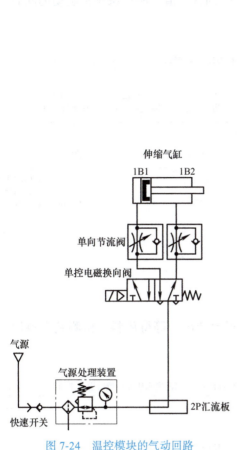

图 7-24 温控模块的气动回路

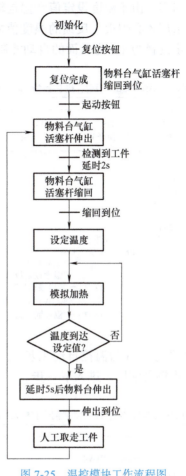

图 7-25 温控模块工作流程图

（2）Main[OB1] 参考程序

1）程序段 1 为手动模式下物料台伸缩控制及复位指示灯控制。

▼ 程序段1：转换开关在左位时，可手动控制物料台伸缩，同时若物料台缩回到位，则黄灯常亮，否则黄灯闪烁
   注释

```
   %I5.0            %I3.2                                                      %Q4.1
  "转换开关"      "物料台缩回到位"                                            "黄色指示灯"
    ─/─────────────┤├──────────────────────────────────────────────────────────( )─
                     │
                     │   %I3.2              %M0.5
                     │ "物料台缩回到位"    "Clock_1Hz"
                     ├───┤/├──────────────┤├──┘
                     │
                     │   %M20.4                                                %Q3.3
                     │ "HMI物料台伸出SB1"                                    "物料台伸缩阀"
                     ├───┤├──────────────────────────────────────────────────────(S)─
                     │
                     │   %M20.5                                                %Q3.3
                     │ "HMI物料台缩回SB2"                                    "物料台伸缩阀"
                     ├───┤├──┬───────────────────────────────────────────────────(R)─
                     │        │
                     │        │   %I4.7
                     │        │ "复位按钮"
                     │        └───┤├──┘
```

241

2）程序段 2 为运行和停止指示灯控制及非运行状态下使温度设定值数显表和温控输出值双归零。由于温度设定值和温控输出值都能保持原来的状态，只有归零后温控模块的绿色指示灯才会熄灭，反馈的温度值才会逐渐下降到常温值。所以系统在起动的同时会将温控工步设置为 1，为后面的自动控制做准备。

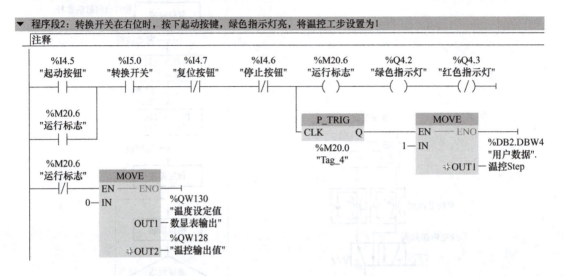

3）程序段 3 为温控自动工步 1，此时先将料台伸出，等待放料。检测到有料后，延时 2s，将料台缩回，进入下一步。

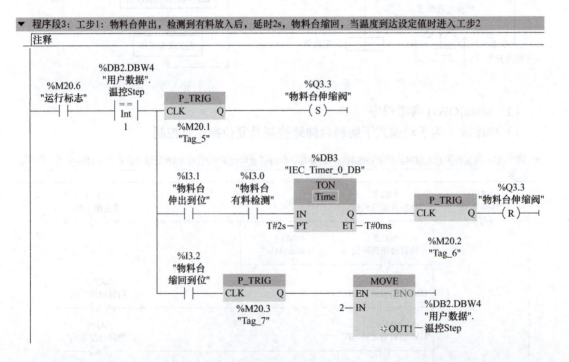

4）程序段 4 为自动工步 2，此时等待设定值数显表和反馈值数显表温度接近（若不接近，则需要在 HMI 中输入稳态下的温度差值），两者差的绝对值不超过 0.5℃ 且能保持 5s，则表示完成恒温模拟加工，物料台再次伸出，返回工步 1。

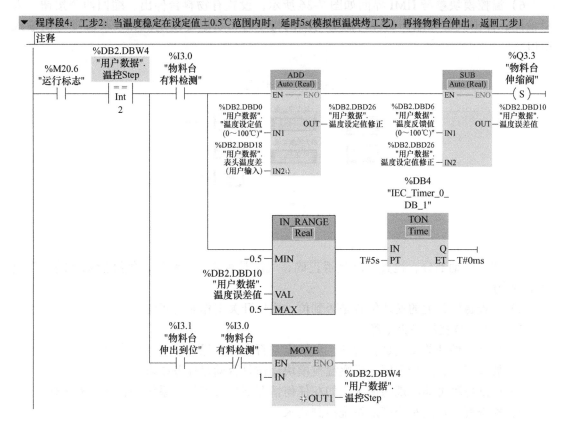

5）程序段 5 为根据需要将 HMI 输入的温度设定值转换为模拟量输出的标准值。程序段 6 将温控模块反馈的模拟量输入标准值转换成以℃为单位的工程量，为程序段 4 中的温度控制误差值计算做准备。

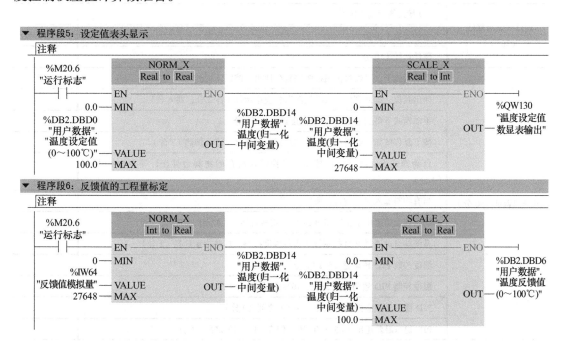

6）温控模块参考 HMI 界面如图 7-26 所示，设置有物料台伸出、缩回两个按钮，入料检测、伸出到位和缩回到位传感器对应的指示灯，及温度设定值和表头温度差值输入窗口。

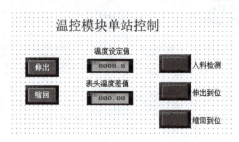

图 7-26　温控模块参考 HMI 界面

4. 项目调试

1）调整气动部分，检查气路是否正确，气压是否合理、恰当，气缸活塞杆的动作速度是否合适。
2）检查磁性开关的安装位置是否到位，磁性开关工作是否正常。
3）检查 I/O 接线是否正确。
4）检查磁性开关安装是否合理，灵敏度是否合适，保证检测的可靠性。
5）放入工件，运行程序，观察温控模块动作是否满足任务要求。
6）调试各种可能出现的情况，如在任何情况下加入工件，系统是否能可靠工作。
7）检查程序功能是否满足系统控制要求。

四、任务评价

	评分点	得分
硬件安装与接线（30 分）	I/O 接线图绘制（10 分）	
	元件安装（10 分）	
	硬件接线（10 分）	
编程与调试（50 分）	手动模式下，可通过按钮控制物料台伸出和缩回（3 分）	
	伸出到位、缩回到位及入料检测有相应指示灯（各 2 分，共 6 分）	
	手动模式下可通过 HMI 设置温度设定值（3 分）	
	按下复位按钮，物料台缩回，加热指示灯熄灭，停止加热（3 分）	
	自动模式下，按下运行按钮，温控模块所在的物料台伸出，等待物料进入（3 分）	
	当有物料输入时，物料台缩回（3 分）	
	物料在设定温度下稳定加热 5s 后，物料台伸出（3 分）	
	系统能自动通过 PID 控制算法进行温度控制，加热指示灯亮（2 分）	
	温度控制 PID 超调量≤5%（6 分）	
	温度控制 PID 超调量在 5%～10% 之间（3 分）	
	PID 稳态温差应控制在 -0.5～0.5℃ 之间（9 分）	
	PID 稳态温差超出 -0.5～0.5℃，但在 -1～1℃ 之间（6 分）	

（续）

评分点		得分
安全素养（10分）	存在危险用电等情况（每次扣5分，上不封顶）	
	存在带电插拔工作站的电缆、电线等情况（每次扣3分）	
	穿着不符合生产要求（每次扣5分）	
6S素养（5分）	桌面物品和工具摆放整齐、整洁（2.5分）	
	地面清理干净（2.5分）	
发展素养（5分）	表达沟通能力（2.5分）	
	团队协作能力（2.5分）	

五、任务拓展

1. 学会检查气动回路和传感器接线，会进行 I/O 检测及故障排除。
2. 如果在运行过程中出现意外情况，应如何处理？
3. 思考：如果采用网络控制，应如何实现？

项目 8 伺服输送控制

■ 项目导入

电动机作为将电能转换为机械能的重要执行器,在工业生产中应用非常广泛,常用的电动机主要有三种,即交流异步电动机、步进电动机和伺服电动机。其中伺服电动机又称为执行电动机,其功能是把输入的电压信号变换成电动机转轴的角位移或角速度输出,结合了其他两种电动机的优点,能够实现不同功率场合的闭环精确控制。

另外,在工业现场中常会遇到控制柜与现场 I/O 设备距离很远,从控制柜到现场需要铺设多根长距离信号线的情况,这不仅大大增加了线缆成本和施工时间,而且还可能出现信号衰减等问题,此时通过远程 I/O 模块可以有效地解决这个问题。远程 I/O 模块是具有通信功能的数据采集/传送模块,自身没有控制调节功能,能够将现场数据送到控制中心(如 PLC),或者接受控制中心的数据,对现场设备进行控制。

本项目将以输送系统为对象,介绍伺服电动机及远程 I/O 模块的具体使用。

■ 项目目标

知识目标	了解输送系统的机械结构 了解伺服驱动器的内部结构 理解伺服驱动器的工作原理 熟悉远程 I/O 模块的设置 熟练掌握 S7-1200 的运动控制功能 熟练掌握顺序控制的一般编程方法
能力目标	能够将指令、硬件结构结合,进行伺服驱动器相关参数的计算 能够设置远程 I/O 模块和伺服驱动器的参数 能够编制输送系统控制程序 能够进行输送系统的硬件装调 能够解决输送系统中常见的故障
素质目标	培养学生的职业素养和职业道德 培养学生按 6S(整理、整顿、清扫、清洁、素养、安全)标准工作的习惯 培养学生精益求精、勇于创新的工匠精神

■ 实施条件

	名称	型号或版本	数量或备注
硬件准备	计算机	可上网、符合博途软件最低安装要求	1 台
	PLC	CPU 1215C DC/DC/DC	1 台

（续）

名称		型号或版本	数量或备注
硬件准备	远程 I/O 模块	Turck TBEN-S1-8DXP	1 个
	伺服电动机	信捷 MS-6H-40CS30B1-20P1	1 个
	伺服驱动器	信捷 DS5C-20P1-PTA	1 个
	触摸屏	信捷 TGM765S-ET	1 台
	输送单元装置	含直线模组、气缸、传感器等	1 套
软件准备	博途软件	15.1 或以上	—
	TouchWin	V2.E.5	—

任务 8.1　远程 I/O 模块的控制

一、任务要求及分析

1. 任务要求

1）认识 TBEN-S1-8DXP 远程 I/O 模块，了解其主要性能参数。

2）学会通过 Turck Service Tool 配置工具对远程 I/O 模块进行参数配置。

3）掌握 S7-1200 与远程 I/O 模块的 PROFINET 通信，可以使用 S7-1200 对远程 I/O 模块所连接的输送机械手的磁性开关进行输入监测。

2. 任务分析

本任务主要介绍 Turck（图尔克）公司的 TBEN-S1-8DXP 远程 I/O 模块的使用。亚龙 YL-36A 设备的输送模块主要结构如图 8-1 所示。

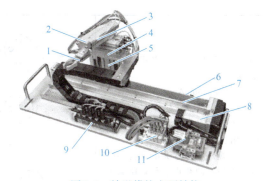

图 8-1　输送模块主要结构

1—Y 形气动手爪　2—导杆气缸　3—磁性开关　4—回转气缸　5—薄型气缸
6—光电开关　7—直线模组　8—伺服电动机　9—远程 I/O 模块　10—电磁阀组　11—接线端子排

当输送模块距离 PLC 较远时，使用远程 I/O 模块对输送机械手进行控制，PLC 与远程 I/O 模块之间通过 PROFINET 通信。控制前，首先需要对远程 I/O 模块进行模块参数和网络地址等设置，然后在博途软件中添加该远程 I/O 模块的组态，之后才可以进行程序编写和远程控制。

二、任务准备

TBEN-S1-8DXP 是 Turck（图尔克）公司一款紧凑的以太网多协议远程 I/O 模块，具备 8 个通用数字通道，可配置为 PNP 输入或 2A 输出，两个 M8 4 针以太网现场总线接头，支持总线拓扑结构，网络协议包括 PROFINET、EtherNet/IP 或 Modbus TCP，集成式以太网交换机支持 10～100Mbit/s，其外形如图 8-2 所示。

远程 I/O 模块的控制

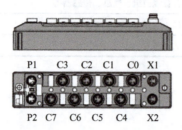

图 8-2　TBEN-S1-8DXP 外形

TBEN-S1-8DXP 端口介绍见表 8-1，其中 P 口为以太网接口，C 口为 I/O 接口，X 口为电源接口。

表 8-1　TBEN-S1-8DXP 端口介绍

序号	名称	符号	接线图
1	以太网接口	P1：进线端 P2：出线端（当有两个远程 I/O 模块时，P2 连接下一台的 P1）	P1: 1=TX+, 2=RX+, 3=RX-, 4=TX- P2: 1=RX+, 2=TX+, 3=TX-, 4=RX-
2	I/O 接口	C0～C7 可配置为 PNP 输入或 PNP0.5A 输出 V1：最大 150mA 执行器/传感器供电 V_{AUX1} 端口 C0～C3 由 V1 供电进行短路保护，0.5A 用于 C0～C3 组 传感器/执行器供电 V_{AUX2} 端口 C4～C7 由 V2 供电进行短路保护，0.5A 用于 C4～C7 组	C0～C3: 1=V_{AUX1}, 3=GND V1, 4=Signal In/Out C4～C7: 1=V_{AUX2}, 3=GND V2, 4=Signal In/Out C0～C7: 3 BU GND, 4 BK (♂), 1 BN (+)，传感器或执行器
3	电源接口	X1：电源进线 X2：电源出线（当有两个远程 I/O 模块时，X2 连接下一台的 X1）	X1: 1 BN=V1+, 2 WH=V2+, 3 BU=GND V1, 4 BK=GND V2 X2: 同上

远程 I/O 模块在运行时可通过指示灯的状态查看模块运行情况，见表 8-2。

表 8-2　TBEN–S1–8DXP 指示灯状态

指示灯	颜色	状态	描述
EH1/EH2	绿	开	以太网 Link（100Mbit/s）
		闪烁	以太网通信（100Mbit/s）
	黄	开	以太网 Link（10Mbit/s）
		闪烁	以太网通信（10Mbit/s）
	—	关	没有以太网连接
总线	绿	开	有效连接主站
		闪烁	稳定闪烁：准备就绪 2s 内按顺序闪烁 3 次：FLC/ARGEE 有源
	红	开	IP 地址冲突或恢复模式，Modbus 超时
		闪烁	闪烁命令激活
	红 / 绿	交替	等待分配 IP 地址、DHCP 或 BootP
	—	关	断电
ERR	绿	开	诊断关闭
	红	开	诊断可用，V2 欠电压诊断取决于参数
PWR	绿	开	V1 和 V2 电源断开
	红	开	V1 和 V2 电源关或较低
	—	关	V1 和 V2 电源关或较低
C0～C7	绿	开	输入或输出有效
	红	开	过载 / 短路时激活输出
		闪烁	端口电压过载，受影响的 C0～C3 或 C4～C7 均闪烁
	—	关	输入或输出无效
C7	白	闪烁	激活

三、任务实施

1. 远程 I/O 模块参数设置

1）打开 Turck Service Tool 配置工具，如图 8-3 所示。

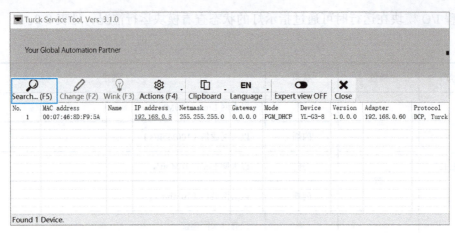

图 8-3 Turck Service Tool 配置工具界面

2）单击"Change（F2）"，弹出网络设置对话框，将 IP address 设置成 192.168.0.5，Netmask 设置成 255.255.255.0，单击"Set in device"，完成 IP 地址设置，如图 8-4 所示。

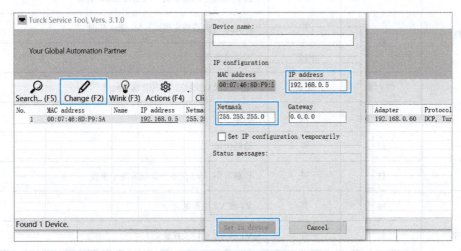

图 8-4 IP 地址设置

3）单击"Actions（F4）"，单击"Reboot"，重启设备，IP 地址设置生效，模块配置完成，如图 8-5 所示。

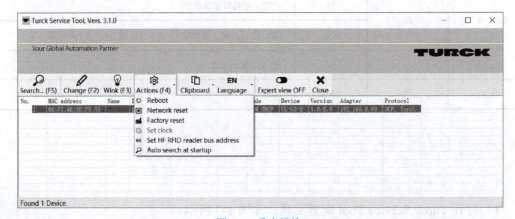

图 8-5 重启模块

在其他场合使用该模块还可以双击"IP address",弹出参数设置界面,LOGIN 中输入登录密码,在参数设置界面中可以根据实际需要将 C0～C7 配置成输入或输出,这里不用设置,使用默认设定即可。

2. S7-1200 与远程 I/O 模块 PROFINET 通信

1)在博途软件中添加该远程 I/O 模块的 GSD 设备描述文件,具体如下:

① 打开博途软件,在选项中选择"管理通用站描述文件",弹出"浏览文件夹"对话框,找到远程 I/O 模块 GSD 文件存放的路径,单击"确定",如图 8-6 所示。

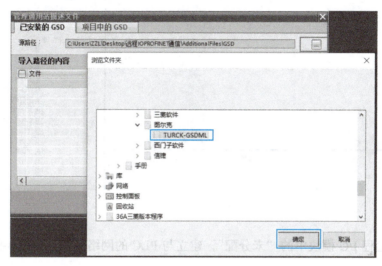

图 8-6 添加 GSD 文件

② 勾选导入路径的内容,单击"安装",如图 8-7 所示。

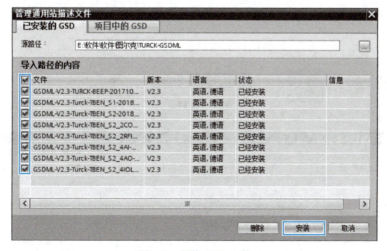

图 8-7 安装 GSD 文件

2)进行远程 I/O 模块的组态设置,具体如下:

① 在博途软件的设备组态窗口中,在硬件目录中找到"其他现场设备"下的"PROFINET I/O"文件夹,在该文件夹中找到"I/O"文件夹下的"TBEN-S1-8DXP"模块,如图 8-8 所示。

图 8-8 组态远程 I/O 模块

② 单击远程 I/O 模块中的"未分配",建立与 PLC 的网络连接,如图 8-9 所示。

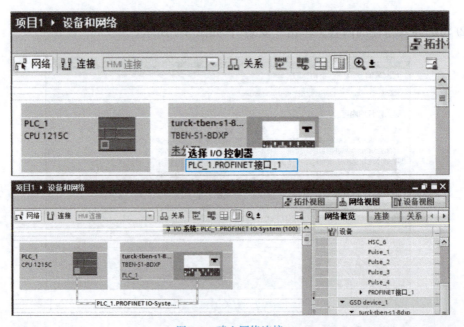

图 8-9 建立网络连接

③ 在 Turck-TBEN-S1-8DXP 设备视图中,以太网地址选择"在设备中直接设定 IP 地址",勾选"自动生成 PROFINET 设备名称",如图 8-10 所示。

项目 8　伺服输送控制

图 8-10　IP 地址设置

④ 在 Turck–TBEN–S1–8DXP 设备概览中，设置 I/O 起始地址为 6，如图 8-11 所示。

图 8-11　I/O 地址设置

⑤ 如图 8-12 所示，单击"分配设备名称"图标，弹出"分配 PROFINET 设备名称"对话框，选择相应的网络接口，单击"更新列表"，选择设备"YL–G3–8"，单击"分配名称"，分配完成后"在线状态信息"栏中出现相应的提示，如图 8-13 所示。

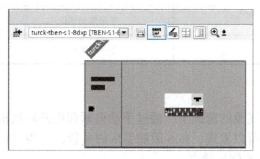

图 8-12　单击"分配设备名称"图标

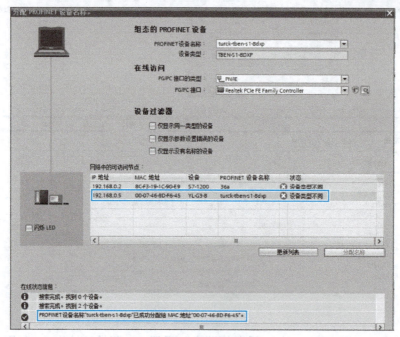

图 8-13　分配设备名称

3. I/O 地址分配

输送机械手上的磁性开关信号连接至远程 I/O 模块，并通过 PROFINET 通信传输到 S7-1200 PLC 中，I/O 地址分配表见表 8-3。

表 8-3　I/O 地址分配表

远程 I/O 模块接线点位	变量名	PLC 地址
C0	手爪抬升上限	I6.0
C1	手爪抬升下限	I6.1
C2	手爪左旋到位	I6.2
C3	手爪右旋到位	I6.3
C4	手爪伸出到位	I6.4
C5	手爪缩回到位	I6.5
C6	手爪夹紧检测	I6.6

4. 任务调试

组态后，在不接通气源的情况下，通过手动夹紧和松开输送机械手的手爪，在博途软件的在线监控变量表中可以发现，I6.6 跟随手爪的夹紧，变为"1"。同理，可以手动旋转手爪以观察 I6.2 和 I6.3 的信号状态。

四、任务评价

评分点		得分
硬件安装与接线（30分）	I/O 接线图绘制（10分）	
	元件安装（10分）	
	硬件接线（10分）	
编程与调试（50分）	能正确设置远程 I/O 模块的 IP 地址和子网掩码（5分）	
	能正确装载远程 I/O 模块的 GSD 文件（5分）	
	能正确对远程 I/O 模块进行组态（5分）	
	能通过博途软件正确监测挂载在远程 I/O 模块上的 7 个传感器的信号（每个 5 分，共 35 分）	
安全素养（10分）	存在危险用电等情况（每次扣 5 分，上不封顶）	
	存在带电插拔工作站的电缆、电线等情况（每次扣 3 分）	
	穿着不符合生产要求（每次扣 5 分）	
6S 素养（5分）	桌面物品和工具摆放整齐、整洁（2.5 分）	
	地面清理干净（2.5 分）	
发展素养（5分）	表达沟通能力（2.5 分）	
	团队协作能力（2.5 分）	

五、任务拓展

请将远程 I/O 模块的 I/O 起始地址修改为 8，并编写程序实现输送系统各气缸的手动控制。

任务 8.2　伺服轴的控制

一、任务要求及分析

1. 任务要求

在工业自动化控制中经常需要对物料进行输送控制，一般的输送过程涉及直线运动和旋转运动两种，运动控制常使用伺服电动机来完成。本任务主要使用伺服电动机和旋转气缸将分拣后的物料输送至下一级的加热系统中。

本任务只考虑输送模块作为独立设备运行时的情况，使用 PLC 进行程序控制，使用触摸屏作为 HMI 监控，具体的控制要求如下：

1）输送模块的控制包括手动和自动两种模式，通过设备面板的转换开关 SA 来选择，触摸屏上有指示灯可以显示模式。

2）若需要自动模式运行，必须人工确认设备是否准备就绪，即设备上电和气源接通后，机械手处于缩回状态，旋转气缸处于右旋位置（分拣侧），抬升气缸处于下降状态且气动手爪处于张开状态。若设备未准备就绪，需要切换至手动模式下手动复位各运动部件。

3) SA 切换至手动模式时，系统执行手动模式，触摸屏上手动模式指示灯亮，可以通过触摸屏上的按钮对输送单元所有电磁阀进行手动控制，并可以对输送伺服轴进行手动回原点、正反向点动控制，且触摸屏上可以显示当前的轴位置坐标。

4) 确认设备就绪后，SA 可切换至自动模式，当分拣模块出料口有物料时，伺服轴自动回原点，然后移动到分拣模块出料口（分拣夹件坐标），机械手顺序执行伸爪、夹爪、抬升、缩爪动作，接着轴移动到温控模块入料口（温控放件坐标），然后机械手顺序执行左旋、伸爪、下降、松爪、延时 2s、缩爪、右旋动作。这一套动作结束后，继续检测分拣模块末端有无出料，若有料，则循环执行自动输送功能。

要求完成如下任务：
1) 规划 PLC 的 I/O 地址分配及接线端子分配。
2) 按控制要求编制 PLC 程序。
3) 进行调试与运行。

2. 任务分析

1) 结构上，程序主要包括 Main 主程序块 OB1、手动模式控制块 FC、自动模式控制块 FB 以及轴准备块 FC。其中，自动控制使用 FB 的原因是将分拣模块出料口和温控模块入料口的直线坐标以形参的方式体现在 FB 上；轴准备块中包含伺服轴运动的所有准备指令，如启用轴、暂停轴、轴的错误复位、轴坐标位置的实时读取等指令。另外，为了使程序更有可读性，添加两个全局块 DB，分别用于系统中间变量和触摸屏监控变量的数据存储。

2) PLC 上电后应首先进行初始状态检查，确认系统已经准备就绪后，才允许投入运行，这样可及时发现存在的问题，避免出现事故。例如，若气缸在上电和气源接入时不在初始位置，这是气路连接错误的缘故，显然在这种情况下不允许系统投入运行。通常的 PLC 控制系统往往都有这种常规的要求。

3) 输送模块运行的主要过程是搬运控制，它是一个步进顺序控制过程，在程序块 DB 中添加一个整数型变量 Step，此变量随步状态的进行而递增，即 Step=0 时执行第一步，Step=1 时执行第二步，……最后一步执行结束后 Step=0。程序编写时，需要注意步状态的使能条件，如机械手的顺序控制中，手爪开始下一步操作的前提应该是上一步给出到位反馈，即磁性开关发出反馈信号。

4) 用户数据块 DB 中需要提前填写分拣夹件和温控放件坐标，作为自动模式控制块 FB 的实参，这两个坐标可以在手动模式下，通过点动操作轴和手爪，在触摸屏上观察并记录而获得。**注意**：当手动移动轴至硬件极限位时，系统会报错，此时如果想继续点动操作轴，需要在触摸屏上设置一个轴错误复位按钮，当轴出现错误时，需要手动按下该按钮，才可以反向点动操作轴。

二、任务准备

1. 伺服电动机与伺服驱动器

现代高性能的伺服系统大多采用永磁交流伺服系统，包括永磁同步交流伺服电动机和全数字永磁同步交流伺服驱动器两部分。

永磁同步交流伺服电动机的工作原理：电动机内部的转子是永磁铁，驱

伺服电动机与伺服控制器

动器控制的 U、V、W 三相交流电形成电磁场，转子在此磁场的作用下转动，同时电动机自带的编码器反馈信号给驱动器，驱动器将反馈值与目标值进行比较，调整转子转动的角度。永磁同步交流伺服电动机的精度取决于编码器的精度（线数）。

永磁同步交流伺服驱动器主要有伺服控制单元、功率驱动单元、通信接口单元、伺服电动机及相应的反馈检测器件组成，其中伺服控制单元包括位置控制器、速度控制器、电流控制器等，其内部结构如图 8-14 所示。

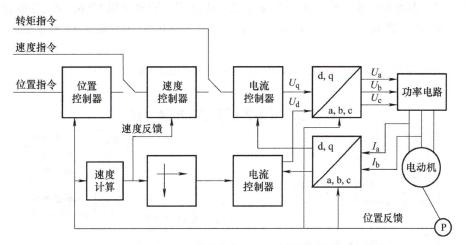

图 8-14　永磁同步交流伺服驱动器内部结构

伺服驱动器均采用数字信号处理器（DSP）作为控制核心，其优点是可以进行比较复杂的控制算法，实现数字化、网络化和智能化。功率器件普遍采用以智能功率模块（IPM）为核心的驱动电路，具有过电压、过电流、过热、欠电压等故障检测功能，在主回路中还加入软起动电路，以减小起动过程对驱动器的冲击。

功率驱动单元首先通过整流电路对输入的三相交流电进行整流，得到相应的直流电。再通过三相正弦 PWM（Pulse Width Modulation）电压型逆变器变频来驱动三相永磁式同步交流伺服电动机。逆变部分（D/A）采用集成驱动电路、保护电路和功率开关于一体的智能功率模块（IPM），主要拓扑结构采用了三相桥式电路，利用了脉宽调制技术（即 PWM），通过改变功率晶体管交替导通的时间来改变逆变器输出波形的频率，改变每半个周期内晶体管的通断时间比，即通过改变脉冲宽度来改变逆变器输出电压副值的大小，以达到调节功率的目的。

2. 交流伺服系统的位置控制模式

伺服驱动器输出到伺服电动机的三相电压波形是正弦波（高次谐波被绕组电感滤除），而不是像步进电动机那样的三相脉冲序列，即使从位置控制器输入的也是脉冲信号。

伺服系统用作定位控制时，将位置指令输入位置控制器，速度控制器输入端前面的电子开关切换到位置控制器输出端，同样，电流控制器输入端前面的电子开关切换到速度控制器输出端。因此，位置控制模式下的伺服系统是一个三闭环控制系统，两个内环分别是电流环和速度环。

由自动控制理论可知，这样的系统结构提高了系统的快速性、稳定性和抗干扰能力。

在足够高的开环增益下，系统的稳态误差接近为零。这就是说，在稳态时，伺服电动机以指令脉冲和反馈脉冲近似相等时的速度运行；反之，在达到稳态前，系统将在偏差信号作用下驱动电动机加速或减速。若指令脉冲突然消失（如紧急停车时，PLC 立即停止向伺服驱动器发出驱动脉冲），伺服电动机仍会运行到反馈脉冲数等于指令脉冲消失前的脉冲数才停止。

3. 交流伺服系统

亚龙 YL-36A 设备输送模块采用信捷永磁同步交流伺服电动机 MS6H-40CS30BZ1-20P1 和信捷全数字永磁同步交流伺服驱动器 DS5C-20P1-PTA 作为搬运机械手的运动控制装置。

伺服驱动器的型号含义如图 8-15 所示，外观结构如图 8-16 所示。

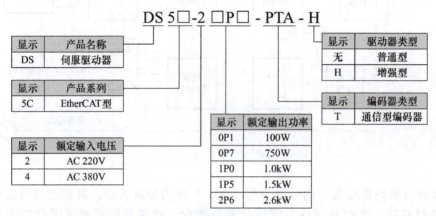

图 8-15　伺服驱动器的型号含义

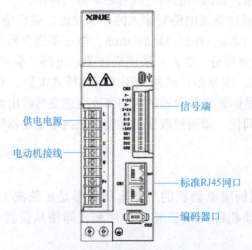

图 8-16　伺服驱动器的外观结构

以信捷伺服驱动器 DS5C-20P1-PTA 为例，它是 EtherCAT 系列，额定输入电压为 AC 220V，额定输出功率为 100W，编码器是通信型编码器。

伺服电动机的型号含义如图 8-17 所示，外观结构如图 8-18 所示。

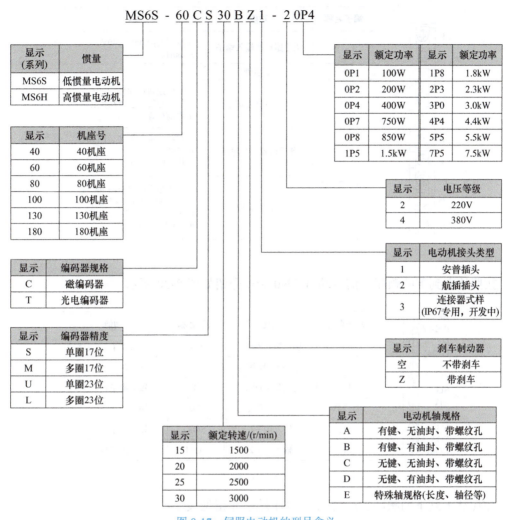

图 8-17 伺服电动机的型号含义

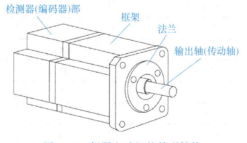

图 8-18 伺服电动机的外观结构

以信捷伺服电动机 MS6H-40CS30BZ1-20P1 为例，它是 MS6 系列 H 低惯量电动机，电动机座为 40mm，磁编码器，编码器精度为单圈 17 位，额定转速为 3000r/min，电动机轴有键、油封，带螺纹孔，带制动功能，安普插头，电压为 AC 220V，额定功率为 100W。

4. 伺服驱动器接线

按照从上到下的顺序，伺服驱动器主端子介绍如图 8-19 所示。

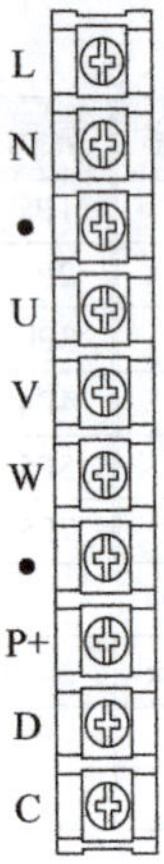

端子名称	功能	说明
L、N	主电路电源输入端子	单相交流200~240V，50/60Hz
•	空引脚	—
U、V、W	电动机连接端子	与电动机相连接 注：地线接在散热片上，上电前检查
P+、D、C	使用内置再生电阻	短接P+和D端子，P+和C端子断开 设置P0-24=0
	使用外置再生电阻	将再生电阻接至P+和C端子，P+和D端子短接线拆掉；设置P0-24=1，P0-25=功率值，P0-26=电阻值

图 8-19 伺服驱动器主端子介绍

按照从上到下的顺序，信号端口 CN0 端子介绍如图 8-20 所示。

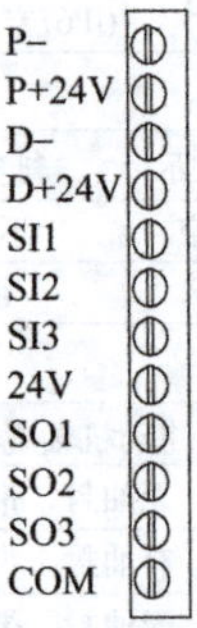

端子名称	功能	端子名称	功能
P-	脉冲输入PUL-	SI3	输入端子3
P+24V	集电极开路接入	24V	输入24V
D-	方向输入DIR-	SO1	输出端子1
D+24V	集电极开路接入	SO2	输出端子2
SI1	输入端子1	SO3	输出端子3
SI2	输入端子2	COM	输出端子地

图 8-20 信号端口 CN0 端子介绍

按照从上到下的顺序，通信端口 CN1 端子介绍见表 8-4。

表 8-4 通信端口 CN1 端子介绍

序号	端子名称	序号	端子名称
1	TX A+	9	TX B+
2	TX A-	10	TX B-
3	RX A+	11	RX B+
4	—	12	—
5	—	13	—
6	RX A-	14	RX B-
7	—	15	—
8	—	16	—

注意：伺服运动总线功能需选配总线模块，插在驱动器通信端口 CN1 上，用于实现扩展总线功能，转接模块使用中不可热插拔。建议使用时配合 PROFIBUS 标准连接线，以实现最佳通信。

编码器端口 CN2 端子介绍如图 8-21 所示。

项目 8　伺服输送控制

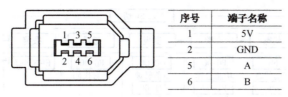

图 8-21　编码器端口 CN2 端子介绍

在 YL-36A 的输送模块中，伺服驱动器接线如图 8-22 所示。

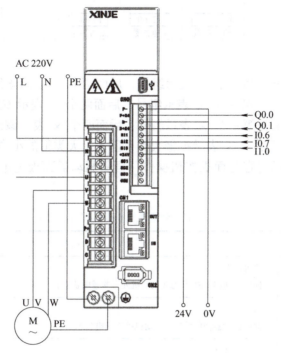

图 8-22　伺服驱动器接线

5. 伺服驱动器面板参数设置

（1）面板基础显示和按钮介绍　伺服驱动器的按钮及面板显示如图 8-23 所示。通过对面板操作器基本状态进行切换，可进行运行状态的显示、参数的设定、辅助功能运行、报警状态等操作。按下 STA/ESC 后，各状态按 bb-run-rst 的顺序依次切换，其中 bb 表示伺服驱动器处于空闲状态，run 表示伺服驱动器处于运行状态，rst 表示伺服驱动器需要重新上电，伺服驱动器面板状态切换如图 8-24 所示。

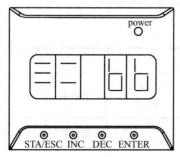

按键名称	操作说明
STA/ESC	短按：状态的切换，状态返回
INC	短按：显示数据递增 长按：显示数据连续递增
DEC	短按：显示数据递减 长按：显示数据连续递减
ENTER	短按：移位 长按：设定和查看参数

图 8-23　伺服驱动器的按钮及面板显示

261

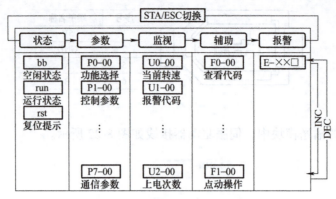

图 8-24 伺服驱动器面板状态切换

参数设定 P×-××：第一个 × 表示组号，后面两个 × 表示该组下的参数序号。
监视状态 U×-××：第一个 × 表示组号，后面两个 × 表示该组下的参数序号。
辅助功能 F×-××：第一个 × 表示组号，后面两个 × 表示该组下的参数序号。
报警状态 E-×× □：×× 表示报警大类，□ 表示大类下的小类。

（2）基础简码显示内容与面板按钮操作　伺服驱动器面板上电后，其基础简码显示内容见表 8-5。

表 8-5　伺服驱动器面板基础简码显示内容

简码显示内容	显示内容
bb	待机状态中 伺服驱动器 OFF 状态（电动机处于非通电状态）
run	运行中 伺服驱动器使能状态（电动机处于通电状态）
rSt	需要复位状态 伺服驱动器需要重新上电
Pot	禁止正转驱动状态 P-OT ON 状态
not	禁止反转驱动状态 N-OT ON 状态
IdLE	控制模式 2 为空

以修改加速时间 P3-9 为例，驱动器面板按钮操作见表 8-6。

表 8-6　驱动器面板按钮操作

步骤	面板显示	使用的按钮				具体操作
		STA/ESC	INC	DEC	ENTER	
1	bb	◉	◉	◉	◉	无操作
2	P0-00	◉	◉	◉	◉	按 1 下 STA/ESC，进入参数设置功能

（续）

步骤	面板显示	使用的按钮				具体操作
		STA/ESC	INC	DEC	ENTER	
3	P3-00	○	●	○	○	按 INC，按 1 下加 1，按 3 下进入 P3 参数设置
4	P3-00	○	○	○	●	短按 ENTER 1 下，面板的最后一个 0 会闪烁
5	P3-09	○	●	○	○	按 INC，将参数加至 9，进入 P3-09 参数设置
6	P3-09	○	○	○	●	长按 ENTER 对 P3-09 内部参数进行数值修改
7	3000	○	●	●	●	按 INC、DEC 和 ENTER 进行加减和移位，修改数值为 3000 后，长按 ENTER 确认
8	操作结束					

伺服驱动器面板参数设置见表 8-7。

表 8-7　伺服驱动器面板参数设置

序号	参数号	参数名称	设定值	说明
1	F0-01	恢复出厂	1	—
2	P0-00	驱动器类型	1	EtherCAT 类型
3	P0-01	运行模式	6	外部脉冲位置模式
4	P0-03	使能模式	1	IO/SON 输入信号
5	P0-11	设定每圈脉冲数低位 ×1	0	电动机旋转一圈，模组直线运动 10mm
6	P0-12	设定每圈脉冲数低位 ×10000	1	
7	P5-22	禁止正转驱动	0	取消正转硬限位
8	P5-23	禁止反转驱动	0	取消反转硬限位
9	P5-20	伺服使能信号	10	上电后一直使能

6. 输送模块气动回路

输送模块气动回路采用二位五通单电控电磁换向阀，它们集中安装成阀组固定在冲压支撑架后面。

输送模块气动回路如图 8-25 所示。1B 为安装在气动手爪的磁感应接近开关，2B1 和 2B2 为安装在伸缩气缸的两个极限工作位置的磁感应接近开关，3B1 和 3B2 为安装在旋转气缸工作位置的磁感应接近开关。4B1 和 4B2 为安装在抬升气缸工作位置的磁感应接近开关。1YA、2YA、3YA 和 4YA 分别为控制气动手爪、伸缩气缸、旋转气缸和抬升气缸的电磁阀的电磁阀。

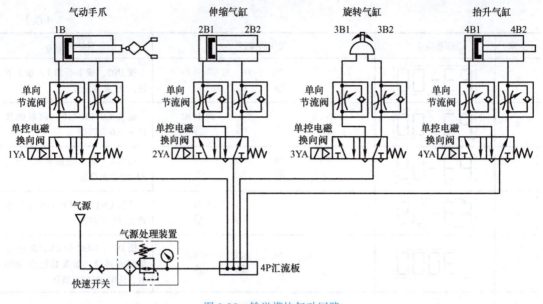

图 8-25 输送模块气动回路

三、任务实施

1. I/O 地址分配表

输送模块 I/O 地址分配表见表 8-8。

表 8-8 输送模块 I/O 地址分配表

输入		输出	
信号名称	PLC 地址	信号名称	PLC 地址
转换开关	I5.0	伺服轴脉冲	Q0.0
伺服轴原点	I0.6	伺服轴方向	Q0.1
伺服轴上限位	I0.7	抬升气缸电磁阀	Q0.6
伺服轴下限位	I1.0	旋转气缸电磁阀	Q0.7
手爪抬升上限位	I6.0	伸缩气缸电磁阀	Q1.0
手爪抬升下限位	I6.1	气动手爪电磁阀	Q1.1
手爪左旋到位	I6.2		
手爪右旋到位	I6.3		
手爪伸出到位	I6.4		
手爪缩回到位	I6.5		
手爪夹紧检测	I6.6		

2. 硬件组态与变量设置

1）新建项目。在博途软件中新建一个项目。

2）硬件组态。连接好网线，设置 PC 的 IP 地址与 PLC、触摸屏在同一网段，设备组态中添加一个"非特定的 S7-1200 PLC"控制器，上载获取硬件组态后，依次进行 DI/

项目8 伺服输送控制

DO 的起始地址修改和网络连接的添加，将 PLC 的 IP 地址修改为 192.168.0.2，并在 CPU 的属性"防护与安全"→"连接机制"中勾选"允许远程对象的 PUT/GET 访问"，以确保可以与信捷触摸屏通信，再勾选 CPU 属性中的"系统与时钟存储器"。

3）编辑变量表。根据输送模块 I/O 地址分配表，在默认变量表中定义需要用到的变量，变量名可使用中文，以增加程序的易读性，如图 8-26 所示。

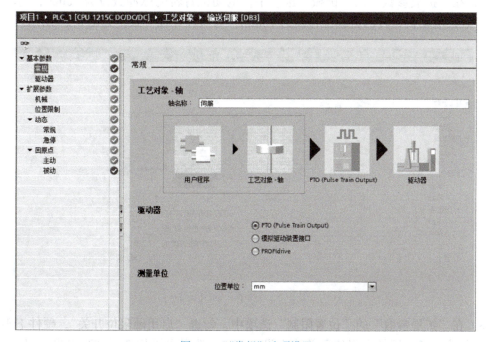

图 8-26 在默认变量表中定义变量

4）轴工艺对象组态。输送模块伺服轴的控制需要先在博途软件中添加"轴工艺对象"并配置，具体步骤可以参考"项目5 立体仓库控制"中的介绍。

5）在"基本参数"的"常规"选项中，驱动器选择"PTO"，位置单位选择"mm"，如图 8-27 所示。

图 8-27 "常规"选项设置

6）在"基本参数"的"驱动器"选项中，信号类型选择"PTO（脉冲 A 和方向 B）"，脉冲输出为 Q0.0，方向输出为 Q0.1，硬件接线保持一致，如图 8-28 所示。

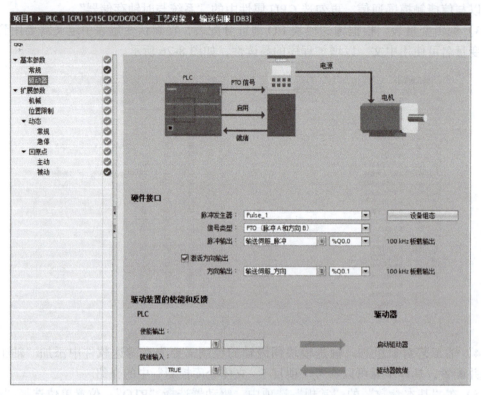

图 8-28 "驱动器"选项设置

7）在"扩展参数"的"机械"选项中，电动机每转的脉冲数设为 10000，与驱动器设置一致，电动机每转的负载位移设为 10mm，与丝杆导程一致，如图 8-29 所示。

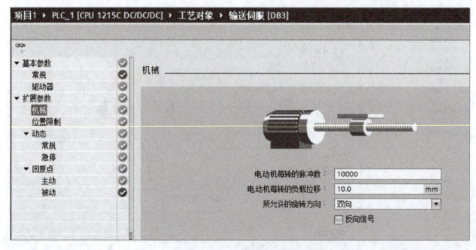

图 8-29 "机械"选项设置

8）在"扩展参数"的"位置限制"选项中，勾选"启用硬限位开关"，硬件下限位开关输入设为 I1.0，硬件上限位开关输入设为 I0.7，选择电平均选择"高电平"，地址与硬件接线保持一致，如图 8-30 所示。

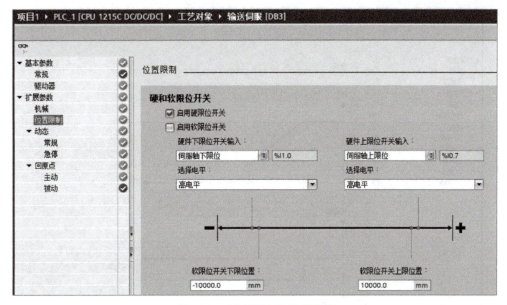

图 8-30 "位置限制"选项设置

9）在"扩展参数"的"动态"选项中，最大转速设为 40mm/s，加、减速时间均设为 0.2s，如图 8-31 所示。

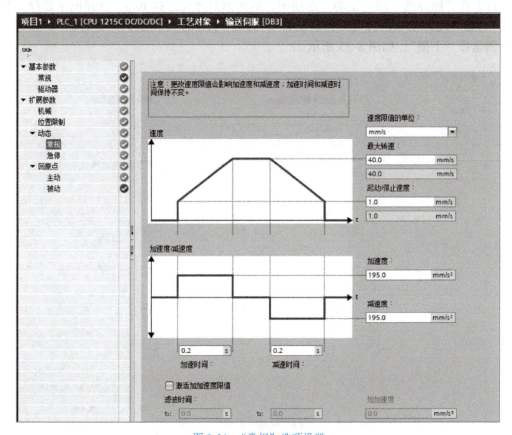

图 8-31 "常规"选项设置

10）在"动态"的"急停"选项中，急停减速时间设为 0.1s，如图 8-32 所示。

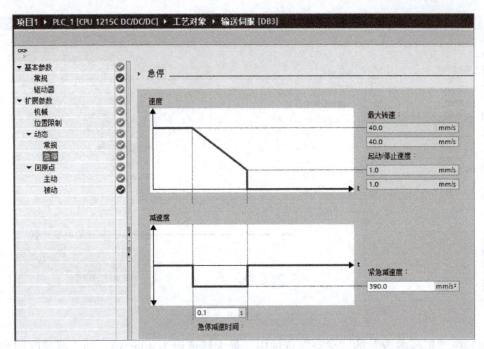

图 8-32 "急停"选项设置

11)在"回原点"的"主动"选项中,输入原点开关选择 I0.6,选择电平选择"高电平",勾选"允许硬限位开关处自动反转",逼近/回原点方向选择"正方向",参考点开关一侧选择"下侧",如图 8-33 所示。

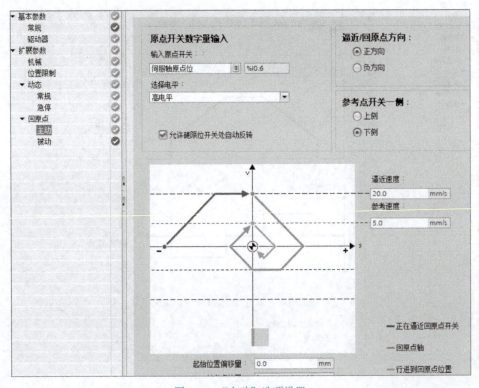

图 8-33 "主动"选项设置

3. 程序设计

（1）全局数据块 DB 的创建与使用　程序中首先新建两个全局数据块 DB，包括系统数据块 DB1 和用户数据块 DB2。编程过程中，若需要使用中间变量，则在系统数据块 DB1 中新建，需要与触摸屏通信的变量，在用户数据块 DB2 中新建（后面程序中需要用的变量数据这里事先列出，后面不再介绍变量的新建过程），如图 8-34 所示。

伺服轴的控制

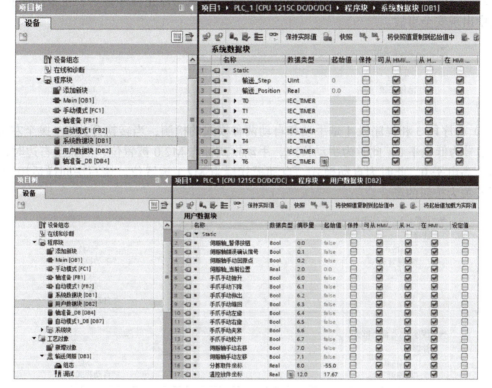

图 8-34　全局数据块 DB 的创建

（2）主程序 Main[OB1] 的编程　下面给出该任务的参考例程，其中 Main[OB1] 共 8 条程序段，如图 8-35 所示。

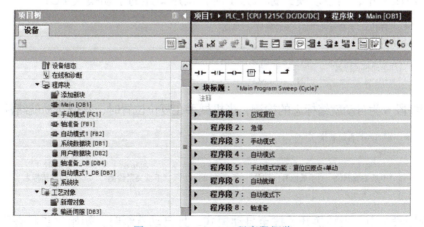

图 8-35　Main[OB1] 程序段概览

每条程序段的具体参考程序如下:

1) 程序段 1 主要功能是使用初始脉冲 M 位存储器的区域复位功能。

▼ 程序段1: 区域复位
注释

```
    %M1.0                                                    %M2.0
  "FirstScan"                                              "手动模式标志"
    ─┤ ├─────────────────────────────────────────────────(RESET_BF)─┤
                                                              150
```

2) 程序段 2 设计了一条通过面板急停按钮 I5.1 紧急停止程序运行,主要是防止运动控制中出现安全事故。

▼ 程序段2: 急停
注释

```
    %I5.1                                                    %M100.0
  "急停按钮"                                                  "Tag_1"
    ─┤/├─────────────────────────────────────────────────────(RET)─┤
```

3) 程序段 3 和程序段 4 是手动和自动两种模式的检测,当转换开关 SA 拨至左边时,I5.0 信号为低电平 0,此时为手动模式,手动模式标志 M2.0 被置位;当拨至右边时,I5.0 信号为高电平 0,此时为自动模式,自动模式标志 M2.1 被置位。该写法同样适用于模式选择开关为按钮的场合。

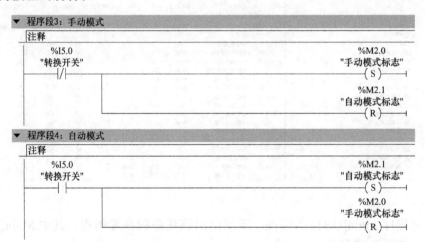

4) 程序段 5 中,当手动模式标志为 1 时,调用新建的手动模式 FC1。

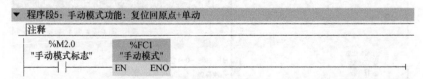

5) 程序段 6 为自动就绪标志的检测,当机械手在复位位置时,置位自动就绪标志 M2.3。

▼ 程序段6: 自动就绪
注释

```
    %I6.3         %I6.1         %I6.5         %I6.6         %M2.3
 "手爪右旋到位" "手爪抬升下限位" "手爪缩回到位" "手爪夹紧检测" "自动就绪标志"
   ─┤ ├─────────┤ ├──────────┤ ├──────────┤/├──────────────( S )─┤
```

6) 程序段 7 中,当转换开关拨至自动模式,且自动就绪时,初始化步状态序号 Step=0,

并接通使能自动模式 FB2。FB2 具有两个形参,即分拣模块出料口坐标和温控模块入料口坐标,事先需要在用户数据块 DB 中新建和设定,两个坐标的具体设定值可以根据手动调试得到。

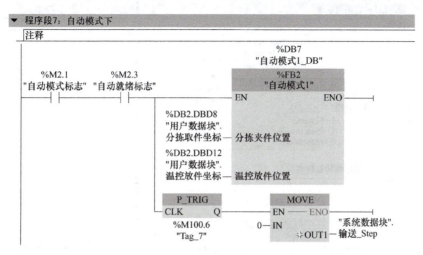

7）程序段 8 调用轴准备 FB1。

（3）轴准备 FB1 的编程　轴准备 FB1 程序中包含所有轴运动需要的基本指令,如轴启用、轴暂停、轴确认错误和轴当前位置读取,而回原点、相对运动或绝对运动等直接运动指令将在手动或自动控制程序中使用。

首先新建 FB1,命名为"轴准备",依次添加运动控制的基本指令,这里使用多重背景数据块的方式,即在添加系统工艺对象的程序时,在弹出的对话框中选择"多重实例",即可在该 FB1 的背景数据块（Static 静态变量）中添加了该程序的背景数据,而无需额外的背景数据块 DB,如图 8-36 所示。

图 8-36　选择"多重实例"

程序段1～程序段4参考程序如下：

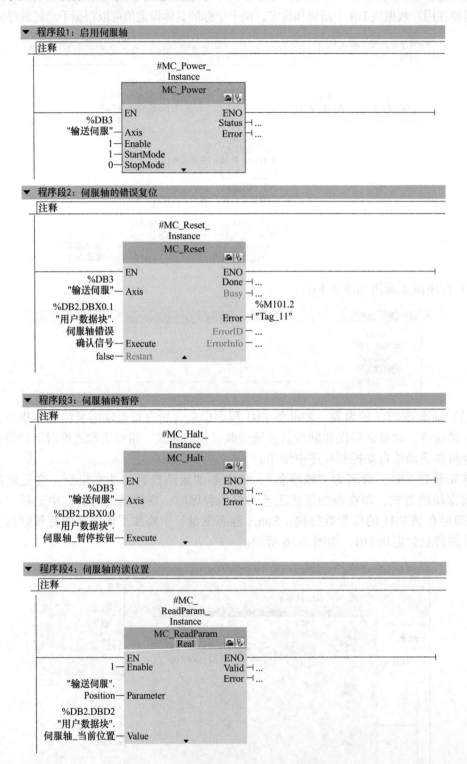

（4）手动模式FC1的编程 手动模式FC1程序主要包括手动控制伺服轴回原点、轴左右点动、机械手各关节的动作等，参考程序如下：

项目 8 伺服输送控制

▼ 程序段1: 轴的手动回原点

```
                          %DB9
                      "MC_Home_DB_1"
                          MC_Home
                    ┌─────────────────┐
                    ┤ EN          ENO ├
         %DB3       │                 │
       "输送伺服" ──┤ Axis       Done ├─ ...
                    │           Error ├─ ...
     %DB2.DBX0.2    │                 │
       "用户数据块".│                 │
    伺服轴手动回原点┤ Execute         │
              0.0 ─┤ Position        │
                3 ─┤ Mode            │
                    └─────────────────┘
```

▼ 程序段2: 轴的手动左右点动

```
                          %DB8
                     "MC_MoveJog_DB"
                         MC_MoveJog
                    ┌─────────────────────┐
                    ┤ EN             ENO ├
         %DB3       │         InVelocity ├─ ...
       "输送伺服" ──┤ Axis          Busy ├─ ...
     %DB2.DBX7.0    │      CommandAbort  │
       "用户数据块".│               ed   ├─ ...
     伺服轴手动右移┤ JogForward           │    %M101.4
     %DB2.DBX7.1    │              Error ├─ "Tag_13"
       "用户数据块".│                    │    %MW102
     伺服轴手动左移┤ JogBackward ErrorID ├─ "Tag_14"
             15.0 ─┤ Velocity ErrorInfo ├─ ...
                    │ PositionControll   │
             true ─┤ ed                 │
                    └─────────────────────┘
```

▼ 程序段3: 手爪_抬升下降

```
   %DB2.DBX6.0                                          %Q0.6
   "用户数据块".                                    "抬升气缸电磁阀"
    手爪手动抬升                                            (S)
   ───┤├───────────────────────────────────────────────────

   %DB2.DBX6.1                                          %Q0.6
   "用户数据块".                                    "抬升气缸电磁阀"
    手爪手动下降                                            (R)
   ───┤├───────────────────────────────────────────────────
```

▼ 程序段4: 手爪_伸出缩回

```
   %DB2.DBX6.2                                          %Q1.0
   "用户数据块".                                    "伸缩气缸电磁阀"
    手爪手动伸出                                            (S)
   ───┤├───────────────────────────────────────────────────

   %DB2.DBX6.3                                          %Q1.0
   "用户数据块".                                    "伸缩气缸电磁阀"
    手爪手动缩回                                            (R)
   ───┤├───────────────────────────────────────────────────
```

▼ 程序段5: 手爪_夹紧松开

```
   %DB2.DBX6.6                                          %Q1.1
   "用户数据块".                                    "气动手爪电磁阀"
    手爪手动夹紧                                            (S)
   ───┤├───────────────────────────────────────────────────

   %DB2.DBX6.7                                          %Q1.1
   "用户数据块".                                    "气动手爪电磁阀"
    手爪手动松开                                            (R)
   ───┤├───────────────────────────────────────────────────
```

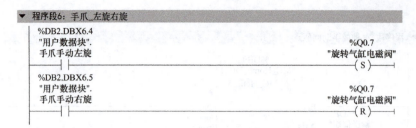

（5）自动模式 FB2 的编程　自动模式 FB2 程序主要是按照 Step 变量（在系统数据块 DB1 中新建）的值来顺序控制伺服轴或机械手操作的步状态。该程序有两个输入形参，即分拣模块出料口坐标和温控模块入料口坐标，形参需要在 FB 的入口参数中新建。另外，因为该程序会多次调用系统的轴运动指令，这里将相关标志位在 FB2 中新建，如图 8-37 所示。

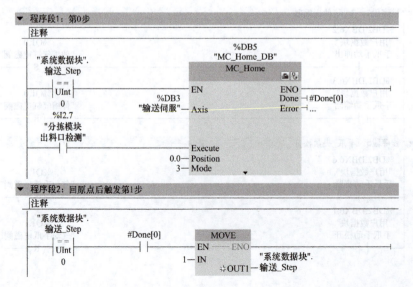

图 8-37　自动模式 FB2 参数设置

1）程序段 1 为第 0 步，当检测到分拣模块出料口有物料时，伺服轴开始回原点。程序段 2 为回原点完成后，中间静态变量 Done[0] 会被置位一次脉冲，用该信号触发 Step=1，即进入下一步。

2)程序段3为第1步,轴移动到分拣模块出料口,用实参赋值移动坐标值的形参,同时置位 Execute[0],该信号作为触发轴绝对运动指令 MOVE 的使能信号,当轴移动到位后,触发第2步。

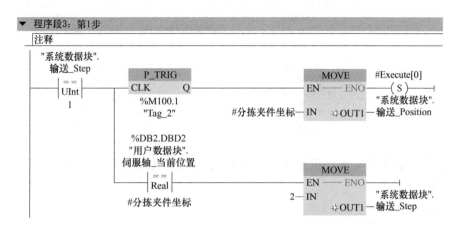

3)程序段4为第2步,机械手顺序执行伸爪、夹爪、抬升、缩爪,手爪缩回到位后触发第3步。

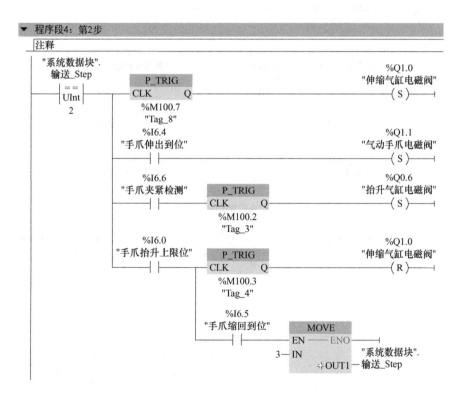

4)程序段5是第3步,轴移动至温控模块入料口,与程序段3写法类似,用实参赋值移动坐标值的形参,同时置位 Execute[1],该信号作为触发轴绝对运动指令 MOVE 的使能信号,当轴移动到位后,触发第4步。

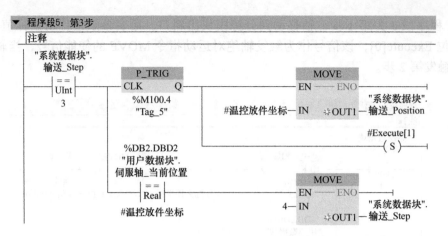

5）程序段6为第4步，机械手左旋到位后，顺序执行伸爪、下降、松爪、延时2s、缩爪、右旋。

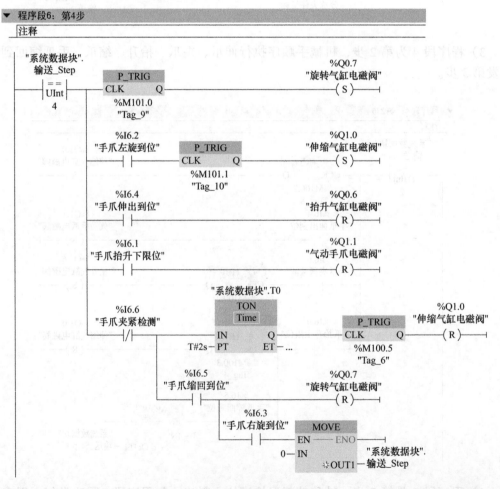

6）程序段7是轴绝对运动指令MOVE的触发使能信号Execute_All的触发条件，顺序控制中凡是涉及轴绝对运动的多个触发条件经并联后使能Execute_All信号。程序段8中调用一个共用的轴绝对运动指令，输送_position为目标坐标，Execute_All为触发使能信号。

在一个程序中,如果需要多次调用同一个轴的运动指令,使用一个公共的运动指令,可大大减少调用次数,但是指令的运行使能信号 Execute_All 由多处使能标志 Execute[0]～Execute[n] 并联触发。值得注意的是,当共用的运动指令完成当次运动后,需要清除各使能标志,该共用 MOVE 指令完成后,所有使能触发信号被复位。

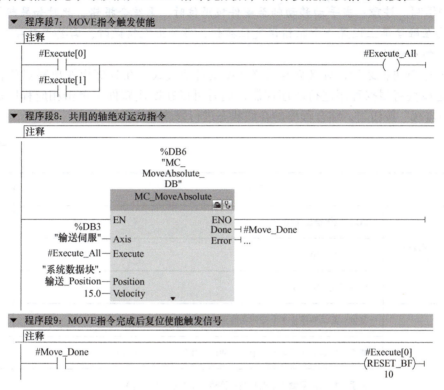

4. 项目调试

打开空气压缩机,确保气源正常后,将 PLC 工程下载至 S7-1200 中即可运行程序,为了方便调试,可以在触摸屏中组态设计监控 HMI 界面,如图 8-38 所示,界面中主要包括运行状态指示、轴当前位置显示、轴确认错误按钮以及手动操作按钮等。

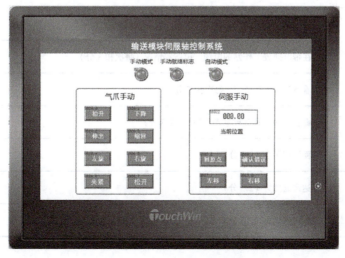

图 8-38 监控 HMI 界面

将组态画面下载至触摸屏中，首先观察输送模块的气动手爪等是否处于初始化就绪状态，如果未就绪，旋转转换开关 SA，修改工作模式为手动模式，手动模式下通过触摸屏界面的手动操作按钮，可以分别对单个气缸或轴进行手动控制。建议在手动模式下，通过点动操作轴和手爪，在触摸屏上观察并记录分拣夹件和温控放件坐标，并在程序用户数据块 DB 中填写。**注意**：当手动移动轴至硬件极限位时，系统会报错，此时如果想继续点动轴，需要在触摸屏上设置一个轴错误复位按钮，当轴出现错误时，需要手动按下该按钮，才可以反向点动轴。

当输送模块就绪后，旋转转换开关 SA 至自动模式，在分拣模块出料口放置一个工件，输送模块将根据程序进行顺序控制，同时可以在博途软件中单击相应程序块的"启用/禁用监视"按钮，结合程序的在线状态进行修改和完善。

四、任务评价

评分点		得分
硬件安装与接线（30 分）	I/O 接线图绘制（10 分）	
	元件安装（10 分）	
	硬件接线（10 分）	
编程与调试（50 分）	复位、起动和停止 3 个按钮功能正常（每个 3 分，共 9 分）	
	能手动控制输送模块的 4 个气缸动作（每个 2 分，共 8 分）	
	能手动控制伺服轴回原点和左右移动（各 3 分，共 9 分）	
	能正确显示伺服轴当前位置值（4 分）	
	能按要求自动到分拣模块出料口将物料取出（10 分）	
	能按要求自动将物料送到温控模块入料口并复位（10 分）	
安全素养（10 分）	存在危险用电等情况（每次扣 5 分，上不封顶）	
	存在带电插拔工作站的电缆、电线等情况（每次扣 3 分）	
	穿着不符合生产要求（每次扣 5 分）	
6S 素养（5 分）	桌面物品和工具摆放整齐、整洁（2.5 分）	
	地面清理干净（2.5 分）	
发展素养（5 分）	表达沟通能力（2.5 分）	
	团队协作能力（2.5 分）	

五、任务拓展

本任务输送模块程序中没有正常起停功能,请你在已有程序的基础上添加起动和正常停止功能,要求如下:

切换至自动模式时,按下面板上的起动按钮,输送模块开始按顺序运行;若在运行过程中按下停止按钮,则输送模块执行完本次周期操作后正常停止。

参 考 文 献

[1] 徐锋，陈涛. 电气及 PLC 控制技术（西门子 S7-1200）[M]. 北京：高等教育出版社，2021.
[2] 李方园. 西门子 S7-1200 PLC 从入门到精通 [M]. 北京：电子工业出版社，2018.
[3] 沈治 .PLC 编程与应用 [M]. 北京：高等教育出版社，2019.